全国自然资源系统观测-预测-监测体系丛书

全球视角下的中国自然资源区划

刘晓煌　刘晓洁　江　东 等　著

第三次新疆综合科学考察
自然资源要素综合观测工程　　资助
自然资源要素耦合过程与效应重点实验室

科学出版社
北　京

内 容 简 介

本书从山水林田湖草沙冰生命共同体理论出发，结合自然资源的系统性、联系性、累积性，综合考虑自然资源各要素间的耦合关系、变化动因机制和演化趋势，探索自然资源综合区划。实现从以单一资源要素为主的划分指标向山、水、林、田、湖、草、沙、冰等全要素整体性角度转变，从单种资源区划向自然资源综合区划转变，支撑全面掌控全国自然资源变化规律与生态环境态势。本书内容共分为三部分：第一部分结合国内外区划发展历程，简要介绍了生态、气候、农业等各领域区划的定义内涵、基本理论、数据来源、技术方法和研究现状等，具体介绍了开展区划的技术方法及研究进展，总结了区划方法选择的原则和区划工作的意义；第二部分简要介绍了 2000 年、2010 年和 2018 年三期全球自然资源，以及自然资源综合区划的具体技术方案及 29 个区划；第三部分详细介绍了 1990 年、2000 年、2010 年、2018 年中国自然资源变化的特征和影响因素，以及自然资源综合区划的具体技术方案及全国自然资源综合区划 12 个大区的一、二、三级区划特征和资源禀赋，可为自然资源综合调查、监测、观测等工作选区和相关台站布设提供借鉴。

本书可供区划研究人员及从事自然资源调查监测、观测预测等相关工作的专业人员参考。

审图号：GS（2021）7160 号

图书在版编目（CIP）数据

全球视角下的中国自然资源区划 / 刘晓煌等著. —北京：科学出版社，2023.7

（全国自然资源系统观测-预测-监测体系丛书）

ISBN 978-7-03-071563-0

Ⅰ. ①全…　Ⅱ. ①刘…　Ⅲ. ①自然资源－自然区划－中国　Ⅳ. ①P962

中国版本图书馆 CIP 数据核字（2022）第 031513 号

责任编辑：王　运　张梦雪 / 责任校对：王　瑞

责任印制：吴兆东 / 封面设计：图阅盛世

科学出版社 出版

北京东黄城根北街 16 号

邮政编码：100717

http://www.sciencep.com

北京九州迅驰传媒文化有限公司印刷

科学出版社发行　各地新华书店经销

*

2023 年 7 月第　一　版　开本：787 × 1092　1/16

2025 年 1 月第三次印刷　印张：10 3/4　插页：5

字数：260 000

定价：148.00 元

（如有印装质量问题，我社负责调换）

“全国自然资源系统观测-预测-监测体系丛书”指导委员会

“全国自然资源系统观测-预测-监测体系丛书”编辑委员会

《全球视角下的中国自然资源区划》编写委员会

丛 书 序

党的十八大以来，习近平总书记多次指出“山水林田湖是一个生命共同体”，强调“人的命脉在田，田的命脉在水，水的命脉在山，山的命脉在土，土的命脉在树”，应统筹山水林田湖草沙冰一体化保护和系统治理，解决自然资源可持续利用和国土空间高效治理的难题。为贯彻落实中央关于生态文明建设的精神，履行好自然资源“两统一”管理职责，亟须加强自然资源综合调查监测，摸清自然资源家底，深化科学认知，掌握发展变化规律。野外科学观测研究是探索自然资源变化和揭示多圈层自然资源相互关系与演替规律的重要手段，也是自然资源统一调查监测体系的重要组成部分。因此，2018 年自然资源部发布《自然资源科技创新发展规划纲要》（自然资发〔2018〕117 号），将“自然资源要素综合观测网络工程”建设列为十二项重大科技工程之首。

2019 年，自然资源部办公厅下达了《关于做好自然资源要素综合观测工作的函》（自然资办函〔2019〕1855 号），正式启动了该项大科学工程。该工程计划通过 6 年时间，建成覆盖全国自然资源区划单元、运行稳定的自然资源系统观测-预测-监测一体化站网体系，形成天、空、地、海“四位一体”的立体化资源观测能力。其旨在构建全国自然资源要素综合观测体系，探究自然资源变化动因机制和自然资源间耦合平衡配比，研判其变化趋势和未来状态，解决认识自然生态变化规律、预判发展趋势的基础数据支撑能力不足等科学问题。这对于提高我国自然资源认知能力、有效支撑自然资源“一张图”、“双评价”和“三区三线”的科学划定，有着十分重要的意义。

为了集中反映“全国自然资源要素综合观测网络工程”的重要研究进展与成果，中国地质调查局自然资源综合调查指挥中心的刘晓煌等专家组织编写了“全国自然资源系统观测-预测-监测体系丛书”。该丛书分为理论篇和实践篇，理论篇包括全国自然资源动态区划、全国自然资源观测指标体系、全国自然资源系统观测-预测-监测一体化平台构建等，旨在为自然资源要素观测网络工程建设、合理布站（点）和科学观测提供重要的理论支撑；实践篇按照“三区四带”国家生态保护修复格局，依托全国自然资源要素综合观测站网布设情况，系统论述在青藏高原、黄土高原、云贵高原、内蒙古高原、华北平原、东北平原、长江中下游平原、辽东-山东-东南丘陵、东南沿海及岛屿等国家重点生态功能区开展的自然资源野外观（监）测系列研究成果。

该丛书是在中国科学院、中国气象局、北京大学、兰州大学、中国农业大学、中国地质大学（武汉）、中国地质大学（北京）、河北地质大学、新疆大学和中国地质调查局等相关科研院所的专家指导下，在中国地质调查局自然资源综合调查指挥中心参与工程的全体技术人员共同努力、探索下总结完成的。其对今后一段时间内我国自然资源综合观测工作具有重要参考价值和指导意义。借此机会，特地向所有为这套丛书付出心血的人员表示衷心的祝贺!

2022年10月

序

自然资源的区划是从区域角度观察、探讨区域单元的形成发展、分异组合和相互联系，对自然资源演变过程和结构类型的概括和总结，是一项具有基础性、综合性、前沿性与实用性的重要工作。

自新中国成立以来，我国先后经历了以认识自然本底（如气候区划、植被区划、土壤区划等）和服务经济建设（如农业区划、工业区划、经济区划、矿产区划等）为特定目标的单项区划，发展到当前以可持续发展为目标的综合区划。面对自然资源综合管理的需求，在当前遥感、大数据、云平台等技术发展的形势下，亟待开展评价指标更为全面、评价方法更为精确、研究方案更加完善的自然资源综合区划研究工作，这不仅有助于揭示自然资源地域分异特征和时空变化规律，增强对自然资源要素时空差异性、复杂性、多样性和特色性的科学认识，而且能强化自然资源的监测与管理，促进自然资源治理体系的建设。

《全球视角下的中国自然资源区划》制定了自然资源动态区划三级体系，包括 12 个大区（一级）、54 个亚区（二级）和 106 个地区（三级），可为新时代生态文明建设和山水林田湖草系统治理提供科学支撑。

2023 年 3 月

目　录

第 1 章　自然资源区划概述

1.1　区划研究进展

1.1.1　国外区划的发展历程

1. 全球生态区划

生态区划是对生态区域和生态单元的划分或合并研究。面对全球环境变化下生态系统受到的长期扰动，生态区划可以有效揭示自然生态区域的相似性和差异性，总结、归纳外部扰动对区域生态系统的影响，是生态系统和自然资源合理管理及持续利用的重要支撑。

Bailey 以气候–植被的命名方式，首次提出包含生态地域（domain）、生态大区（division）、生态省（province）、生态地段（section）四级体系的美国生态区划方案，标志着生态区划理论与方法逐渐走向成熟（Bailey，1989）。在反复论证基础上，Bailey（1989）将生态区定义为具有相对同质性的生态系统组合，并系统地完成了全球陆地生态区划分方案。在当时，Bailey 的生态区划体系并不唯一。如 Rowe 和 Sheard（1981）以及 Klijn 和 Haes（1994）立足景观视角分别提出生态用地分类准则，但并未形成全球制图；Prentice 等构建的全球生物群区模型和 Schulz 提出的全球生态地带（ecozone）则体现了欧洲学者对生态区划更为宏观的理解（Bailey，1989；Xu et al.，2020）。经过对生态区划理论与方法的长期总结，Bailey（1989）最终提出了生态系统地理学理念，其全球生态区划方案成为 20 世纪体系最完整的生态区划研究成果。

自 Bailey（1989）系统提出美国生态区划方案以来，生态区划理论与方法在 20 世纪末至 21 世纪初取得了快速发展。世界野生动物基金会（World Wildlife Fund，WWF）和大自然保护协会（The Nature Conservancy，TNC）发布的全球陆地生态区划方案（Olson）被广泛采用，为全球和区域生态系统保护与管理发挥了关键的空间指引作用。

对比 Bailey（1989）的全球生态区划图，Olson 等集成多国学者区划方案的生态区划成果具有更明确的生态管理目标（郑度等，2016）。加之该区划的矢量文件由机构公开发布，且获取便捷，因而成为全球生物多样性研究的关键资料。时至今日，Olson 等的区划方案仍在不断更新之中。最新发布的 Ecoregions 2017 方案由 846 个生态区构成，预计在 2050 年达成保护全球陆域面积的 50%成为该方案的最终目标（郑度等，2003）。

2. 全球气候区划

古希腊人最早提出气候带的概念，并以南、北回归线和南、北极圈为界线，把全球气候划分为热带、南温带、北温带、南寒带、北寒带 5 个气候带。这种分带反映了地球气候水平分布的基本规律，但是由于没有考虑下垫面性质的差异和大气环流对气候形成的作用，因而与实际情况有较大出入。

随着气候资料的积累，人类对气候带的认识和划分也逐渐完善。1879 年，苏潘以年平均温度 20℃等温线和最暖月的 10℃等温线为指标，把全球气候划分为热带、南温带、北温带、南寒带和北寒带 5 个气候带。

1900～1936 年，柯本在以温度和降水量为指标，将全球气候划分为热带多雨气候、干旱气候、温暖多雨气候、寒冷雪林气候和冰雪气候 5 个气候带。

1925 年，贝尔格根据气候同自然景观的关系，以月平均气温为指标，将全球低地气候划分为 11 个气候带（型）。1936～1949 年，阿利索夫根据盛行气团和气候锋位置及其季风变化，把全球气候划分为 13 个气候带。这种分带既反映了太阳辐射和下垫面性质，又反映了大气环流和洋流对热量、水分的传输，比较全面地体现了气候形成因素的综合作用。

1959～1978 年，斯特拉勒父子以气团的源地、分布和气候锋的位置及其季节变化为基础，并参考气温和降水指标，将世界气候划分为 3 个带、13 个型和 27 个亚型（郑度等，2005）。

3. 全球农业区划

根据不同的自然条件特征和社会经济条件特征对农区类型划分的研究由来已久。1902 年，斯皮尔曼把美国农业分成畜牧业区、作物栽培业区和不施肥农业区 3 个区型。20 世纪 30 年代，苏联的契林泽夫等就有关于划分农业经营类型及其原则、指标和方法的论述。英国的斯坦普以农用地结构为主要依据，把英格兰和威尔士划分为 17 个区型，把苏格兰划分为 5 个区型。在 1964 年，由波兰科斯特罗维茨基教授倡导，国际地理联合会成立了农业类型学专门委员会，探讨农业类型研究的理论和方法，并于 1975 年确定了世界农业区域类型的划分方案（周璞等，2019）。

根据国际地理联合会农业类型学专门委员会的研究成果，将全世界划分为十大农区类型，它们分别是非洲撒哈拉以南农业区、北非西亚农业区、东南亚与南亚农业区、拉丁美洲农业区、西欧北欧南欧农业区、北美农业区、澳大利亚与新西兰农业区、东欧与西伯利亚农业区、中亚农业区、东亚农业区。

1.1.2　国内区划的发展历程

我国在 20 世纪二三十年代便开始了区划工作的研究，至今已取得了较为丰硕的研究成果。通过对已有区划工作研究的梳理、总结，根据区划服务目标和性质，可将其分为服务于自然本底认知、工农业生产、经济建设和可持续发展四个阶段（表 1.1）。

1. 服务于自然本底认知阶段（20 世纪 20～50 年代）

20 世纪 20～50 年代我国的区划工作主要针对的是自然区划，其最大的理论意义在于对自然规律的认知，是区划体系的基础层级（郑度等，2016）。这一时期针对单要素的区划研究较多，如气候区划、植被区划、土壤区划等。《中国气候区域论》的发表标志着我国自然地域区划研究的开始（郑度等，2003）。黄秉维从综合的观点出发，考虑自然环境和人类活动对植被的影响，首次对我国植被进行了区划。李长傅、洪思齐等学者依据地域分异的规律对自然区划进行了研究（郑度等，2005）。这期间的区划工作虽然受到社会条件等客观因素的制约，但其研究却为我国区划工作的开展做出了巨大的贡献。

表 1.1　我国功能性分区概述

区划名称	代表人物	时间	方案简述
全国综合自然区划	黄秉维	1959 年	将全国划分为 3 大自然区、6 个热量带、18 个自然地区和亚地区、28 个自然地带和亚地带、90 个自然省。阐述了第四、第五级和生物气候类型的划分，系统说明了全国自然区划在实践中的作用及在科学认识上的意义
		1965 年	补充修改了原有方案，明确将热量带改为温度带
		1989 年	简化了区划体系，重申温度与热量的不同，划分 12 个温度带、21 个自然地区和 45 个自然区。该方案比较全面地总结了以往经验，揭示了地域分异规律，明确规定区划的目的是为广义农业服务
自然区划新方案	赵松乔	1983 年	提出了明确的分区原则，即综合分析和主导因素相结合、多级划分、主要为农业服务的三原则。把全国划分为三大自然区，再按温度、水分条件的组合及其在土壤、植被等方面的反映，划分出 7 个自然地区，然后按地带性因素和非地带性因素的综合指标，划分出 33 个自然区
中国气候区划	张宝堃等	1966 年	依据≥10℃积温及天数，把全国划分为 9 个气候带和 1 个高原区；再根据干燥度指标分为 22 个气候大区；最后用季干燥度/月均温为指标作为三级区划指标，将各大区共细分为 45 个气候区
	陈咸吉等	1984 年	在先前中国气候区划各种方案分析基础上，选用≥10℃积温及天数作指标，参照自然景观及作物分布情况，将我国划分为 9 个气候带；采用年干燥度系数进行气候大区的划分，从南至北共划分 18 个气候大区在同一气候带中，再依据各季热量强度的差异，分为 49 个气候区。青藏高原单独划分为 5 个气候带、13 个气候区
	郑景云等	2013 年	以日平均气温稳定≥10℃的日数、年干燥度、7 月平均气温为划分温度带、干湿区、气候区的主要指标，以 1 月平均气温、年降水量为温度带、干湿区划分的辅助指标，并参考日平均气温稳定≥10℃的积温及极端最低气温的多年平均值等指标，对我国 1981～2010 年气候状况进行了区划，将我国分为 12 个温度带、24 个干湿区、56 个气候区
中国地形区划草案	周延廷等	1956 年	根据地面形态特征，将全国划分为 3 个第一级区和 29 个第二级区；同时把 29 个第二级区分成 9 个组。“中国地形区划”内容实质上就是地貌区划
中国地貌区划	沈玉昌	1959 年	以地面形态成因、大地构造标志、区域性和综合性等 4 项原则，将全国分为 18 个第一级地貌区、44 个第二级地貌区和 114 个第三级地貌区
		1965 年	在 1959 年区划草案的基础上，修改并定稿
中国地貌区划新论	李炳元等	2013 年	以中国 1∶400 万地貌图等新资料为基础，应用 GIS 方法，结合中国三大地貌阶梯及其内部地貌格局的特点，通过分析我国各地基本地貌类型组合的差异及其形成原因，将中国划分为 6 个一级地貌大区、37 个二级地貌区
中国地貌区划新方案	程维明等	2019 年	基于 2013 年提出的中国地貌二级区划的新方案，归纳了全国多级地貌区划分的原则，提出了基于“大区-地区-区-亚区-小区”的全国五级地貌等级分区方案，完成了全国 1∶25 万尺度五级地貌区的划分，包括 6 个一级大区、36 个二级地区、136 个三级区、331 个四级亚区、1500 多个五级小区，并建立了全国地貌区划数据库
自然生态区划方案	侯学煜	1988 年	以植被分布的地域差异为基础，将全国分为 20 个自然生态区及若干小区。其目的是要根据自然生态规律性，合理地开发、利用、保护自然资源，从各地自然生态因素考虑因地制宜、扬长避短，合理规划各地区发展农林牧渔多种经营的方向、布局和国土整治问题

续表

区划名称	代表人物	时间	方案简述
中国生态地域划分方案	郑度等	1999 年	提出了生态地域划分的原则和指标体系，构建了中国生态地理区域系统，划分了11 个温度带、21 个干湿地区和 49 个自然区。在研究方法上考虑了全球环境变化对生态地域划分的影响，按照先水平地带，后垂直地带的方法来反映广义的地带规律，采用自上而下的演绎途径与自下而上的归纳途径相结合
中国生态区划方案	傅伯杰等	2001 年	在充分考虑我国自然生态地域、生态系统服务功能、生态资产、生态敏感性以及人类活动对生态环境胁迫等要素的基础上，将全国生态区划分为 3 个生态大区（1 级区）、13 个生态地区（2 级区）和 57 个生态区（3 级区）
全国农业区划方案	吴传钧等	1980 年	以 20 世纪 70 年代大量实地调查为基础，根据农业自然条件和经济条件在大的地域范围内组合的类似性，初步将全国划分为 8 个大农业区。该方案在划分上注意保持一定级别行政区的完整性
全国综合农业区划	周立三	1981 年	将全国划分为 10 个一级农业区和 38 个二级农业区，并分区详细论述了各区农业生产发展方向和建设途径。方案确定了区划的 4 条基本依据，以及不同地区的农业生产条件、特点、潜力方向和途径
中国农业气候资源和农业气候区划	李世奎等	1988 年	第一级区包括 3 个农业气候大区，主要根据光热水组合类型和气候生产潜力的显著差异而确定大农业部门发展方向。第二级区包括 15 个农业气候带，主要为确定种植制度和发展典型热量带果木林的界限提供依据。第三级区包括 55 个农业气候区，反映具有地方农业气候特征的非地带性
植被区划	钱崇澍等	1956 年	该方案的分区方案和系统包括 4 级，即植被区域、植被地带、植被区、植被小区。为我国较为系统的植被区划方案
	侯学煜	1960 年	在 1959 年植被区划基础上，将全国划分为 3 个地带，10 个植被区，若干植被带、植被亚带、植被省、植被州等
		1979 年	进行调整，将全国分为 13 个植被区和 22 个植被带。该方案曾在国内得到广泛应用，影响了后来的植物学研究
	吴征镒等	1980 年	制定了植被区划单位系统（从高到低依次为植被区域、植被地带、植被区、植被小区），把全国划分为 8 个植被区域、18 个植被地带和 85 个植被区。这是 20 世纪 80 年代之后对植被研究影响最大的植被区划方案
	宋永昌	2001 年	在综合前 3 个植被区划方案的基础上，提出了新的植被区划方案，制定了区划单位系统（植被区域、植被带、植被亚带、植被省、植被小区等 5 级），把全国划分为 3 个植被区域、14 个植被带和 21 个亚带等

2. 服务于工农业生产阶段（20 世纪 50～80 年代）

20 世纪 50 年代以后，科学技术的快速发展和社会生产实践的迫切需求使自然区划得到了快速发展（周璞等，2019）。1954 年，在全国区划方面，林超教授根据大地构造、气候状况、地貌等首次进行了综合自然地理区划，为综合自然区划奠定了基础（林超，1954）。在《中国综合自然区划草案》中，黄秉维通过考虑热量、水分等，揭示了地域分异规律，明确规定了区划服务的对象是农业，对我国自然区划工作的深入研究起到了强有力的推动作用（林超，1954；赵松乔等，1979；彭建等，2017）。部门区划的类型多种多样，具有更强的应用性。我国在气候、地形地貌、土壤、植被、水利等部门都开展了区划的研究，其中关于气候区划（黄秉维，1959，1965）和植被区划（钱纪良和林之光，1965；黄秉维，1989）的研究较多。不同省份与典型区域（河西走廊、黄土高原等）的区划工作同期展开，区域区划多为实地调查，且真实可靠，在了解自然和指导实践中发挥了重要作用。20 世纪 50 年代，孙敬之发表了《论经济区划》，提出了全国经济区划方案，这是我国较早的经济区划方案（林振耀和吴祥定，1981）。这一时期，经济区划的研究较少，与自然区划相比相对薄弱。

3. 服务于经济建设阶段（20 世纪 80 年代至 20 世纪末）

20 世纪 80 年代以后，国家的工作重心开始向经济建设转移，促使我国经济区划得到了快速发展。针对全国经济区划，周起业、陈栋生等学者在指标选取上各有侧重，分别提出了全国一级综合经济区划方案（侯学煜，1981；刘昉勋和黄致远，1987）。郭焕成对我国农村经济进行了区划，标志着我国农村区域经济发展和农业进入了新的阶段（孙敬之，1955）。区域经济区划也取得了一定的进展，陕西、河北等不同省份都进行了省内经济区划分。在部门经济区划方面，农业与旅游业经济区划研究较多，工业（周起业等，1990）、矿产资源（陈栋生，1991）等部门的经济区划开始萌芽。虽然我国经济区划起步较晚，但是促进了我国经济的全面发展。在经济区划快速发展的同时，我国的自然区划出现了生态化的趋势，生态区划在自然区划的基础上引入了生态学原理和方法，是自然区划的进一步深入，侯学煜（1981）、郑垂勇等（1992）、胡小平（1998）、郭焕成（1999）等都提出了不同的生态区划方案。

4. 服务于可持续发展阶段（20 世纪末至今）

20 世纪末我国进入构建人类与生态环境和谐发展的社会阶段，越来越多的学者意识到已有的区划方案已经无法满足当今发展形势的需要，自然区划和经济区划开始向综合区划方向发展（侯学煜，1988a，1988b）（表 1.2）。在全国性综合区划方面，刘燕华等（2004）认为综合区划应包括自然生态和社会经济两大类要素，刘军会等考虑了自然、经济、人口、生态四个方面（高江波等，2010）。大部分学者认为综合区划应包括自然、社会经济两大类要素，有的学者将其细化为自然、环境、生态、社会、经济等要素（黄秉维，1996）。在区域性综合区划的研究中，西北地区（刘燕华等，2005）、冰冻圈（刘军会和傅小锋，2005）等特殊的区域以及江苏省（念沛豪等，2014）、湖北省（胡静和陈银蓉，2008）等不同的省份都进行了综合区划，其中针对不同种类的农作物，如小麦（黄敬军等，2013）、玉米（Ma et al.，2014）、水稻（张蕾和杨冰韵，2016）等灾害综合风险区划研究较多。针对部门综合区划的研究，农业（吴东丽等，2011；田宏伟和李树岩，2016）、土地（张仲威，2008；任义方等，2019）、水资源（刘彦随等，2018）综合区划较为成熟，矿产资源（郭娅等，2007；冯红燕等，2010）、气候（陈守煜和李亚伟，2004）等部门还未开展过多研究，仍在探索之中。综合区划是其他区划工作基础的进一步深入，是当前区划研究的发展趋势，结合了自然因素和人文因素，是人与地理环境系统研究对可持续发展的重大理论贡献（侯华丽等，2015）。我国综合区划研究处于探索阶段，在指标的选取上虽然由单一要素转向多要素，但在多指标的综合等问题上还需要进一步研究。

表 1.2　我国各类资源分区概述

区划名称		代表人物	时间	方案简述
草地区划方案		章祖同	1984 年	根据草地区域分异的规律性，拟定了初步的草地区划方案（草案）。以自然因素（地貌、气候、水文、地质、土壤、植被、动物等），特别是农业生物气候的地域分异规律为依据，采取四级区划，将全国天然草地共划分为 5 个地区、12 个地带和 47 个地段
		贾慎修	1985 年	阐述了草地区划的目的、原则以及草地区划的分级单位，根据草地区划的原则和分区的系统理论，初步将中国草地划分为 8 个“区”（第一级）。伴随各区生态条件和经营管理的变化，区内特性的发展，在 8 个大“区”内，共划出 24 个亚区
森林资源区划	中国林业区划草案	吴中伦	1954 年	撰写的《中国林业区划草案》是我国第一部林业区划著作，首次将全国分为 18 个林区，并逐一提出各区的保护、发展和利用建议。在森林地理科学领域，吴中伦进行了开拓性的工作，是近代林学生长点的中国先驱者之一
	中国森林区划的新探讨	李南岍	2011 年	从森林生态系统的角度来对中国森林进行区划，以气候区带为大框架，强调森林的植被型、植被群系组以及包括野生动植物种在内的森林生态系统的完整性，而不受行政区域的割裂影响。提出了气候区域下的森林区划 7 个分区的方案
水资源区划	水资源分区	王志良	2001 年	以模糊聚类分析原理为基础，按区域水资源的几个重要指标：年降水总量、年河川径流总量、年地下水总量、年水资源总量和产水模数，对全国 29 个省（自治区、直辖市）进行模糊聚类，考虑实际情况将区域分成了 7 类，对政府的经济决策及水资源的科学研究都很有意义
	水生态区划	梁静静	2010 年	针对我国复杂的水生态状况，采用三级分区的思路，综合气候、地理、水资源条件、人类活动影响及生态功能类型等诸多因素，建立了一套水生态区划理论方法
海洋资源区划	海洋功能区划	唐永銮	1991 年	从全国高度进行分区，首先可从空间资源分出一级区，从北而南可划出北黄海区、渤海区、南黄海区、东海区和南海区，根据海陆环境条件的差异、优势资源不同，自陆而海划出二级区。再根据利用、治理和保护划分三级区。在三级区划分类型
	海洋空间规划分区方案	宋岳峰	2019 年	借鉴国内外海洋空间规划分级区划体系，针对完整生态系统的大尺度海域规划，基于海洋生态重要性分级，构建了基于生态系统的海洋空间规划分区体系，将海域划分为Ⅰ、Ⅱ、Ⅲ三级保护等级
土地资源区划	中国土地资源及其利用区划	赵其国	1989 年	阐述了我国土地的概况，土地资源普遍存在的问题，提出我国土地资源利用应该以加强集约经营、提高单产、保护耕地、积极开发、因地制宜、综合治理、提高生产潜力、防治土地退化为目标，根据我国土地资源的分布与利用状况，可将全国土地资源划分为 8 个利用区
	中国土地资源综合分区	彭建等	2006 年	在综述我国土地资源综合分区研究进展的基础上，建立了土地资源综合分区的原则、依据和等级体系。根据水热气候指标与地势差异划分出我国的 11 个土地资源区。依据区域土地资源利用结构与社会经济属性指标，以县为基本单元，在全国划分出 41 个土地资源亚区
	中国土地资源利用区划新方案	封志明	2001 年	以分县为单元，把自上而下的定性分析和自下而上的定量归并两种区划途径相结合，提出了一个由 12 个土地利用区和 67 个土地利用亚区构成的中国土地资源利用区划新方案，编制完成中国土地资源利用分区图
湿地资源区划	中国湿地文化分区	齐建文	2014 年	依据文化地理学及自然地理学理论，对中国湿地文化进行了系统的分区，将其分为 7 个区、19 个亚区，并简单概述了不同区域的湿地文化特征
	中国湿地资源的生态功能及其分区	赵其国等	2007 年	按照湿地生态功能的一致性、自然地理的特征差异性、生态功能保育的可操作性、地域单元的完整性，根据湿地生态系统的服务功能，将中国湿地划分成 3 个一级区，7 个二级区，为制定湿地生态环境保护与建设规划、维护湿地生态安全、合理利用湿地资源与生产布局提供依据
	中国湿地区划	赵惠等	2013 年	为满足全国湿地遥感动态监测的需要，以现有湿地相关研究为基础，对湿地区划的指标体系、区划的原则、方法以及区划的等级体系进行了讨论，旨在为湿地区划方案的制定和实施提供参考

续表

区划名称		代表人物	时间	方案简述
矿产资源区划	矿产资源经济区划	胡小平	1998 年	根据我国矿产资源地域分布、组合特征和经济区划的基本理论，结合当代区域经济发展的要求，进行了我国矿产资源经济区划。采用聚类分析、动力生产体系和空间拓扑分析相结合的方法，共划出 6 个 I 级矿产资源经济区、12 个 II 级矿产资源经济区和 40 个III级矿产资源经济区
	中国主要成矿区带矿产资源	陈毓川	1999 年	综合了 28 个省区市（天津、上海、台湾、重庆等未做）的区划成果，总结了全国成矿规律，将全国划分出 5 大成矿域、17 个 II 级成矿区（带），73 个III级区（带），优选出 93 个成矿远景区和一批成矿预测区，实现了矿产勘查中“由面到点，点上突破，由点到面，点面结合”的找矿战略
	我国矿产资源自然区划研究	周璞等	2019 年	界定了矿产资源自然区划的内涵、特征、目标和原则，构建了基于空间叠置法、GIS 核密度分析和专家研判法的自然区划技术流程，并开展了全国矿产资源自然区划实证研究。将全国划分为 28 个资源富集区，勾勒了全国矿产资源空间分布轮廓和格局

5. 区划演变特征

回顾历年来我国区划工作的研究，可以发现区划工作在不同发展阶段各有其鲜明特点。社会需求的演变催生了新的区划主题（周璞等，2016），随着我国经济与科学技术的不断发展，区划的方法、技术手段在不断创新，区划理论体系的研究也在不断深入，区划研究发生的演变具体情况见表 1.3。

表 1.3　区划研究演变

	20 世纪 20～50 年代	20 世纪 50～80 年代末	20 世纪 80 年代末～20 世纪末	20 世纪末至今
区划视角	自然区划	自然区划或经济区划		综合区划
空间尺度	陆地系统	集中于陆地系统，海洋系统研究较少，未形成涵盖陆地、海洋系统的综合区划		国土全覆盖
目标	服务于自然规律认知	主要服务于工农业生产，兼顾为农业生产与经济发展服务		服务于可持续发展
区划依据	自然要素	单方面考虑自然要素或社会经济要素		自然要素与人文要素的结合
方法	定性为主	出现单纯模式定量化倾向		3S（GIS，RS，GPS，地理信息系统，遥感，全球定位系统）技术大量应用，定性与定量相结合
方案	方案简略	以静态为主		由静态向动态转变
学科范畴	地理学	在环境科学和生态学等领域迅速展开		生态学、环境科学、经济学和传统自然地理学等多学科交叉融合

1.2　区划理论及技术方法

1.2.1　区划的基本理论

自然资源受大气圈、水圈、陆圈和生物圈（包括人类）之间复杂的相互联系、相互作用的影响，因此对于自然资源的综合区划，既要考虑单种资源要素属性、资源间互馈机制与耦合作用过程和山水林田湖草沙冰生命共同体理论，又要考虑区域各种资源要素的空间组织模式与空间运行机制、自然资源地域性分布规律和人文与自然系统综合要素复杂交互作用下的人地关系耦合等，应针对多要素、多尺度、多视角下人类-自然耦合效应的特征、结构、过程、关系等，将地理、人文、经济、自然等要素同时纳入，不仅要揭示地表现象的相似性与差异性，而且要对过程和类型研究进行归纳和综合。同时，要考虑自然资源的发展演化，并预测其发展趋势。本书在充分借鉴自然地理、矿产、生态、主体功能等区划基础之上，结合自然资源的整体性、特殊性等特点，对现有的区划成果做了适当的整理、归纳后，形成了以下八项基础理论。

1. 山水林田湖草生命共同体理论

党的十八大把生态文明建设纳入中国特色社会主义事业“五位一体”总体布局，明确提出大力推进生态文明建设，努力建设美丽中国，实现中华民族永续发展。从山水林田湖草生命共同体理论出发，结合自然资源的系统性、联系性、累积性，综合考虑自然资源各要素间的耦合关系、变化动因机制和演化趋势，开展自然资源动态区划。实现从单一资源要素为主的划分指标向山、水、林、田、湖、草等全要素整体性角度转变，从单种资源区划向自然资源动态区划转变，全面掌握国家自然资源变化规律与生态环境态势。自然资源动态区划是按照不同层级和结构，由各类自然资源优势组合区划所组成的有机整体，在设置自然资源区划层级时，应坚持系统、联系、动态的观点，将自然资源各层级紧密结合。

2. 地域分异规律理论

地域分异规律是指地理环境综合体及其构成要素沿一定方向呈现出相似或分异的规律性现象（Lin et al.，2019）。地域分异规律是开展自然资源动态区划工作的基础，是认识自然资源特征的重要途径，能够指导自然资源的开发利用与产业的布局。自然资源产生分异的要素包括自然要素与人文要素，它们相互联系，相互制约，共同作用于自然资源地域分异，使自然资源的类型及其综合特征呈现水平或垂直分布的现象。高级区划单位地域辽阔，自然资源的空间分布规律主要受地带性（热量、水分等）与非地带性（地质构造、地貌等）因素的影响，低级区划单位考虑人文要素对自然资源的影响。探索自然资源系统内自然与人文要素的地域分异规律，有助于了解自然资源的发展演化进程，为自然资源综合分区提供科学依据。

3. 人地关系地域系统理论

人地关系地域系统是由自然生态与人类社会两个相互联系、相互制约的系统构成的复杂系统。人地关系地域系统着重研究人类与自然之间的相互影响，协调两者关系，维持区域内可持续发展（毛汉英，2018；刘毅，2018）。自然资源系统耦合人类需求与资源供给，当人类需求超过自然资源供给时则会导致自然资源与人类社会两者之间失去平衡，破坏生态系统的稳定性。自然资源动态区划要调和自然资源与人类社会的关系，从时空变化、空间结构、社会与自然的整体效应等方面去认识全国或区域内自然资源的总体情况，并合理开发利用区域内自然资源，维持供需平衡，实现环境与人类的和谐共生。

4. 资源环境承载力理论

资源环境承载力指在保证一定的区域范围内资源结构可持续、功能稳定的前提下，区域的资源环境系统对人类活动的承载能力（高湘昀等，2012）。自然资源系统是人类生存与发展的物质基础，人类对自然资源的开发利用必须在自然资源的承载能力范围之内，既能满足当代人的需要，又不对后代人的生存发展造成危害，谋求经济与环境效益相统一。从自然资源动态区划来看，区划要服务于可持续发展，而不是追求经济效益的最大化。在区划的过程中要有长远的打算，我们要立足于当下考虑区域未来的发展，根据区域自然资源的整体情况，通过自然资源动态区划划分不同区域自然资源的功能定位，优化自然资源发展格局和产业结构，提升区域自然资源环境对人类活动的承载能力，使自然资源能够满足当前与未来社会的可持续发展的需求。

5. 资源配置理论

资源配置是对资源的用途进行科学的选择，一定区域内的自然资源是有限的，我们在时间和空间的维度上都应该考虑自然资源配置的问题（杨博，2016）。自然资源时间配置是指考虑其在一定时期内供需之间的关系，按照时间顺序合理安排自然资源的开发利用。自然资源空间配置是指考虑不同区域自然资源的类型、数量与质量的差异，对自然资源开发工作在不同区域内进行合理部署。自然资源动态区划要考虑区域内自然资源的现状，以资源分区促进自然资源配置的优化，使其利用效率最大化，进而充分发挥自然资源的价值。

6. 区域经济理论

区域经济理论是指在一定区域内优化区域要素的配置与组合，提高要素产出的经济效益。自然资源系统耦合自然属性与经济属性，在促进社会经济发展中的地位日益突出。自然资源动态区划可以对一定区域内有限的自然资源进行合理配置和优化组合，形成具有地域特色的自然资源产业体系，不仅能够保证产业有序、高效地运行，而且能够实现自然资源的高效利用，提高自然资源的经济效益，促进区域经济的发展。

7. 发展预测理论

不确定性几乎是所有问题的根源。现代预测学研究无所不在的不确定性，旨在控制随机性以及减少无知的程度。预测学通过开发数学模型和程序对事物未来发展进行可靠预测。自然资源的数量、质量、组成结构、区位特征是动态变化的，同时，气候变化、经济发展、人口增长、资源枯竭、生态失衡等因素也影响着对自然资源的综合区划。因此，自然资源的综合区划必须在分析研究自然资源的历史和现状的基础上，考虑自然资源变化的规律和控制这些变化的机理，预测其发展趋势，从而为自然资源动态区划打好科学基础。

8. 集合论和信息编码理论

从定量化的角度看，自然资源动态区划就是自然资源空间划分的集合，借助集合论可以对区划系统和区划单元的相互关系进行逻辑、层级、关系等推演（郑度等，2008），集合论构成了自然资源动态区划的重要数学基础。从信息科学的角度看，信息编码理论为区划单元精确标识和单元融合提供了成套的方法。通过对区划单元赋予唯一标识码并进行编码变换，可以实现对自然资源动态区划系统的分析（郑度等，2008）。因此，信息编码理论也是自然资源动态区划重要的理论基础。

1.2.2 区划方法的演变

区划方法是为达到区内差异最小、区间差异最大的区划目标而进行的区域划分的过程。根据划分方法的量化与否，可分为定性方法和定量方法，定性方法包括德尔菲法、经验法、古地理法等，定量方法既包括传统的主成分法、判别分析法、聚类分析法、层次分析法、加权叠置法、地理空间分析法等，还包含机器学习（深度学习、人工智能、大数据挖掘）等新方法。目前，我国相继开展了自然、农业、生态功能等区划工作，由于受当时科学技术发展水平的限制，主要的区划方法呈现单一性、传统性等特点；随着大数据、系统分析、人工智能、深度学习、对地观测、空间信息系统等新技术的不断发展（郑度等，2005），区划方法在研究范式、研究角度、区划尺度、指标选择、技术手段等方面发生了显著变化。由单种方法向综合集成转变，由单一尺度向多维尺度转化，由单一要素向多要素转换，由传统技术向新技术发展（表 1.4）。

表 1.4 常用区划方法概述

区划方法	主要内涵	优点	不足
德尔菲法	利用函询形式进行的集体匿名思想交流	独立思考判断，集思广益，探索性解决问题	专家间缺少交流，存在主观影响
经验法	利用专家丰富的实践经验进行判断	最大限度发挥专家个人能力，操作简单便捷	主观性强，要求具体操作人员熟悉情况
古地理法	通过对古地理资料的深入分析，查明其年龄和发展历史	追本溯源，揭示本质	应用缺乏成熟经验，古地理资料缺乏时应用困难
判别分析法	在对对象分类确定的条件下，根据特征值来判别类型	可操作性强，不受尺度大小影响	划分界线有一定的主观性
主成分法	通过矩阵转换计算特征值和特征向量得到主成分，从而减少相关指标数量	消除指标间干扰，简化信息，且能客观评定各指标权重	对样本容量要求高，计算过程复杂，极易造成信息损失
加权叠加法	将所有相关数据层面进行叠加产生一个新的数据层面的操作	方便、快捷、直观地实现区划	不同图层间尺度精度难以统一
3S 技术分析法	将统计数据、矢量数据和栅格数据等不同数据形式进行空间叠加计算	能做指标的时空动态分析、处理速度快、数据管理便捷	对电脑软硬件和人员专业技术要求高

续表

区划方法	主要内涵	优点	不足
聚类分析法	按照相似性或差异性的指标，对要素样本进行聚类	简单、直观、适用性强	易受异常值和特殊变量的影响
层次分析法	通过对比确定各层次指标权重，逐层求和	层次性强、灵活、简洁	无法摆脱定性判断的主观性和随机性
地理空间分析法	分析各自然要素间的相互关系后进行分区	关注要素间联系，区划系统性强	各区划的界线经常会相互矛盾，难以协调
深度学习	利用多层非线性信息的处理方法来进行无监督学习或者有监督学习	自适应提取、人工干预少、适用范围广、挖掘精度深度高	多类型数据冲突难以处理，对硬件设施要求高
人工智能	利用计算机科学技术研究，开发用于模拟、延伸和扩展人的智能的理论、方法、技术及应用系统	高效地自学习、自适应和自创造，运算高速、算法优良	技术体系不够成熟，大量决策需人工参与
大数据挖掘	通过对大数据聚类、关联分析、分类、预测等，揭示背后隐含的信息、知识、规律	有效挖掘隐藏信息，获取、处理大数据的新技术丰富	数据多源多格式、大量、价值密度低，统一处理难

1. 研究范式：由定性方法向定量方法再向综合集成的转变

20 世纪 20 年代以来，由于客观条件的限制，区划以定性方法为主，多是专家集成的定性工作，学者常采取经验法对自然地理进行区划（竺可桢，1930；林超，1954；罗开富，1954；黄秉维，1959）。这种方法的本质是利用专家的经验进行判断，因主观性强，现多将其作为参考方法（王瑞燕等，2008；念沛豪等，2014）。20 世纪 50 年代后，区划研究呈现爆发式增长，多采用定性与定量相结合的方法，在利用专家经验的基础上，通过指标法进行区划（竺可桢，1930；罗开富，1954；黄秉维，1959）。20 世纪 80 年代以后，随着数据资料的丰富与分析者区划数学基础的提升，定量方法开始被广泛应用（王瑞燕等，2008；念沛豪等，2014）。21 世纪以来，数学、物理学、社会学等学科方法的发展、3S 技术以及计算机技术的应用，都为地域分异、各类区划界线的确定提供了新的技术方法，区划研究也由一般定量分析转为综合集成。学者将定性方法和定量方法相结合（段华平等，2010；赵岩等，2013），并在 GIS 软件中叠置分析，再结合综合分析法（念沛豪等，2014；李丽纯等，2017）、聚类分析法（潘贤君和胡宝清，1997）、判别分析法、机器学习（黄姣等，2011）等进行区划工作。

2. 研究思路：由自上而下转向自下而上再转为两者相结合

20 世纪 50 年代起，自上而下的区划方法逐渐被运用在区划工作中。林超、冯绳武等首次采取自上而下逐级划分的方法，建立了我国综合自然地理区划方法论的基本框架（林超，1954；冯绳武等，1954）。之后，罗开富、黄秉维等也均采取自上而下的方法进行自然地理区划（罗开富，1954；黄秉维，1959）。自上而下方法作为一种经典的区划思路，至今仍被广泛使用（黄姣等，2011；王丹和陈爽，2011）。自上而下方法从宏观、全局着眼，可以避免“自下而上”易产生的跨区合并的错误。但其缺点在于划出的界线比较模糊，而且越往低级单位划分，划分界线的客观性和科学性越不可靠，而与自下而上方法合并可以解决此类问题。20 世纪 80 年代起，自下而上的区划方法开始被提出和运用（刘卫东，1994；张学儒等，2013）。在进行区划工作时，自上而下方法适用于大范围尺度，自下而上方法适用于小范围尺度，在中间范围尺度上将两者统筹融合可构成区划层次系统。21 世纪起，学者在进行区划工作时更多地采用自下而上方法与自上而下方法相结合的方法（郑度等，2008；曹淑艳等，2012；方创琳等，2017；樊杰，2019）。

3. 区划尺度：由单一大尺度到多维尺度

区划具有尺度特征。从研究范围来看，早期的区划工作，如自然地理区划、农业区划、生态区划，大多是在大尺度进行的，以全国尺度居多（罗开富，1954；黄秉维，1959；侯学煜等，1963；刘玉邦和梁川，2009）。随着 3S 技术的蓬勃发展，高精度数据资料不断丰富，加之区域发展对于中小尺度区划需求的不断提升，小尺度区划在宏观尺度的框架性指导下，对大尺度区划进行了局地的细化和落实。近年来完成的区划广泛涉及各个空间地理单元尺度：行政单元方面，从乡镇、县域、省域到全国尺度均有研究；自然地理单元方面，从流域、大区到全国均有涉及（高江波等，2010）；生态功能区划方面，2008 年 7 月全国率先开展全国尺度的区划，随后各省开展省域的区划工作。对中小尺度研究逐渐丰富的同时（刘闯，2004；郭洪海等，2010；刘录三等，2011；李庆等，2018），对大尺度的研究也没有停滞（郑景云等，2013；孔艳等，2013），并且有学者从多尺度出发进行研究（米文宝等，2010；Liu et al.，2015）。此外，过去的区划工作多局限于中国的陆地部分，近年来学者对海洋功能区划的研究逐渐增加（栾维新和阿东，2002；黄伟等，2016；秦伟山等，2017），出现了由陆地为主向海陆全覆盖发展的转变。

4. 指标选择：由单一要素到多要素

自新中国成立以来，我国相继开展了各类自然地理区划、农业区划、生态功能区划等，大多都是以区域自然、生态某一要素作为指标考虑。其中，20 世纪 50～90 年代，中国的区划研究主要服务于农业生产，学者大多考虑热量、水分、土类、植被等要素进行区划（罗开富，1954；黄秉维，1959）。20 世纪 90 年代以来，区划目标向可持续发展转变。为在生态保护的前提下高效地开发利用资源，侯学煜（1988a）、傅伯杰等（2001）提出了不同的自然地理区划方案。这些区划大多以自然要素的区划为主，对人文经济要素考虑较少。

随着人类社会的发展，经济、社会、生态环境等要素的系统性、整体性在区划工作中逐渐凸显。单纯以自然要素为指标来认识地域分异也逐渐变得不合时宜，学者逐渐将自然、社会、经济要素等指标融合考虑开展综合区划。吴绍洪（1998）认为应考虑自然要素、资源要素和社会经济要素；黄秉维（1996）、刘燕华等（2005）认为应考虑自然生态和社会经济两大类要素；刘秀花等（2011）认为应考虑包括生态环境、经济和社会三方面的指标要素；刘军会和傅小锋（2005）认为应综合考虑自然、经济、生态和人口四方面指标。在单列资源区划方面，柳长顺等（2004）根据环境、粮食、水资源和社会经济四大类指标，把海河流域分为了七个区；彭建和王军（2006）对中国土地资源综合分区时，依据区域土地资源利用结构与社会经济属性指标进行分类。此外，在主体功能区划方面，朱传耿等（2007）依据生态敏感性与经济社会发展综合潜力两大类指标进行区划。

5. 技术手段：由传统技术到新技术的运用

19世纪50年代以来，区划工作采用以实地调查为主的传统技术，区划人员凭借丰富的工作经验，结合指标体系进行区划工作，区划指标的确也经历了由主观赋权（黄秉维，1959；钱纪良和林之光，1965；王瑞燕等，2008）到客观赋权（林振耀和吴祥定，1981；范祚军和关伟，2008）的转变。运用指标体系进行区划的实用性强，直到现在都在被广泛使用（傅伯杰等，2001；郑景云等，2013；张玉韩等，2018）。随着科学技术的不断发展，以3S技术、计算机、现代测量、模型为代表的新技术逐渐在区划工作中得到运用。19世纪80年代以后，对地观测卫星与航空飞行器的发展提升了区划数据的广度与精度，GIS的运用提高了解译与加工处理遥感数据的水平，使得空间分析法成为这一时期区划工作的主导方法（刘玉邦和梁川，2009；黄青等，2010；李炳元等，2013；刘恬等，2018）。遥感技术的发展也使得区划研究从单一尺度单一遥感数据的研究变为多源多尺度遥感数据的研究，如1980年全国农业区划委员会利用单尺度数据对全国土壤进行分区；之后，学者逐渐开始多尺度的空间区域划分研究（黄慧萍和吴炳方，2004；王海宾，2014）。同时，随着数理统计在地理学科大放异彩，判别分析法、聚类分析法、古地理法等数理统计方法在区划中被广泛应用（罗其友和唐华俊，2000；焦庆东等，2009）。21世纪起，计算机技术中的大数据分析、人工智能、深度学习等快速发展，机器学习方法的应用日趋广泛（彭建和王军，2006；黄姣等，2011；Huang and Zhang，2013）。除以上新技术外，近年来，现代测量技术、互联网+等信息化技术、三维可视化技术、数值模拟技术也都在区划工作中被广泛使用，区划的技术手段呈现出高科技、多元化的趋势，与之对应，使用单一方法进行区划变得不太常见，更多的是多种技术方法并用来进行区划（赵岩等，2013；吴绍洪等，2017）。

1.2.3　区划方法的选择

基于自然资源有效保护、系统修复和综合管理，围绕自然资源综合管理职责行使，结合自然资源综合观测的任务需求，自然资源动态区划的方法应综合考虑指标系统性、数据多尺度、区划多层级、多方法综合和多成果衔接等原则，以服务于国土空间规划、自然资源用途管制、耕地保护和自然资源集约利用。

1. 指标系统性原则

人与自然的耦合具有复杂性，任何区域都是由自然地理要素和人文经济要素耦合组成的整体。在进行自然资源动态区划时，要选择反映自然地理要素、七大资源要素及其发展变化的指标来系统反映整体特征。在此基础上，应找出各层级分异的主导因素作为各级划分的依据。自然资源动态区划所遵循的指标系统性表现为要素间的相互联系、相互作用。在高级单元确定指标权重，建立以自然地理特征要素为主的指标体系；低级单元应在全面性和主导性的支撑下建立指标体系，不仅要提取涵盖自然资源动态区划绝大部分的区分度的指标，更要把握发挥重大作用的主导要素。充分集成自然要素与人文经济要素的多源异构数据，并进一步建构指标系统，是进行自然资源动态区划的基础。

2. *数据多尺度原则*

尺度是研究客体或过程的空间维与时间维，在自然资源动态区划的研究中需要考虑数据的时空尺度（朱会义等，2004）。大尺度范围的区划注重成因分析，应选用大尺度的数据，运用古地理法、地理空间分析法。小尺度范围则应选择小尺度数据，通过叠置法与空间聚类分析法自下而上进行聚合，并通过判别分析法将独立于区划单元之外的小块图斑进行分类。时间尺度是指自然生态过程和现象表现出来所花费时间的平均度量。由于资源形成过程总是在特定的时间尺度上发生，在进行某一时期自然资源区划时，需采用同一时限的数据。同时，应关注自然资源的动态变化，进行多情景分析。坚持时空数据多尺度原则，全面提升数据获取能力，有利于进一步提升区划精度。

3. *区划多层级原则*

任何尺度上的区域都是多种资源的综合体，自然资源动态区划必须按区域内部差异划分层级，逐级揭示自然资源的区域差异，遵循具有先后顺序、主次分明等逻辑关系。将自上而下方法与自下而上方法相结合，将分区系统分为高级和低级，高级划分依据以自然地理要素为主的指标系统，结合自然地理区划的原则，自上而下进行逐级划分；低级区划根据自然资源优势资源组合将自然资源区域进行区划，主要运用自下而上的聚类分析法。自然资源动态区划体系应体现出等级性，高级别和低级别之间应存在包含关系，且高低级的指标应受分区级别影响。

4. *多方法综合原则*

自然资源动态区划应采用自下而上方法与自上而下方法相结合的方法，通过指标传递进行连接，共同形成区划方法体系。在指标选择与区划过程中，应将德尔菲法、经验法、叠置法等定性方法与主成分法、判别分析法、聚类分析法、层次分析法等定量方法结合使用。将传统技术与新技术融合，既不抛弃经典的区划方法，如指标法、数理统计法，又融入空间分析法、人工智能等新方法。充分集成代数、几何、概率等科学语言，并将其应用于自然资源动态区划，有助于提高综合区划的科学性（张超，2008）。

5. *多成果衔接原则*

目前很多部门都从专业或管理角度建立了各自的区划，在进行自然资源划分时应充分考虑已有区划。与现有成果建立对应关系，不但易于获取现有数据，也能有效衔接部门区划，有利于提高区划的认可度和执行度。在具体操作上，使用叠置分析法，将已有的自然地理区划和七大类单列资源区划的现有成果进行叠加。在综合利用自然地理区划和单列资源区划优秀研究成果的基础上，依据自然资源特性进行相应调整与创新。

1.3　自然资源动态区划内涵

自然资源动态区划是以土地、矿产、森林、草原、湿地、水和海域海岛等自然资源的地域分异规律为主要依据，辅助以地形地貌、气候、植被、水文、土壤、景观等自然环境要素，充分考虑自然资源要素类型及其组合特征、环境要素的地域分异性和相似一致性，分时段地将全国划分为不同空间层级、相对独立完整，并具有有机联系的自然资源地理单元。自然资源动态区划以山水林田湖草生命共同体为基本理念，既考虑了单种资源要素属性和地域性分布规律，又考虑了区域不同资源间互馈机制与耦合作用和人地交互关系。区别于现有区划，自然资源动态区划实现了从单一资源要素为主的划分向山、水、林、田、湖、草等全要素资源整体划分转变，发展了从静态区划向动态区划转变的探索。其内涵主要包括以下几点：①涉及自然资源学、生态学、地理学等相关学科的知识，具有高度的综合性；②建立在充分认识自然资源与环境地理的特性、生态过程及其与人类活动的关系基础之上；③将自然资源的空间、时间以及功能异质性作为区划的依据，其相对于其他区划而言特别考虑了自然资源和外部环境的空间结构和生态过程的地域分异；④对自然资源生态过程及人与自然关系的宏观分布特征具有进一步认识，厘定格局、过程及功能为由下至上的关系（图1.1）。

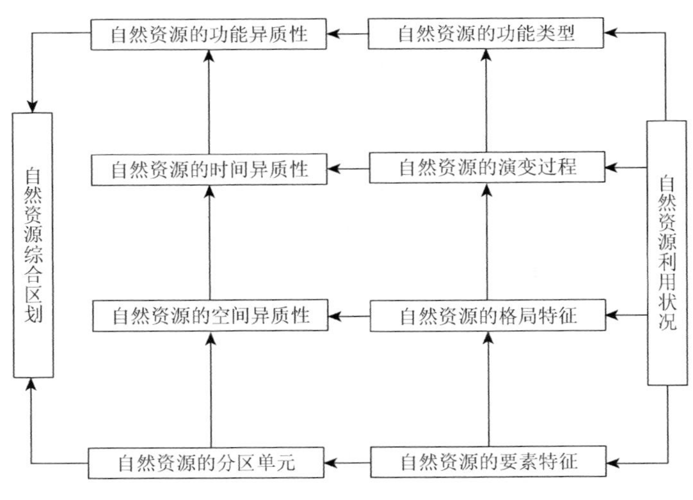

图1.1　自然资源动态区划的概念框架

1.4　自然资源动态区划目的与意义

1.4.1　自然资源动态区划的目的

自然资源动态区划在我国多年来的生态环境、自然地理、自然资源等研究的基础上，以山水林田湖草生命共同体系统管理为出发点，对自然资源进行重新整合，以高质量可持续发展为目标，将我国国土空间进行以森林、草原、湿地、水和海域海岛为主导资源的综合评价和区域划分。其目的包括两个：一是研究我国各自然资源的空间分异特征和动态演变规律，揭示自然资源复杂系统在陆地表层的综合分异特点，提高对自然资源的认知程度，结合当下自然资源统一管理的要求，为实现自然资源“一张图”统筹管理的新目标，系统研究我国各自然资源的空间分异特征和动态演变规律，建立我国自然资源动态区划的研究思路、指标体系和技术方法，进行不同等级自然资源动态区划；二是以不同等级的自然资源动态区划为基础，提高自然资源认知能力，探索自然资源各要素间的耦合关系、变化趋势、动因机制和演化趋势，为不同区域自然资源的合理利用、开发利用和环境保护提供决策依据，为自然资源综合观测体系构建提供决策依据，确保野外科学观测研究站布设的科学合理性和可行性。

1.4.2 区划的研究意义

区划诞生的动力是不同层面上诞生的新需求，新需求促成新区划。在国家层面上，区划的综合性与集成性是实施自然资源统一管理的重要支撑；在实际操作层面上，建立区划图是自然资源观测工程建设的前提，在此基础上才能科学合理地布设站点；在学术层面上，区划在某种程度上客观地满足了资源科学等多学科发展的新需求。

1. 顺应多学科发展需求，加强中国自然资源动态区划研究

自然资源动态区划是地理学、生态学、地质学、环境科学和经济学等多学科的交叉应用，是区划研究的重要趋势。自然资源动态区划过程中涉及资源环境承载力理论，遵循可持续利用原则，这些方面涉及生态环境科学领域，是生态环境科学领域的重要探索和尝试。历史上“胡焕庸线”的简单区划，对我国经济学研究产生了较大影响。当下自然资源动态区划中运用的“区域经济”“资源配置”理论是经济学和资源区划的纽带，可以预见，区划成果图也将对我国经济学的研究产生一定影响。综上所述，自然资源动态区划客观满足了地理学、生态环境学、经济学等多学科发展的新需求。

2. 强化对自然资源要素时空差异性、复杂多样性和特色性的科学认识

我国历史悠久，幅员辽阔，自然资源具有地域差异显著和动态变化明显等特征，自然资源动态区划有利于促进对我国当前和历史资源本底状况的掌握，以及对国家自然资源变化规律与生态环境态势的认识，而且能全面反映自然资源单元之间具有资源要素的地域差异性和异质性，单元内部具有资源要素的地域相似性和同质性（Fang et al.，2018）。

自然资源统一管理的基本内涵包括“要素管理和综合管理相结合”“分级管理与分类管理相结合”“资源监管与资源资产管理相结合”三个方面。国内学者在自然资源统一管理内涵的基础上，提出“标准统一”“有效衔接”“规范转换”的新目标。“标准统一”的目的在于“一张图管理”，因此，自然资源区划必须聚焦于“一张图管理”的新需求。已有的单要素自然资源区划是针对单一资源要素地域分异的区划制图，在一定程度上无法适应自然资源“一张图管理”的新需求与国家对自然资源统一管理的新举措。因此，在

山水林田湖草生命共同体的管理理念下，需要系统全面地统筹考虑各类自然资源，探索具有科学性与实用性的区划，从而强化对自然资源要素时空差异性、复杂多样性和特色性的科学认识。

3. 满足自然资源治理体系建设等国家战略的实际应用需求

2018年,《自然资源科技创新发展规划纲要》中将“自然资源要素综合观测网络工程”列入十二大科技工程之中（吴绍洪等，2017）；2019年自然资源部办公厅下发了《关于做好自然资源要素综合观测工作的函》，指出建立全要素综合观测网对提高自然资源认知能力，提高决策管理具有十分重要的意义，并将自然资源要素综合观测网定位为“战略性、基础性、紧迫性”的系统工程。自然资源综合观测网各类站点的建立，需要一张综合、系统、科学、全面的，并囊括各类资源要素的综合区划底图，根据区划底图进行相关级别的各类站点的布设。科学合理的区划工作是开展观测网工程的前提，也是当下观测网工程实施的新需求。

自然资源动态区划是对我国土地、矿产、森林、草原、湿地、水和海域海岛等资源在地域空间上进行系统梳理和总结的基础性工作。自然资源动态区划能够满足国家对自然资源要素综合观测的新需求，是落实自然资源治理体系建设等国家战略的有效途径。自然资源综合观测网的建设需要一张囊括各类资源要素综合、系统、科学的区划底图，并以此为依据进行各类野外站点的布设。而区划是认识各自然资源的空间分布特征，以及深入分析其相互耦合关系的重要前提，是开展观测网工程的前提，也是合理布站（点）、科学观测的基础（刘勇卫，1987）。开展自然资源动态区划的研究不仅能指导自然资源的合理开发利用、改善产业结构和优化生产布局，而且还可为保护我国生态环境，实施自然资源有偿使用制度，进行自然资源统一综合管理奠定科学基础。

参考文献

曹淑艳，谢高地，鲁春霞，等. 2012. 中国区域可持续发展功能评价. 资源科学，34（9）：1629-1635.

陈栋生. 1991. 区域经济研究的新起点. 北京：经济管理出版社.

陈守煜，李亚伟. 2004. 基于模糊迭代聚类的水资源分区研究. 辽宁工程技术大学学报，（6）：848-851.

陈述彭. 2001. 地理科学的信息化与现代化. 地理科学，21（3）：193-197.

陈述彭，岳天祥，励惠国. 2000. 地学信息图谱研究及其应用. 地理研究，19（4）：337-343.

段华平，朱琳，孙勤芳，等. 2010. 农村环境污染控制区划方法与应用研究. 中国环境科学，30（3）：426-432.

樊杰，2019. 地域功能-结构的空间组织途径——对国土空间规划实施主体功能区战略的讨论. 地理研究，38（10）：2373-2387.

范祚军，关伟，2008. 差别化区域金融调控的一个分区方法——基于系统聚类分析方法的应用. 管理世界，（4）：36-47.

方创琳，刘海猛，罗奎，等. 2017. 中国人文地理综合区划. 地理学报，72（2）：179-196.

冯红燕，谭永忠，王庆日，等. 2010. 中国土地利用分区研究综述. 中国土地科学，24（8）：71-76.

冯绳武，王景尊，何志超，等. 1954. 对“中国自然地理的分区问题”的意见. 科学通报，（8）：72-73.

傅伯杰，刘国华，陈利顶，等. 2001. 中国生态区划方案. 生态学报，（1）：1-6.

高江波，黄姣，李双成，等. 2010. 中国自然地理区划研究的新进展与发展趋势. 地理科学进展，29（11）：1400-1407.

高湘昀，安海忠，刘红红. 2012. 我国资源环境承载力的研究评述. 资源与产业，14（6）：116-120.

郭洪海，姚慧敏，杨丽萍，等. 2010. 山东省农业功能区划研究. 中国农业资源与区划，31（2）：81-86.

郭焕成. 1999. 中国农业经济区划. 北京：科学出版社.

郭娅，濮励杰，赵姚阳，等. 2007. 国内外土地利用区划研究的回顾与展望. 长江流域资源与环境，16（6）：759-763.
侯华丽，吴尚昆，张玉韩，等. 2015. 对我国开展矿产资源综合区划相关问题的思考. 国土资源科技管理，32（3）：78-83.
侯学煜. 1981. 再论中国植被分区的原则和方案. 植物生态学与地植物学丛刊，5（4）：290-301.
侯学煜. 1988a. 论我国自然生态区划及其大农业的发展（I）. 中国科学院院刊，（1）：28-37.
侯学煜. 1988b. 论我国自然生态区划及其大农业的发展（II）. 中国科学院院刊，（2）：137-152.
侯学煜，姜恕，陈昌笃，等. 1963. 对于中国各自然区的农、林、牧、副、渔业发展方向的意见. 科学通报，（9）：8-26.
胡静，陈银蓉. 2008. 湖北省农业综合生产能力及农业区划初探. 农机化研究，（5）：38-40，44.
胡小平. 1998. 我国矿产资源经济区划与产业布局. 地域研究与开发，17（2）：50-56.
黄秉维. 1959. 中国综合自然区划草案. 科学通报，18（4）：594-602.
黄秉维. 1965. 论中国综合自然区划. 新建设，（3）：65-74.
黄秉维. 1989. 中国综合自然区划纲要. 地理集刊，21：10-20.
黄秉维. 1996. 论地球系统科学与可持续发展战略科学基础（I）. 地理学报，（4）：350-354.
黄慧萍，吴炳方. 2004. 基于区域合并影像分割技术的多尺度地表景观分析. 地理科学进展，（3）：9-15.
黄姣，高阳，赵志强，等. 2011. 基于 GIS 与 SOFM 网络的中国综合自然区划. 地理研究，30（9）：1648-1659.
黄敬军，缪世贤，张丽. 2013. 江苏省地质环境综合区划研究. 中国地质，40（6）：1982-1992.
黄青，辛晓平，张宏斌，等. 2010. 基于生态系统服务功能的中国北方草地及农牧交错带区划. 生态学报，30（2）：350-356.
黄伟，曾江宁，陈全震，等. 2016. 海洋生态红线区划——以海南省为例. 生态学报，36（1）：268-276.
焦庆东，杨庆媛，冯应斌，等，2009. 基于 Pearson 分层聚类的重庆市土地利用分区研究. 西南大学学报（自然科学版），31（6）：173-178.
孔艳，江洪，张秀英，等. 2013. 基于 Holdridge 和 CCA 分析的中国生态地理分区的比较. 生态学报，33（12）：3825-3836.
李炳元，潘保田，程维明，等. 2013. 中国地貌区划新论. 地理学报，68（3）：291-306.
李丽纯，陈福梓，王加义，等. 2017. 基于 GIS 的台湾青枣在福建引扩种的气候适宜性区划. 中国生态农业学报，25（1）：47-54.
李庆，张春来，周娜，等. 2018. 青藏高原沙漠化土地空间分布及区划. 中国沙漠，38（4）：690-700.
林超. 1954. 中国自然区划大纲（摘要）. 地理学报，20（4）：395-418.
林振耀，吴祥定. 1981. 青藏高原气候区划. 地理学报，36（1）：22-32.
刘闯. 2004. 中尺度对地观测系统支持下中国综合自然地理区划新方法论研究. 地理科学进展，（6）：1-9.
刘昉勋，黄致远. 1987. 江苏省植被区划. 植物生态学与地植物学学报，11（3）：226-233.
刘军会，傅小锋. 2005. 关于中国可持续发展综合区划方法的探讨. 中国人口·资源与环境，15（4）：11-16.
刘录三，郑丙辉，孟伟，等. 2011. 基于自然地理特征的长江口水域分区. 生态学报，31（17）：5042-5054.
刘恬，胡伟艳，魏安奇，等. 2018. 基于多尺度的基本农田空间区位选择——以武汉城市圈为例. 资源科学，40（7）：1365-1374.
刘卫东. 1994. 江汉平原土地类型与综合自然区划. 地理学报，（1）：73-83.
刘秀花，李永宁，李佩成，等. 2011. 西北地区不同地域生态—经济—社会综合区划指标体系研究. 干旱区地理，（4）：642-648.
刘彦随，张紫雯，王介勇. 2018. 中国农业地域分异与现代农业区划方案. 地理学报，73（2）：203-218.
刘燕华，葛全胜，张雪芹. 2004. 关于中国全球环境变化人文因素研究发展方向的思考. 地球科学进展，19（6）：889-895.
刘燕华，郑度，葛全胜，等. 2005. 关于开展中国综合区划研究若干问题的认识. 地理研究，24（3）：321-329.
刘毅. 2018. 论中国人地关系演进的新时代特征：“中国人地关系研究”专辑序言. 地理研究，37（8）：1477-1484.
刘勇卫. 1987. 野外站在科研、生产中的作用及其管理. 地球科学信息，31（3）：23-25.
刘玉邦，梁川. 2009. 长江上游水资源保护分区研究. 中国农村水利水电，（4）：10-14.
柳长顺，刘昌明，杨红，等. 2004. 海河流域水资源管理分区研究. 地理学报，（3）：349-356.
栾维新，阿东. 2002. 中国海洋功能区划的基本方案. 人文地理，（3）：93-95.
罗开富. 1954. 中国自然地理分区草案. 地理学报，20（4）：379-394.
罗其友，唐华俊. 2000. 农业基本资源与环境区域划分研究. 资源科学，（2）：30-34.
毛汉英. 2018. 人地系统优化调控的理论方法研究. 地理学报，73（4）：608-619.
米文宝，侯雪，米楠，等. 2010. 西北地区主体功能区划方案. 经济地理，30（10）：1595-1600.

念沛豪，蔡玉梅，张文新，等. 2014. 面向综合区划的国土空间地理实体分类与功能识别. 经济地理，34（12）：7-14.
潘贤君，胡宝清. 1997. 区域自然资源动态区划的方法探讨——以大连地区陆域自然资源动态区划为例. 海洋地质与第四纪地质，17（3）：94-101.
彭建，王军. 2006. 基于 Kohonen 神经网络的中国土地资源综合分区. 资源科学，（1）：43-50.
彭建，杜悦悦，刘焱序，等. 2017. 从自然区划、土地变化到景观服务：发展中的中国综合自然地理学. 地理研究，36（10）：1819-1833.
彭建，毛祺，杜悦悦，等. 2018. 中国自然地域分区研究前沿与挑战. 地理科学进展，37（1）：121-129.
钱纪良，林之光. 1965. 关于中国干湿气候区划的初步研究. 地理学报，31（1）：1-14.
秦伟山，孙剑锋，张义丰，等. 2017. 中国县级海岛经济体脆弱性综合评价及空间分异研究. 资源科学，39（9）：1692-1701.
任义方，赵艳霞，张旭晖，等. 2019. 江苏水稻高温热害气象指数保险风险综合区划. 中国农业气象，40（6）：391-401.
孙敬之. 1955. 论经济区划. 教学与研究，（11）：12-17.
田宏伟，李树岩. 2016. 河南省夏玉米干旱综合风险精细化区划. 干旱气象，34（5）：852-859.
王丹，陈爽. 2011. 城市承载力分区方法研究. 地理科学进展，30（5）：577-584.
王海宾. 2014. 基于森林盖度的尺度转换及地类区划方法研究. 北京：北京林业大学.
王瑞燕，赵庚星，周伟，等. 2008. 土地利用对生态环境脆弱性的影响评价. 农业工程学报，24（12）：215-220.
吴东丽，王春乙，薛红喜，等. 2011. 华北地区冬小麦干旱风险区划. 生态学报，31（3）：760-769.
吴绍洪. 1998. 综合区划的初步设想——以柴达木盆地为例. 地理研究，17（4）：32-39.
吴绍洪，刘卫东. 2005. 陆地表层综合地域系统划分的探讨——以青藏高原为例. 地理研究，24（2）：169-177，321.
吴绍洪，潘韬，刘燕华，等. 2017. 中国综合气候变化风险区划. 地理学报，72（1）：3-17.
杨博. 2016. 甘肃省矿产资源综合区划研究. 北京：中国地质大学（北京）.
张超. 2008. 水土保持区划及其系统架构研究. 北京：北京林业大学.
张蕾，杨冰韵. 2016. 北方冬小麦不同生育期干旱风险评估. 干旱地区农业研究，34（4）：274-286.
张学儒，张镱锂，刘林山，等. 2013. 基于 SOFM 神经网络模型的土地类型分区尝试——以青藏高原东部样带为例. 地理研究，32（5）：839-847.
张玉韩，侯华丽，沈悦，等. 2018. 乌蒙山片区矿产资源开发功能分区及扶贫政策探索. 资源科学，40（9）：1716-1729.
张仲威. 2008. 农业区划空间发展战略研究. 中国农业资源与区划，29（6）：46-48.
赵松乔，陈传康，牛文元. 1979. 近三十年来我国综合自然地理学的进展. 地理学报，34（3）：187-199.
赵岩，王治国，孙保平，等. 2013. 中国水土保持区划方案初步研究. 地理学报，68（3）：307-317.
郑垂勇，周之豪，岳金桂，等. 1992. 江苏省工业经济区划的研究. 河海大学学报，（2）：82-87.
郑度. 2008. 中国生态地理区域系统研究. 北京：商务印书馆.
郑度，杨勤业，顾钟熊. 2003. 黄秉维地理学术思想及其实践——纪念黄秉维院士诞辰九十周年. 地理研究，22（3）：133-139.
郑度，葛全胜，张雪芹，等. 2005. 中国区划工作的回顾与展望. 地理研究，24（3）：330-344.
郑度，欧阳，周成虎. 2008. 对自然地理区划方法的认识与思考. 地理学报，63（6）：563-573.
郑度，吴绍洪，尹云鹤，等. 2016. 全球变化背景下中国自然地域系统研究前沿. 地理学报，71（9）：1475-1483.
郑景云，尹云鹤，李炳元. 2010. 中国气候区划新方案. 地理学报，65（1）：3-12.
郑景云，卞娟娟，葛全胜，等. 2013. 1981～2010 年中国气候区划. 科学通报，58：3088-3099.
周璞，侯华丽，刘天科. 2016. 我国矿产资源综合区划模型与实证研究. 中国矿业，25（S2）：115-119，124.
周璞，侯华丽，吴尚昆. 2019. 我国矿产资源自然区划研究. 中国矿业，28（2）：29-33.
周起业，刘再兴，祝诚，等. 1990. 区域经济学. 北京：中国人民大学出版社.
朱传耿，仇方道，马晓冬，等，2007. 地域主体功能区划理论与方法的初步研究. 地理科学，（2）：136-141.
朱会义，刘述林，贾绍凤. 2004. 自然地理要素空间插值的几个问题. 地理研究，（4）：425-432.
竺可桢. 1930. 中国气候区域论. 地理杂志，3（2）：124-131.
Bailey R G. 1989. Explanatory supplement to ecoregions map of the continents. Environmental Conservation，16（4）：307-309.
Fang J Y，Yu G R，Liu L L，et al. 2018. Climate change，human impacts，and carbon sequestration in China. Proceedings of the

National Academy of Sciences of the United States of America，115（16）：4021-4026.

Huang X，Zhang L. 2013. An SVM ensemble approach combining spectral，structural，and semantic features for the classification of high resolution remotely sensed imagery. IEEE Transactions on Geoscience and Remote Sensing，51（1）：257-272.

Klijn F，Haes H. 1994. A hierarchical approach to ecosystems and its implications for ecological land classification. Landscape Ecology，9（2）：89-104.

Lin H X，Huang J C，Fang C L，et al. 2019. A preliminary study on the theory and method of comprehensive regionalization of cryospheric services. Advances in Climate Change Research，10（2）：115-123.

Liu C，Hong L，Chen J，et al. 2015. Fusion of pixel-based and multi-scale region-based features for the classification of high-resolution remote sensing image. Journal of Remote Sensing，19（2）：228-239.

Ma S，Li J F，Wei F J. 2014. Comprehensive regionalization based on evaluation of resources carrying capacity in Hubei. Advanced Materials Research，1073-1076：1494-1498.

Rowe J S，Sheard J W. 1981. Ecological land classification：a survey approach. Environmental Management，5（5）：451-464.

Wu S H，Yin Y H，Du Z，et al. 2016. Advances in terrestrial system research in China. Journal of Geographical Sciences，26（7）：791-802.

Xu K P，Wang J N，Wang J J，et al. 2020. Environmental function zoning for spatially differentiated environmental policies in China. Journal of Environmental Management，255：109485.

Zheng D. 1999. A study on the eco-geographic regional system of China. FAO FRA2000 Global Ecological Zoning Workshop. Cambridge，UK，7：28-30.

第 2 章　全球自然资源及动态区划

2.1　全球自然资源概况

2.1.1　全球各大洲概况

1. 亚洲

亚洲（Asia）是七大洲中面积最大、人口最多的一个洲。其覆盖地球总面积的 8.7%（或占总陆地面积的 29.4%）。亚洲绝大部分地区位于北半球和东半球。亚洲与非洲的分界线为苏伊士运河，苏伊士运河以东为亚洲；亚洲与欧洲的分界线为乌拉尔山脉、乌拉尔河、里海、大高加索山脉、土耳其海峡、地中海和黑海，乌拉尔山脉以东及大高加索山脉、里海和黑海以南为亚洲。

亚洲大陆东至白令海峡的杰日尼奥夫角（169°39′7″W，66°4′45″N），南至丹绒比亚（103°31′E，1°16′N），西至巴巴角（26°3′E，39°27′N），北至北极角，最高峰为珠穆朗玛峰。跨越经纬度十分广阔，东西时差达 13h。西部与欧洲相连，共同形成了地球上最大的陆块——欧亚大陆。

2. 非洲

非洲（Africa），全称阿非利加洲，位于东半球西部，欧洲以南，亚洲之西，东濒印度洋，西临大西洋，纵跨赤道南北，面积大约为 3020 万 km^2（土地面积），占全球总陆地面积的 20.4%，是世界第二大洲，同时也是人口第二大洲（约 12.86 亿）。

非洲大陆东至哈丰角（51°24′E，10°27′N），南至厄加勒斯角（20°02′E，34°51′S），西至佛得角（17°33′W，14°45′N），北至吉兰角（本赛卡角）（9°50′E，37°21′N）。非洲大陆高原面积广阔，海拔在 500～1000m 的高原占非洲面积的 60%以上，有“高原大陆”之称。海拔 2000m 以上的山地高原约占非洲面积的 5%。低于海拔 200m 的平原多分布在沿海地带，不足非洲面积的 10%，非洲大陆平均海拔为 650m。

非洲是世界古人类和古文明的发源地之一，公元前 4000 年便有最早的文字记载。非洲北部的埃及是世界文明的发源地之一。自 1415 年葡萄牙占领休达，欧洲列强开始进行对非洲进行殖民统治，约 19 世纪末至 20 世纪初达到巅峰，约有 95%的非洲领土遭到列强瓜分，资源长期遭到掠夺。1947 年后殖民地陆续独立，而非洲独立年（1960 年）则象征非洲脱离列强统治，非洲殖民时代结束。

3. 北美洲

北美洲（North America），全称为北亚美利加洲，位于西半球北部，是世界经济第二发达的大洲，其中美国经济位居世界首位，在全球经济和政治上有重要影响力。北美洲大部分面积属于发达国家，有着极高的人类发展指数和经济发展水平。通用英语，其次是西班牙语、法语、荷兰语、印第安语等。

北美洲总面积为 2422.8 万 km^2（包括附近岛屿），约占世界陆地总面积的 16.2%，是世界第三大洲。其东临大西洋，西临太平洋，北临北冰洋，南以巴拿马运河为界与南美洲相分，东北面隔丹麦海峡与欧洲相望，地理位置优越。大陆东至圣查尔斯角（55°40′W，52°13′N），南至马里亚托角（81°05′W，7°12′N），西至威尔士王子角（168°05′W，65°37′N），北至布西亚半岛的穆奇森角（94°26′W，71°59′N）。

北美洲的经济发展十分不平衡，除了美国与加拿大两国为发达国家，其余的国家都为发展中国家。

4. 南美洲

南美洲（South America）是南亚美利加洲的简称，位于西半球、南半球。东临大西洋，西临太平洋，北临加勒比海。北部和北美洲以巴拿马运河为界，南部和南极洲隔德雷克海峡相望。

南美洲是陆地面积第四大的大洲，陆地面积为 1784 万 km^2。安第斯山脉几乎纵贯整个南美洲西部，拥有美洲最高的山峰——阿空加瓜山。安第斯山脉东部就是面积广大的亚马孙河盆地，占地超过 700 万 km^2，大部分地区都是热带雨林。

5. 南极洲

南极洲（Antarctica），围绕南极大陆，是地球七大洲之一。位于地球南端，四周被太平洋、印度洋和大西洋所包围，边缘有别林斯高晋海、罗斯海、阿蒙森海和威德尔海等。南极洲由大陆、陆缘冰、岛屿组成，总面积为 1424.5 万 km^2，其中大陆面积为 1239.3 万 km^2，陆缘冰面积为 158.2 万 km^2，岛屿面积为 7.6 万 km^2。全境为平均海拔为 2350m 的大高原，是世界上平均海拔最高的洲。

大陆几乎全被冰川覆盖，占全球现代冰被面积的 80%以上。大陆冰川从中央延伸到海上，形成巨大的罗斯冰障，周围海上漂浮着冰山。

整个大陆只有 2%的地方无长年冰雪覆盖，动植物能够生存。气候酷寒，极端最低气温曾达−89.2℃（1983 年）。风速一般为 17～18m/s，最大达 90m/s 以上，为世界最冷、风暴最多、风力最大的陆地。全洲年平均降水量为 55mm，极点附近几乎无降水，空气非常干燥，有“白色荒漠”之称。

在南极圈内，暖季有连续的极昼，寒季则有连续的极夜，并有绚丽的弧形极光出现。动物有企鹅、海象、海狮、信天翁等。附近海洋产南极鳕鱼、大口鱼等，磷虾产量为全球最大。已发现的矿物有煤、石油、天然气、金、银、镍、钼、锰、铁、铜、铀等，主要分布在南极半岛及沿海岛屿地区。

全洲无定居居民，只有来自世界各地的科学考察人员和捕鲸队。中国南极考察队建有长城站、中山站、昆仑站和泰山站。

6. 欧洲

欧洲（Europe），全称“欧罗巴洲”，名字源于希腊神话的人物“欧罗巴”，位于东半球的西北部，北临北冰洋，西濒大西洋，南濒大西洋的属海——地中海和黑海。大陆东至极地乌拉尔山脉（66°10′E，67°46′N），南至马罗基角（5°36′W，36°N），西至罗卡角（9°31′W，38°47′N），北至诺尔辰角（27°42′E，71°08′N）。

欧洲面积居世界第六，人口密度为 70 人/km²，是世界人口第三大的洲，仅次于亚洲和非洲，99%以上人口属欧罗巴人种，比较单一。欧洲是人类生活水平、环境以及人类发展指数较高且适宜居住的大洲之一。

欧洲东以乌拉尔山脉、乌拉尔河为界，东南以里海、大高加索山脉和黑海与亚洲为界，西隔大西洋、格陵兰海、丹麦海峡与北美洲相望，北接北极海，南隔地中海与非洲相望（分界线为直布罗陀海峡）。

欧洲最北端是挪威的诺尔辰角，最南端是西班牙的马罗基角，最西端是葡萄牙的罗卡角。欧洲是世界上第二小的洲和大陆，仅比大洋洲大一些，其与亚洲合称为亚欧大陆，而与亚洲、非洲合称为亚欧非大陆。

因为文化、经济、政治等原因，欧洲的边界总是不一样的，所以就有了多个“欧洲”的概念。

7. 大洋洲

大洋洲（Oceania），陆地总面积约为 897 万 km²，约占世界陆地总面积的 6%，是世界上最小的一个大洲。是除南极洲外，世界上人口最少的一个大洲，位于太平洋中部和中南部的赤道南北广大海域中，在亚洲和南极洲之间，西邻印度洋，东临太平洋，并与南北美洲遥遥相对。

大洋洲的英文名称是 Oceania，意思是“被大洋环绕的陆地”，其中“Ocean”表示“大海”，后缀“-ia”表示“土地”。这一名称出现于 1812 年，由丹麦地理学家马尔特·布龙（Malte-Brun）提出。英文“Australia”有时也可作为大洲名使用，但其所指范围比 Oceania 小，不包含美拉尼西亚、密克罗尼西亚和波利尼西亚地区。

大洋洲跨南北两半球，从 47°S 到 30°N，横跨东西半球，从 110°E 到 160°W，东西距离约 1 万 km，南北距离约 8000km；由一块大陆和分散在浩瀚海域中的无数岛屿组成，包括澳大利亚、新西兰、新几内亚岛（伊里安岛）以及美拉尼西亚、密克罗尼西亚、波利尼西亚三大岛群。

大洋洲有 14 个独立国家，其余 10 个地区尚在美国、英国、法国等国家的管辖之下，各国经济发展水平差异显著。澳大利亚和新西兰是发达国家，其他岛国多为农业国，经济比较落后。工业也主要集中在澳大利亚，其次是新西兰。在地理上划分为澳大利亚、巴布亚新几内亚、新西兰、美拉尼西亚、密克罗尼西亚和波利尼西亚六区。

2.1.2 全球土地资源概况

据统计，全球总面积为 $5.10\times10^8\text{km}^2$，包括南极大陆与高山冰川覆盖的土地在内的

全球土地总面积为 $1.48 \times 10^8 km^2$，无冰陆地面积为 $1.34 \times 10^8 km^2$。对于全人类来说，这似乎是一个极其庞大的数字。如 1900 年全世界人口以 15 亿计，平均每人占有的陆地面积约为 150 亩①；1975 年世界人口增至约 40 亿，平均每人占地 55 亩；按 1987 年的 50 亿世界人口计，平均每人仍占地 44 亩。这个数字无论从任何意义上说都是能够满足人类需要的（竺可桢，1979）。

但是，如果考虑土地质量属性，那么陆地总面积中有 20%处于极地和高寒地区、20%处于干旱地区、20%处于山地陡坡上、10%岩石裸露缺乏土壤。以上四项占陆地总面积的 70%，属于不宜利用的区域，可称之为“限制性环境”；其余 30%才属于“适居地”。

在全世界总土地面积中，耕地仅占 10.8%，在各种土地利用中所占比例最小，加上林地和草场，接近占世界总土地面积的 2/3。

中国地域辽阔，土地总面积为 960 万 km^2，占世界陆地面积的 6.5%，仅次于俄罗斯和加拿大，居世界第三位。从地理位置来看，中国位于 4°15′N～53°30′N，地跨寒温带、温带、暖温带、亚热带、热带和赤道带，地处欧亚大陆东岸，东临太平洋，受东南季风影响，使得中国东部地区与同纬度国家相比，具有气候湿润、水热条件丰富的特点，为农业生产提供了优越条件。此外，中国是一个多山地的国家，山地、丘陵和高原约占中国土地面积的 66.1%，其中山地约占 43.5%、丘陵约占 11.7%、高原约占 10.9%。在全国 2000 多个县中，约有 56%位于山地丘陵地区；全国约有 1/3 的人口、40%的耕地以及绝大部分的森林分布在山区。

2.1.3 全球农业资源概况

粮食安全作为一个全球性话题一直受到国际社会的广泛关注，且向来不容忽视，尤其随着新型冠状病毒感染疫情（以下简称“新冠疫情”）全球蔓延，加之各种自然灾害等的影响，全球粮食安全问题愈发严重，国际粮食市场出现较大波动。粮食安全的概念于 1974 年在世界粮食会议（World Food Conference）上首次提出。随后，1996 年的世界粮食首脑会议（World Food Summit）又进一步从充足、可及、可利用和稳定四个维度阐述了粮食安全的定义，即人们无论何时都能取得充足、可靠、无害与营养的食物，以维持生命健康与活力。疫情不仅对全球经济结构产生了不可忽视的影响，也对食品安全与人们的生活习惯造成了巨大冲击。世界粮食计划署发布的《2021 年全球粮食危机报告》显示，经济冲击、国际与国内冲突、极端天气等因素，均是导致全球陷入严重的粮食不安全局面的罪魁祸首。该报告指出，自 2017 年第一版报告以来，严重的食品不安全问题持续不断地增加，到 2020 年，55 个国家/地区至少有 1.55 亿人在“危机”级别或更严重的程度（IPC/CH 3～5 阶段）经历严重的粮食不安全状况，比前一年增加了约 2000 万人。

2011 年，世界人口首次突破 70 亿，2019 年联合国《2019 年世界人口展望》预测，2019 年世界人口超过 77 亿，预计未来 30 年还将增加 20 亿。世界经济迅速发展，城镇人

① 1 亩≈$666.67 km^2$。

口逐年增加，城镇人口占比由 1970 年的 36.5%增长到 2018 年的 55%。城市人口增加、收入提高改变了居民的消费结构，畜产品和水产品消费需求不断增长，粮食需求也在持续增加。2019 年世界人均谷物消费为 350kg，较 2009 年的 325kg 增长了 7.7%。由于世界粮食生产与人口分布不均衡，发达国家与发展中国家人口分别占 1/4 和 3/4，但粮食生产各占世界 1/2，一些发展中国家，特别是撒哈拉以南的非洲等国缺粮问题日益严重。

当前世界粮食产量总体波动上升，有利于满足粮食消费需求。2020 年 12 月，联合国粮食及农业组织（FAO）预计 2020/2021 年度世界谷物产量为 27.4 亿 t，同比增加了 3498 万 t，创历史纪录；世界谷物消费量为 27.44 亿 t，同比增加了 5244 万 t；世界谷物期末库存连续 4 年下降，总体供应相对充足局面还未扭转。预计 2020/2021 年度世界大豆产量为 3.66 亿 t，同比增加了 2700 万 t，增幅为 8.0%；世界大豆消费量为 3.73 亿 t，同比增加了 1270 万 t，增幅为 3.5%；世界大豆期末库存为 4940 万 t，同比下降了 13.2%，大豆库存降至 7 年来最低。

2020 年 3 月下旬以来，新冠疫情全球持续加重，冲击全球粮食安全。一是各国加强对粮食贸易管控。在疫情最严重时期，越南、俄罗斯等粮食出口国采取禁止或限制粮食出口措施，引发了预期变化和市场恐慌，进入 2021 年，又有部分国家采取贸易限制措施。二是疫情导致世界粮食贸易不确定性增加。新冠疫情对粮食生产、供应链物流、港口运营等造成一定影响，生产和物流成本大幅增加。2020 年 11 月以来，欧美等国家和地区新冠疫情二次暴发，全球大豆生产、物流和装运回国不确定性因素增加，对我国大豆供应链和产业链构成潜在风险。由联合国粮农组织、国际农业发展基金会、联合国儿童基金会、联合国世界粮食计划署和世界卫生组织共同编写的《世界粮食安全和营养状况》报告提到，2019 年，全球近 6.9 亿人处于饥饿状态，与 2018 年相比增加了 1000 万，与 5 年前相比增加近 6000 万。2020 年，全球预计将至少新增约 8300 万饥饿人口，甚至可能新增超过 1.3 亿。

2003～2012 年主要经济体普遍推行货币宽松政策，特别是为应对次贷危机、金融危机和欧债危机，2008 年以来，美国带头实行三轮量化宽松政策，金融资本广泛参与粮食期货及衍生品交易，流动性过剩加剧投机需求和粮价波动。加上 2005 年以来，美国、欧盟等发达国家和地区发展生物能源，粮食价格与能源产品价格共振。在 2007 年和 2008 年世界粮食危机中，国际市场粮价出现“过山车”式波动，波幅超过 40%，30 多个国家出现粮荒，甚至引发社会动荡。近年来，世界经济在深度调整中曲折复苏，美国经济率先复苏导致美元加息，2014 年下半年起美元指数上涨导致粮价下跌，并在低位运行了 6 年。2020 年，部分发达经济体为应对疫情持续增发货币，流动性提高波及粮价，2020 年 8 月以来，美元指数下跌与国际粮食价格攀升形成同步共振，资本导致粮价上涨具有“蝴蝶效应”。截至 2021 年 1 月 29 日，美国小麦、玉米和大豆价格同比涨幅 20%、43%和 57%，越南和泰国大米出口价格同比涨幅 48%和 22%。目前在发展中国家有 7.92 亿人、在发达国家有 3400 万人长期挨饿，世界粮食安全形势依然严峻。更不可忽视的是，还存在着影响全球，特别是发展中国家粮食安全的多种因素。

中国农业科学院农业资源与农业区划研究所智慧农业创新团队，与国际食物政策研究所、国际应用系统分析研究所等单位研究指出：地球上，29%的表面积是陆地，全球各国国土总面积约为133.9亿ha[①]，但国土面积包括山岭、湖泊、沙漠等不可耕种的面积。耕地只是国土面积中的一小部分。中国的耕地面积为1432960km^2，排世界第三。截至2018年，中国用全球7%的耕地养活了近20%的人口。我国耕地主要分布在东部季风区的平原和盆地地区。我国西部耕地面积小，分布零星。我国耕地面积排世界第三，仅次于美国和印度。但由于我国人口众多，人均耕地面积排在126位以后，人均耕地面积仅为0.09ha，还不到世界人均耕地面积的一半。加拿大的人均耕地面积是我国的18倍，印度是我国的1.2倍。目前我国已经有664个市（县）的人均耕地在联合国确定的人均耕地0.8亩的警戒线以下。全国的耕地面积已经下降到18亿亩。与此同时，中国还面临水资源利用率低、水质低下和分布失衡等现实问题。中国的人均水资源仅为2050m^3，仅仅相当于世界平均水平的25%。农业灌溉消耗了中国60%的可利用水资源，用水效率却仅为30%～40%，远低于发达国家70%～80%的水平。

我国水资源的天然污染严重，广大区域的天然水质低下，全国有24%的人在饮用水质不良的水。水利部曾对我国532条河流进行监测，发现有436条河流受到不同程度的污染；7大河流流经的15个主要城市河段中有13个河段的水质污染严重，占87%。我国人口密集地区的湖泊、水库几乎全部受到污染，湖泊受污染达到富营养化水平的已占全部湖泊的63.6%，全国各大城市地下水也不同程度受到污染。全国80%的水域和45%的地下水受到污染，9%以上的城市水源污染严重（赵松乔等，1979）。

气候变暖，即温室效应，对世界农业将造成很大的影响。气候变暖会影响农作物病虫害的发生情况，会加重农业病虫害的发展，这是因为农作物害虫的分布、生长发育、繁殖和越冬等与温度条件密切相关。气候变暖会使农作物害虫虫卵越冬北界并北移，害虫成活率提高，虫口数剧增，虫害发生期、迁入期提前，危害期延长。肥效对环境温度的变化十分敏感，尤其是氮肥，在温度越高的情况下，能被农作物直接吸收利用的就越少。因此，要想保持原有的肥效，就必须加大施肥量，而且全球变暖使得土壤有机质的微生物分解将加快，造成地力下降。在高二氧化碳浓度下，虽然光合作用的增强能够促进根生物量增加，在一定程度上补偿了土壤有机质的减少，但土壤一旦受旱，根生物量的积累和分解都将受到限制。这意味着需要施用更多的肥料以满足农作物的需要，而化肥施用量的增加，会使农业投入和生产成本提高，还会影响到环境和土壤。

研究发现，我国化肥的利用率不高，当季氮肥利用率仅为35%，而温室大棚内更低，只有10%。肥料利用率偏低一直是中国农业施肥中存在的问题，中国农田磷肥的利用率仅为10%～25%。中国科学院土壤研究所朱兆良院士分析指出，我国化肥用量是40年前的55倍。为了保护土地，国家在逐步推行耕地修复、实行休耕轮作，鼓励施用有机肥取代化肥，推广应用各种功能性新型肥料和有机肥，开展测土配方施肥，努力提高化肥利用率，并取得了很大的成效。据统计，2016年，全国农用化肥使用量为6000.5万t（折纯），比2015年减少18.5万t，这是自1974年以来首次出现负增长。2017年，国内化肥消费量进一步下降至5859万t；2018年，国内化肥消费量下降至约5823.2万t，较上年同比下降0.61%，化肥使用量连续三年出现负增长。

① 1ha = 1hm^2。

农业机械化速度明显增长。据调查，农业机械总动力从 2004 年的 6.4 亿 kW 增长到 2017 年的 9.88 亿 kW，农业综合机械化率从 2004 年的 34%增长到 2017 年的 67.2%，第一产业从业人员占全社会从业人员比重从 2004 年的 50%降低到 2017 年的 30%，农业机械化发展对我国农业经济增长贡献显著。2018 年 12 月 29 日《国务院关于加快推进农业机械化和农机装备产业转型升级的指导意见》提出，力争到 2025 年全国农机总动力稳定在 11 亿 kW 左右，全国农作物耕种收综合机械化率达到 75%，为今后我国农业机械化发展指明了方向。同年，我国农业机械化进程迈出了一大步，农业机械总动力超过 10 亿 kW，农作物耕种收综合机械化水平超过了 67%，全国创建了 93 个平安农机示范县（市），主要农作物全程机械化示范县 302 个，我国已成为世界第一农机生产大国和使用大国。

2.1.4　全球森林资源概况

森林是陆地生态系统的主体，对于全球的生态环境有着巨大的作用（彭建等，2017）。自从人类社会形成后，人类便开始不断破坏原始森林。在原始社会中，人们通过毁林开荒和毁林放牧的方式来发展农业和畜牧业。在工业化社会，建筑业和其他产业的发展需要大量的木材用作原料，因而砍伐了大面积森林木材，加上人们烧林垦地和过度樵采，导致森林资源日趋减少，进而造成水土流失，水源枯竭，全球变暖。随着人类赖以生存和发展的环境日益恶化，人们逐渐认识到森林资源在全球生态环境中的重要性，许多国家已经开展保护和节约利用本国现有森林资源的行动，通过集约经营和大力营造人工林的方式，提高森林资源的利用率和产出量。但是多数发展中国家的人口不断增加，促使薪材短缺和毁林开荒的现象日趋严重，全球的森林资源整体呈现下降的趋势。2000～2015 年世界森林发展有如下的趋势（图 2.1）。

根据联合国粮农组织 2016 年公布的最新资料，2000～2014 年，全球森林资源面积都高于 40 亿 ha，到 2015 年为止，全世界共有森林资源面积为 399913.36 万 ha，森林覆盖率为 30.6%。如图 2.1 所示，2000～2015 年，全世界共有森林资源面积呈现明显的持续缩减趋势，面积减少了 5646.86 万 ha。世界森林资源遭到如此严重的破坏，是非常令人担忧的，也确实值得人们认真关注。如果照此速度减少下去，全球的生态环境将遭到更严重的破坏，人类生存环境也将面临更严重的威胁。对各大陆板块的森林面积和森林覆盖率变化趋势进行观察，得到图 2.2 和图 2.3。

从世界各地看，2000～2015 年，世界多个地区的森林资源都有不同程度的减少，其中非洲是世界森林资源减少最多的地区，共减少森林面积 4626.95 万 ha，年均减少 0.46%；其次是南美洲，森林面积减少 4880.64 万 ha，年均减少 325.38 万 ha（图 2.2）。这两个地区在 2000～2015 年被毁坏的森林占同期全世界被毁坏的森林总量的 95%。如果这两个地区的毁林现象能够得到控制，则全球森林资源减少的现象就能得到有效遏制。尤其是南美洲的森林资源，无论从面积还是蓄积量来看，都是世界上数量最多、质量最好的森林。世界上大多数热带雨林都分布在南美洲，因此，保护好这一地区的森林对全球无疑有着重要的意义。

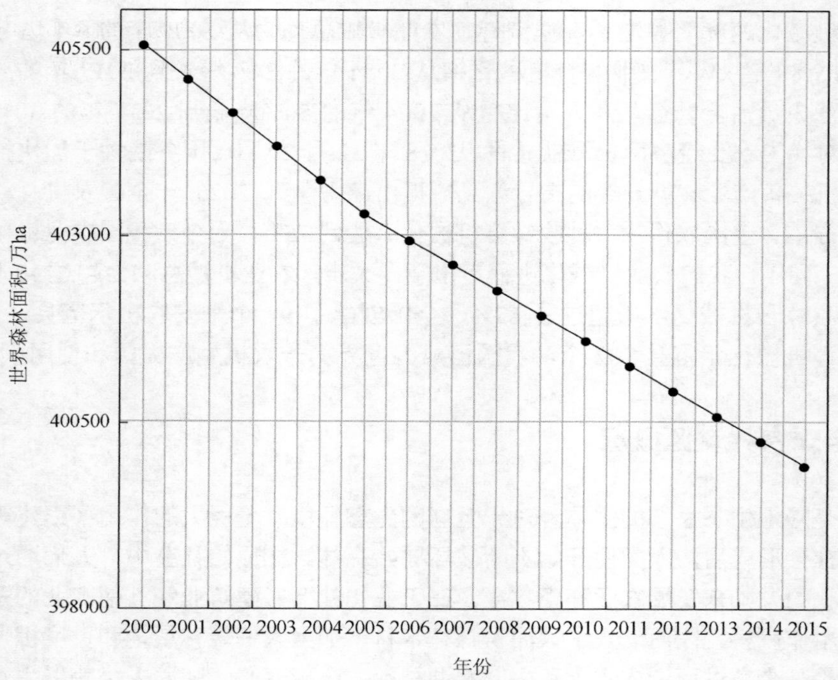

图 2.1　2000～2015 年世界森林面积变化趋势

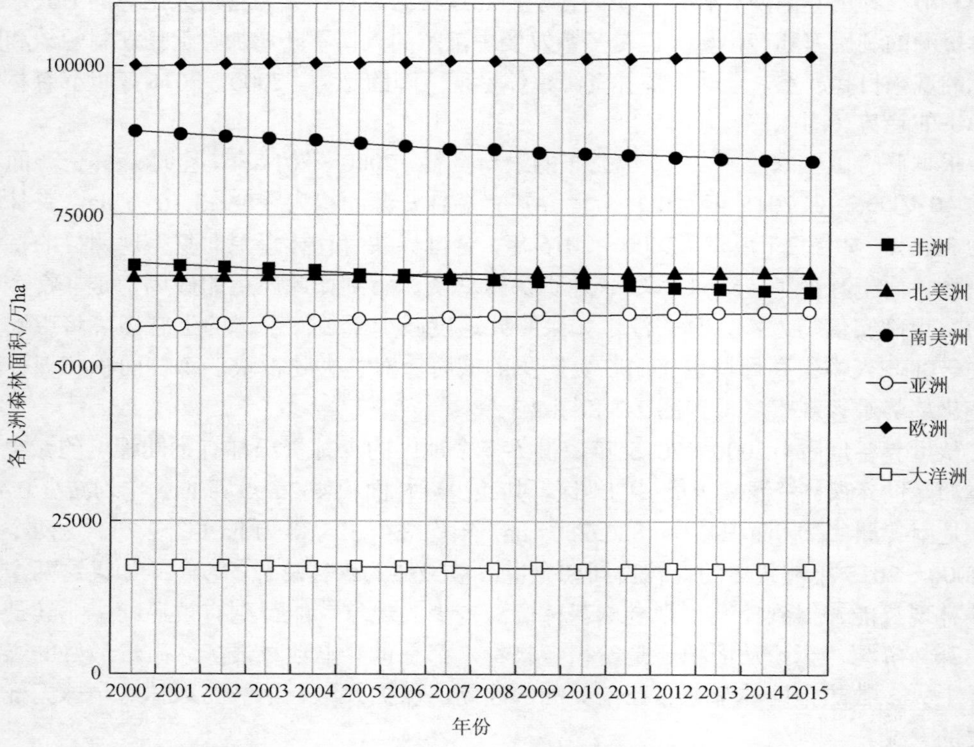

图 2.2　2000～2015 年各大洲（南极洲除外）的森林面积变化趋势

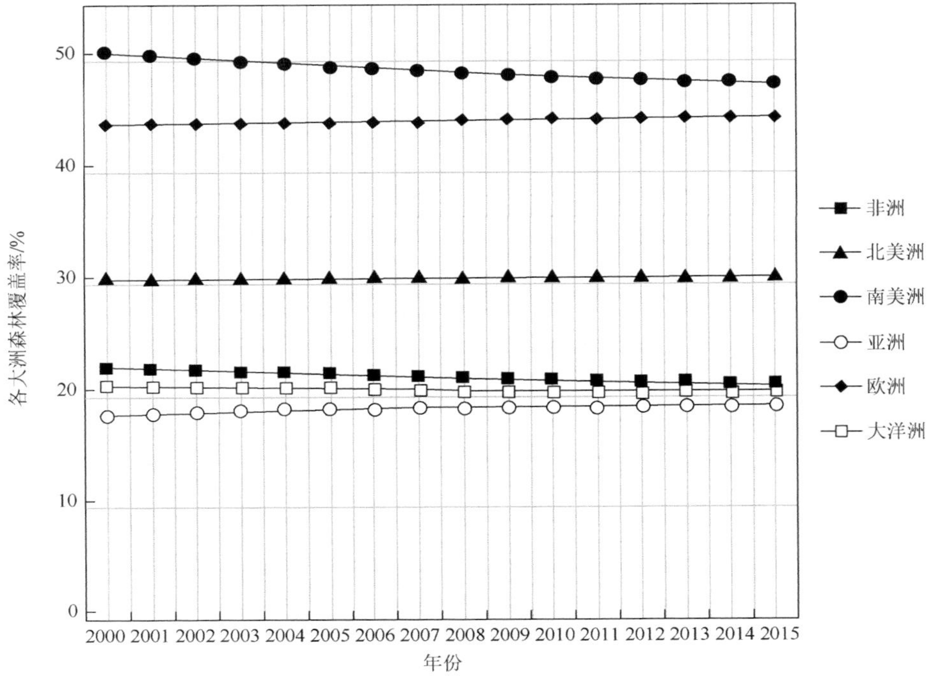

图 2.3　2000～2015 年各大洲（南极洲除外）森林覆盖率的变化趋势

世界森林资源的分布很不均衡，欧洲的温带、北美洲的寒温带和南美洲的热带雨林依然是世界上最主要的森林资源分布地区（林超，1954），世界森林资源最丰富的地区是欧洲，虽然欧洲土地总面积只占世界土地面积的 17.3%，但森林资源面积却超过 10 亿 ha，森林覆盖率在 45%左右。世界森林资源覆盖率最少的是亚洲，亚洲是世界上最大的洲，其土地面积占世界土地总面积的 23.61%，但亚洲的森林覆盖率只有 19%左右。世界森林资源分布最少的是大洋洲，虽然森林面积约为 1.7 亿 ha，但是森林覆盖率超过 20%，高于亚洲。南美洲的森林覆盖率位居首位，森林覆盖率在 2000～2003 年高于 50%，但是总体呈现逐年降低的趋势，直至 2015 年森林覆盖率降至 47.98%（图 2.3）。值得注意的是，2000～2015 年，虽然世界森林资源总体上遭到严重的破坏，但也有两个大洲的森林资源保护得比较好，其森林资源不但没有减少，反而还有不同程度的增长。这其中森林面积增加最多的是欧洲，欧洲大多是发达国家，森林面积增加的原因可能是发达国家把森林利用从过去单纯利用木材等林产品、追求经济效益转变到保护环境，防止灾害，保健和美化功能等多种利用，生态和社会效益在经营目标中日益上升到重要地位。特别应该指出的是，虽然很多发展中国家集中在亚洲，但是亚洲是同期世界森林资源增长仅次于欧洲的板块。

表 2.1 是 2000～2015 年各大陆板块森林资源分布表。

表 2.1　2000～2015 年各大陆板块森林资源分布表　（单位：万 ha）

地区	非洲	北美洲	南美洲	亚洲	欧洲	大洋洲	世界
土地面积	297839.4	213696.6	175474.1	308474.6	225995.7	84909.6	1306390

续表

地区	非洲	北美洲	南美洲	亚洲	欧洲	大洋洲	世界
2000 年	67037.22	65134.24	89081.71	56591.16	100230.2	17764.12	405560.2
2001 年	66723.35	65154.14	88637.59	56890.28	100267.1	17741	405103
2002 年	66409.49	65174.03	88193.48	57189.4	100304	17717.88	404645.8
2003 年	66095.62	65193.93	87749.37	57488.52	100340.9	17694.77	404188.7
2004 年	65781.76	65213.83	87305.25	57787.64	100377.8	17671.65	403731.5
2005 年	65467.89	65233.72	86861.14	58086.76	100414.7	17648.53	403274.3
2006 年	65139.96	65307.5	86531.58	58257.52	100603.2	17558.86	402932.9
2007 年	64812.02	65381.28	86202.01	58428.27	100791.7	17469.19	402591.5
2008 年	64484.09	65455.06	85872.45	58599.03	100980.2	17379.51	402250.1
2009 年	64156.15	65528.83	85542.88	58769.78	101168.7	17289.84	401908.7
2010 年	63828.22	65602.61	85213.32	58940.54	101357.2	17200.16	401567.3
2011 年	63544.63	65625.45	85010.87	59019.66	101395.4	17230.6	401236.5
2012 年	63261.04	65648.29	84808.42	59098.79	101433.6	17261.04	400905.7
2013 年	62977.44	65671.13	84605.96	59177.91	101471.8	17291.48	400574.9
2014 年	62693.85	65693.96	84403.51	59257.04	101510	17321.92	400244.2
2015 年	62410.26	65716.8	84201.06	59336.16	101548.3	17352.36	399913.4

2.1.5 全球草原资源概况

草原资源是陆地表面分布面积最大的资源之一，约占大陆总面积的 1/4，具有防风、固沙、保土、调节气候、净化空气、涵养水源等生态功能，对维系生态平衡、地区经济、人文历史具有重要地理价值。草原资源提供了人类可食用的肉制品和奶制品，对畜牧业的发展起到了至关重要的作用，是食品安全的重要组成部分。此外，由于其广大的分布面积，草地具有巨大的固碳潜力，对平衡全球温室气体浓度，降低陆地温室效应具有重要意义，在全球碳循环评估中发挥着重要作用。随着全球气候变化和人类活动干扰的加剧，草地生态系统结构和功能发生相应变化（黄秉维，1959）。

草原资源是一种可更新资源，是农业资源的重要组成部分。在人类干预以前，原生草地面积占地球陆地面积的 40%～45%。由于人类的耕作和放牧活动，面积日渐缩小，19 世纪末叶以来，稳定在 22%～25%。现代世界草地面积为 34 亿 ha，约占地球陆地总面积的 24%。

在地球上，草原资源在各大洲的分布不平衡。非洲、亚洲、拉丁美洲和大洋洲所占比重较大，欧洲最小。

北美草原典型的类型是普列利草原。其分布从加拿大南部经美国直到墨西哥北部。美国的普列利草原以 100°E 为界，此线以东为高草区，主要的禾草有须芒草；此线以西为短草区，主要草种有野牛草、格兰马草等；此线左右为混合普列利草原，高草和短草兼有之。

南美洲的天然草地称潘帕斯草原。分布于 30°W 以南的大陆东部地区，包括巴西高原的南缘、乌拉圭、阿根廷的河间区南部以及潘帕斯草原东部，主要分布于阿根廷，草地面积为 1.4 亿 ha；还有一部分在乌拉圭，草地面积为 0.14 亿 ha。草类中占优势的是硬叶禾本科草，此外，还有许多双子叶植物，且菊科植物较多，豆科植物较少。

非洲有大面积的热带稀树干草原，约占非洲总面积的 40%，是世界上最大的热带稀树草原分布区，当地叫萨瓦纳。其分布范围为 10°N～17°N，15°S～25°S 以及东非高原的广大地区，大致呈马蹄形包围着热带雨林。主要草类有须芒草属、黍属、雀稗属和狼尾草属等，草丛间非常稀疏地生长着一些金合欢等属的小树。非洲南部还有维尔德草原，主要分布在南非德拉肯斯山南部海拔 2000m 以上的山地。高维尔是非洲唯一没有乔木的温带草原，群落成分主要是菅草、棱狐茅等。

大洋洲的草地主要分布在澳大利亚和新西兰，澳大利亚草地面积约为 4.2 亿 ha。由于澳大利亚的降水量自北、东、南沿海向内陆减少，呈半环状分布，植被类型的分布也因而有类似的图式，即外缘是森林，向内陆是广阔的干草原，中央是荒漠。澳大利亚的热带稀树干草原主要分布在西部、大陆北部和东部的内陆。草本植物主要有禾本科、毛茛科、百合科和兰科等，草原中散生着能适应较长干季的桉树属、金合欢属的乔木和灌木。新西兰草地面积为 l371.5 万 ha，主要是草丛草地，主要的植物有雪草、羊茅属、早熟禾属等。

欧洲草原面积约为 8278.3 万 ha，主要分布在东欧平原的南部，以禾本科植物为主。南乌克兰、北克里木、下伏尔加等地属于干草原，植被稀疏，除针茅属、羊茅属植物以外，还有蒿属、冰草属植物。

亚洲草原面积为 75944.5 万 ha，主要分布在中哈萨克斯坦、蒙古国和中国的西北、内蒙古、东北大平原北部。自然植被主要是丛生禾草（针茅、羊茅、隐子草）等组成的温带草原，并混生多种双子叶杂类草。

人们通常把分布于欧洲与亚洲的草原称为欧亚大草原，即从欧洲多瑙河流域向东进入俄罗斯经蒙古国延伸到中国，这一地区有大面积的干草原。

2.1.6　全球水资源概况

水资源问题在全世界引起广泛重视，主要是因为 20 世纪后半叶许多国家用水量急剧上升，一些地区出现水危机，引起世界有关组织对水资源问题及其影响的重视与探讨（黄秉维，1965）。为此，联合国在 1977 年召开世界水会议，把水资源问题提高到全球的战略高度考虑。随着人口膨胀、工业发展、城市化、集约农业的发展和人们生活的改善，水的供需矛盾越来越突出。1998 年世界环境与发展委员会（WCED）提出的一份报告中指出，水资源正在取代石油而成为在全世界范围引起危机的主要问题。1991 年国际水资源协会（IWRA）在摩洛哥召开的第七届世界水资源大会上，则进一步提出在干旱-半干旱地区国际河流和其他水源地的使用权可能成为两国间战争的导火线的警告（黄秉维，1989）。现在，全世界 13%的人口，尚未拥有充足的食物和水，以求过上一种健康的生活。21 世纪面临的最大挑战之一是为逐渐增长的人口提供所需的水，平衡不同需水者之间的需求（钱纪良和林之光，1965）。

为了应对上述越来越突出的水资源问题，我们引用世界银行提供的水资源数据进行分析。在全球水资源中，海洋总储水量为13.38亿km^3，占全球总水量的96.54%；南极、北极和高山地区冰川积雪的储水量约为0.24亿km^3，占1.74%；全球地下水约为0.23亿km^3，占1.69%；存在于陆地河流、湖泊、沼泽等地表水体中的水约为50.6万km^3，占0.037%；其中全球淡水仅占总水量的2.53%，这些淡水有77.2%分布在南北极，22.4%分布在很难开发的地下深处，仅有0.4%的淡水可供人类维持生命（黄秉维，1989）。

水资源分布不均。水是一种具有波动性的能源，在时间和空间上分布不均且很难测量。空间上，世界各大洲的自然条件不同，降水、径流和水资源概况差异较大。世界河流平均年径流量为468500亿m^3，其中亚洲的径流量最大，占30.76%；其次是南美洲，占25.1%；南极洲最小，只占4.93%。各大陆水资源分布都是不均匀的，一方面，欧洲和亚洲集中了世界上72.19%的人口，而仅拥有河流径流量的37.61%；另一方面，南美洲的人口仅占全球的5.89%，却拥有世界河流径流量的25.1%。

水资源在时间尺度上也具有挑战性，如水量的多少很大程度上取决于季节，这样水资源年平均值就会掩盖干旱季节水资源缺乏和雨季水资源过剩问题。

淡水资源的分布极不均衡，导致一些国家和地区严重缺水。如非洲刚果河的水量占整个大陆再生水量的30%，但该河主要流经人口稀少的地区，一些人口众多的地区严重缺水。再如美洲的亚马孙河，其径流量占南美总径流量的60%，但它也没有流经人口密集的地区，其丰富的水资源无法被充分利用。目前，世界各地的水资源主要面临下面三个问题（林振耀和吴祥定，1981）。

（1）许多河流面临枯竭。联合国的这份调查报告让世人直面这样一个事实——世界各地主要河流正以惊人的速度走向干涸。滋养着人类文明的河流在许多地方被掠夺式开发利用，加上工业活动造成的全球暖化、城市化及集约农业的发展，未来的水资源已严重受到威胁——全球500条主要河流中至少有一半严重枯竭或被污染。

（2）许多河流受到污染。工业化、城市化和集约农业的迅速发展，使许多水域和河流受到严重污染。每天有200万t的垃圾被倾倒入水中，包括工业垃圾、化学废弃物、生活垃圾和农业废物（化肥、杀虫剂、杀虫剂残留物）等。虽然有关污染范围和程度的可靠数据并不是非常齐全，但是有一项估算显示世界废水的产量在1500km^3左右。假设1L废水要污染8L淡水，那么全球受到污染的淡水总量可能会达到1.2万km^3。

（3）气候变化引发一些地区的水文异常。气候变化对水资源的确切影响现在还不清楚。据研究，30°N～30°S地区的降水量将可能增加，但许多热带和亚热带地区的降雨则可能减少和变得不稳定。从一个可以觉察到的经常出现的特殊天气条件的趋势来看，洪水、干旱、泥石流、台风等将可能增加，而河流在枯水期的流量将可能进一步减小，因为污染物量和浓度的增加以及水温的增加，水质将不可避免地恶化。最近的估算表明，今后一段时间的气候变化将使全球水紧张程度提高20%。

由于上述诸多原因，水资源的枯竭或变得稀缺只是时间问题，超采（即超过承载力的50%的情况）目前存在于中东、南非、北非、亚洲的许多国家及欧洲的一些国家和古巴。

根据全世界149个国家的水资源资料，以及联合国提供的1955年、1990年人口统计资料和 2025 年、2050 年人口预测数据，同时采用瑞典水文学家 Malin Falkenmark 提出的"水紧缺指标"，对这 149 个国家人均用水量资料进行统计分析：1990 年有 28 个国家、3.35 亿人口经受用水紧张或缺水；2025 年，根据不同人口增长率预测，将有 46～52 个国家加入缺水国家的行列，27.8 亿～32.9 亿人口面临缺水。预测结果显示，21 世纪中叶，非洲、中东、中国北部、印度部分地区、墨西哥、美国西部、巴西东北部、中亚许多国家将发生持续淡水短缺。

2.1.7　全球气候资源概况

气候资源是气候要素中可以被人类利用的那一部分自然物质和能量，包括光能资源、热量资源、降水资源、风能资源和大气成分资源等（侯学煜，1981；刘昉勋和黄致远，1987）。

气候资源是地球上生命现象赖以生存的基本环境和生活条件，是一种非常重要的可再生自然资源。气候资源的构成因素不同于气候的构成因素，而是比气候形成因素更为复杂。气候也必须与一定的社会因素相结合，以改变为资源。自 20 世纪 70 年代以来，世界气象组织已经逐步把气候看作是气候系统的产物。气候系统由大气、海洋、陆地表面、冰雪覆盖层和生物圈五个部分组成。太阳辐射是这个系统的主要能源。在太阳辐射的作用下，气候系统内部产生一系列的复杂过程，各个组成部分之间，通过物质交换和能量交换，紧密地联结成一个开放系统。

气候资源的分类是人类对气候资源进行深入研究和有效管理的基础。从总体上来讲，气候资源的分类可以从气候资源的组成要素、开发利用和空间分布三个角度进行。按照气候资源的组成要素分类，可将气候资源分为光能资源、热量资源、降水资源、风能资源和大气成分资源等（孙敬之，1955），这是气候资源的基本分类。

从气候资源的开发利用角度分类，可以将其划分为能源气候资源（又称气候能源，包括太阳能、风能、雷电能等）、农业气候资源、旅游气候资源、大气水资源、人居气候资源、医疗气候资源、林业气候资源、盐业气候资源、城市（建筑）气候资源、交通气候资源以及其他行业气候资源等。

根据气候资源的空间分布进行分类，也可将气候资源分为全球气候资源、区域气候资源、局地气候资源和微气候资源等。这种分类将有助于人们了解气候资源的自然特征，以便更好地开发、利用和保护气候资源。

可持续发展强调的是经济、社会、资源和环境保护协调发展。可持续发展的核心是发展，而且强调的是在严格控制人口、提高人口素质、保护环境和资源永续利用前提下持续发展。气候资源对生物群落的形成和人类社会的发展有着潜移默化的影响（周起业等，1990）。气候资源是影响自然环境、人类活动和社会经济可持续发展的重要因素，是社会经济与生态环境协调可持续发展的重要支撑。在保持环境与经济协调发展的前提下，合理地开发利用气候资源，既可获得很大的经济、社会和生态效益，又可预防气候灾害，实现趋利避害的目的（陈栋生，1991）。适宜的气候条件是宝贵的资源，光、热、水、风可无偿提供给全球任何人。但是，在现有技术条件下，真正可供人类开发利用的气候资源是很有限的，气候资源并非取之不尽、用之不竭。河流的污染使淡水资源的价值降低，气候变迁改变了资源的恒定性。在社会经济发展中，农业、能源、交通、建筑、经济、商业、健康和生活已成为对气候最敏感的领域，深入研究气候敏感领域经济社会发展与气候资源之间的关系，对加强气候资源管理，合理开发利用气候资源，实施可持续发展战略具有重要的现实意义和深远的历史意义。气候资源管理是指利用科学理论和管理方法、工程技术、政策措施和法律法规等手段，对气候资源进行监测、评价、调控和保护。气候资源管理是保证人类合理开发利用与保护气候资源的前提，是促进经济、社会、资源环境协调可持续发展的保证（郭焕成，1999）。

全球气候资源变化主要有以下表现形式。

（1）温室效应主要是现代化工业社会过多燃烧石油、煤炭和天然气，这些燃料燃烧后放出大量的二氧化碳气体进入大气造成的。二氧化碳气体具有吸热和隔热的功能。它在大气中增多的结果是形成一种无形的玻璃罩，使太阳辐射到地球上的热量无法向外层空间发散，其结果是地球表面逐渐变热。因此，二氧化碳也被称为温室气体。环境污染引起的温室效应是指地球表面变热的现象（郑垂勇等，1992）。

（2）全球变暖指的是在一段时间中，地球大气和海洋温度上升的现象，主要是指人为因素造成的温度上升，主要原因很可能是温室气体排放过多（胡小平，1998）。

引发全球变暖的因素有人口急剧增加、大气环境污染、土壤侵蚀、沙化、森林资源锐减、酸雨危害、物种加速灭绝、水污染等因素。全球升温会使气候逐渐变暖、冰川消融，海平面升高，致使海岸滩涂湿地、红树林与珊瑚礁等生态群丧失，海岸被侵蚀，海水侵入沿海地下淡水层，沿海土地盐渍化等，进而导致海岸、河口、海湾自然生态环境丧失平衡，给沿海地区的生态环境带来了巨大的灾难。全球变暖增大了水域面积，水的蒸发量也逐渐增多了，雨季延长，洪水也变得越来越频繁了。遭受洪灾泛滥的可能性增大、遭受暴风影响的程度和严重性加大、缩短了水库大坝寿命。气温升高可能会引起南极半岛和北冰洋的冰雪融化，北极熊和海象濒临灭绝，人类也将感染传染病等疾病。气候通过极端天气和气候事件（干旱、洪涝、厄尔尼诺现象、热浪等），使疫情逐渐扩大流行，对人体健康产生危害（侯学煜，1988a，1988b）。

（3）两极及山岳地区冰川融化，海平面上升。冰川融化主要原因是温室效应，温室效应就是大气中二氧化碳等气体含量增加，使全球气温升高的现象（侯学煜，1988a，1988b）。气候作为人类赖以生存的自然环境重要组成部分之一，它的任何变化都会对自然生态系统以及社会经济系统产生影响。

综上所述，全球气候变化并非由单一的人为原因所造成，它是典型的不确定性问题。目前人们仍无法掌握它可能造成的所有影响及其出现的概率（Zheng，1999）。科学技术的发展和清洁技术的出现与能源使用成本的逐步降低则给未来的技术解决方案提供了可能。全球气候变化的这些特征决定了它的预期影响并非注定悲剧，而是更为复杂多样，不同的国家或个体不可能做到风险均担，引起危害的国家或个体不一定受害，受害的不一定是引起危害的。全球气候变化这种国际性的环境问题，既难以依靠高于国家主权的强制力量来加以解决，又无法准确地对各国的温室气体排放权加以明晰，因此不能忽略呼吁良知和责任的力量。

2.1.8 全球矿产资源概况

目前，世界在元素周期表中可提取和利用的元素已达 85 种以上，工业上利用的矿物已占已知 3000 多种矿物的 15%以上，其中非金属矿产品的品种、数量的增长和用途的扩大尤其引人注目，已从 21 世纪初的 60 种增加到目前的 300 多种，包括 200 多种非金属矿物和 50 多种岩石。储量增长幅度较大的主要是能源矿产和贵金属矿产，非金属矿产中储量增长的有天然碱、重晶石等。其他矿产储量有不同程度的下降或基本持平。除能源和贵金属矿产外，多数矿产储量增长速度下降，富矿石储量所占比例有所减少，大型和特大型矿床在矿石储量中所占比例有所下降。世界矿产的储量分布仍然很不平衡，许多矿产的大部分勘探储量仍集中在少数国家，但与 20 世纪 80 年代相比，集中程度有所减弱。在西方工业国家中，80%以上的主要金属和非金属矿产的储量仍主要分布在美国、加拿大、澳大利亚和南非 4 个国家中。大约有 13 种矿产（石油、天然气、铝土矿、镍、钴、菱镁矿、锡、锑、锂、铌、钽、磷酸盐岩和石墨）的储量一半以上分布在发展中国家。

尽管目前全球经济不景气，但矿业依然表现出经济发展的重要作用，成为世界各国非常重视的产业。世界经济呈现低速增长态势，全球矿产品需求未见明显好转，国际矿产品贸易量增幅下降，大部分金属矿产品供过于求，能源和金属矿产品的价格普遍下跌。其中，世界能源产销增速回升，除了核电外，主要能源的产量和需求量均达到了历史最高水平，且消费的增长速度大于产量的增速；世界钢铁市场需求增强，铁合金金属矿产品产量和消费量增加；有色金属市场普遍供应过剩，大多数有色金属价格先涨后跌；贵金属市场金、银、铂价格震荡下跌，钯价格因市场需求旺盛上涨幅度较大。

从世界一次能源消费结构来看，石油仍然是世界主要能源，占全球能源消费量的 32.9%，但是石油所占市场份额连续减少；其次是煤炭，占 30.1%；第三为天然气，占 23.7%；水电、核电、可再生资源分别占 6.7%、4.4%和 2.2%。但从主要能源消费国来看，美国、日本、德国和英国的消费结构基本相似，均以石油为主，以煤和天然气为辅，另外，少部分以核电补充；在法国，核电和石油同为主要消费支柱，天然气为辅助能源；俄罗斯则以天然气为主要消费能源，以石油和煤炭为辅助能源。中国和印度的消费结构类似，以煤炭为主要消费能源，其次为石油、水电。世界油气供需正从“供给支配”向“消费驱动”转变，新兴国家的经济增长和能源需求对世界油气格局产生重要影响。全球消费重心明显东移，亚太地区和中东地区占比快速上升，亚太地区目前为全球能源最大的消费区和贸易区。传统发达的经济体油气消费增速明显放缓，但仍是世界主要的油气消费体。由于煤炭价格低廉、供应充足、使用安全等特点，其需求将快速增长，在一次能源市场的比重将不断上升，未来煤炭价格与油价的联动性将进一步增强。

对于金属矿产而言，世界上 6 种主要的有色金属（铜、铝、铅、锌、锡、镍）总产量仍在增加，其中镍的产量增长幅度最大，锌和铜次之，铅和锡均出现下降。同时，这 6 种矿产的消费量也在增加，其中锌的消费量增长幅度最大，铜和镍次之，随后是铝和锡，铅的消费量则出现下降，铝和铜供应较充足，镍和锌供应有盈余，锡供应略显不足，铅供应则存在较大缺口。尽管中国、俄罗斯、巴西、印度和南非等国家的经济持续增长，但增速已经明显减慢，对有色金属的需求强度也相应减弱，但仍对世界有色金属工业发展起到了重要拉动作用。随着世界经济的增长减缓，世界有色金属市场大多数有色金属矿产需求疲软，主要有色金属的产量和消费量增速放缓或下降。在需求减弱、供应普遍过剩等多种因素作用下，以铜为代表的有色金属价格纷纷出现下跌。

2.2 全球自然资源动态区划技术方案

2.2.1 全球自然资源动态区划体系

1. 区划原则与方案

全球自然资源动态区划基于自然资源有效保护、合理利用和综合管理，结合全球各个国家自然资源体系建设的需求，自然资源动态区划原则的制定不仅要遵循自然区划的相关原则，而且要参照自然资源学的基本原理，充分考虑自然资源本身的结构和功能特性。基于此，全球自然资源动态区划总体遵循主体性原则、整体性原则、多尺度原则、等级性原则以及发展性原则（刘燕华等，2004）。

基于以上原则，全球自然资源动态区划技术方案遵循“区划需求分析—自然资源大数据库建立—自然资源分布格局及其动态变化分析—区划成果评价与应用”等技术流程。①根据自然资源动态区划的对象、目标、影响要素、范围、基本研究单元和时间点六个方面完成自然资源区划的需求分析；②通过参考相关文献和咨询该领域内专家，根据全球主要自然资源特点，建立包含土地覆盖类型、气候条件、植被生长状况、地形地貌等指示环境自然属性的基础数据库和森林资源、草原资源、水体与湿地资源、耕地资源、荒漠资源、建设用地资源以及冰川积雪资源等七大资源空间分布的专题数据库；③依据自然资源动态区划方法的基本原则，综合多源数据和多尺度融合技术，划定全球不同等级的自然资源动态区划；④通过对重点区域实地考察调研，并结合现有区划数据与资源禀赋特征等，对全球自然资源动态区划进行进一步修订和完善，并进行分区特征统计与分析。

2. 区划体系

全球自然资源动态区划以服务于全球自然资源综合观测为导向，集成了多源、多时空、多类型的“自然资源大数据库”，形成一套满足观测体系建设的全面、完善、科学的区划技术方案；基于自然资源综合评价结果和主导因素识别，衔接自然生态地理和各类单项资源空间区划成果，按照区域特色和动态变化特征，将全球土地利用空间按照时间间隔划分为森林、草地、水体与湿地等资源主导分区，并形成区划专题数据库、成果报告及相应图件；利用自然资源动态区划成果指导自然资源综合观测体系的构建和“一级-二级-三级-四级”及更多等级野外科学观测研究站布设，健全自然资源治理体系建设。因当前受限于数据缺乏，目前仅完成自然资源动态区划一级分区的划定，一级分区的高级区划界定时，采用“大地理位置 + 自然资源（森林、草地、耕地、荒漠、湿地等）+ 大区”命名，共分为 29 个自然资源大区（表 2.2）。

表 2.2　全球自然资源动态区划体系

全球自然资源动态区划一级分区		包括行政范围	
序号	名称	涉及国家和地区数量/个	涉及国家和地区名称
1	大洋洲西部森林资源大区	1	澳大利亚
2	大洋洲东部草耕资源大区	3	澳大利亚、诺福克岛、新西兰
3	东南亚林草资源大区	17	缅甸、所罗门群岛、文莱、斯里兰卡、斐济群岛、印度尼西亚、印度、日本、圣诞岛、马来西亚、新喀里多尼亚、瓦努阿图、南沙群岛、巴布亚新几内亚、菲律宾、新加坡、泰国
4	东亚南部林草资源大区	6	缅甸、中国、印度、老挝、越南
5	东亚北部林耕资源大区	7	中国、日本、朝鲜、韩国、哈萨克斯坦、俄罗斯、土库曼斯坦
6	东亚西部草原资源大区	16	阿富汗、孟加拉国、缅甸、不丹、中国、印度、吉尔吉斯斯坦、哈萨克斯坦、尼泊尔、西沙群岛、巴基斯坦、泰国、塔吉克斯坦、土库曼斯坦、乌兹别克斯坦、越南
7	东亚西部荒漠资源大区	7	阿富汗、中国、印度、吉尔吉斯斯坦、蒙古国、巴基斯坦、塔吉克斯坦
8	亚洲北部林草资源大区	5	芬兰、挪威、俄罗斯、瑞典、美国
9	中北亚草原资源大区	6	中国、哈萨克斯坦、蒙古国、俄罗斯、土库曼斯坦、乌兹别克斯坦
10	南亚耕地资源大区	4	孟加拉国、印度、尼泊尔、巴基斯坦
11	东南亚林耕资源大区	10	尼泊尔、巴基斯坦、孟加拉国、缅甸、不丹、柬埔寨、中国、印度、老挝、尼泊尔、泰国、越南
12	南欧-西亚草原资源大区	47	阿富汗、阿尔及利亚、阿塞拜疆、阿尔巴尼亚、亚美尼亚、安道尔共和国、奥地利、波斯尼亚和黑塞哥维那、保加利亚、塞浦路斯、捷克共和国、法国、格鲁吉亚、直布罗陀海峡、德国、希腊、克罗地亚、匈牙利、伊朗、意大利、伊拉克、哈萨克斯坦、黎巴嫩、列支敦士登、摩尔多瓦、马其顿、摩纳哥、马耳他、黑山共和国、葡萄牙、罗马尼亚、俄罗斯、斯洛文尼亚、圣马力诺、西班牙、塞尔维亚、叙利亚共和国、瑞士、突尼斯、土耳其、土库曼斯坦、乌克兰、乌兹别克斯坦、法国、罗马尼亚、哈萨克斯坦等
13	中欧-西亚耕地资源大区	33	奥地利、比利时、波斯尼亚和黑塞哥维那、白俄罗斯、保加利亚、丹麦、爱尔兰、爱沙尼亚、捷克共和国、法罗群岛、法国、格恩西岛、德国、克罗地亚/匈牙利、马恩岛、泽西岛、哈萨克斯坦、拉脱维亚、立陶宛、斯洛伐克、卢森堡、摩尔多瓦荷兰、波兰罗马尼亚、俄罗斯塞尔维亚、瑞典、瑞士、英国、乌克兰、罗马尼亚等
14	西欧-北亚森林资源大区	12	白俄罗斯、爱沙尼亚、芬兰、哈萨克斯坦、拉脱维亚、立陶宛、蒙古国、挪威、波兰、俄罗斯、瑞典、乌克兰
15	欧亚北部草原资源大区	4	挪威、波兰、俄罗斯、瑞典
16	北非-西亚荒漠资源大区	35	阿富汗、阿尔及利亚、巴林岛、乍得、吉布提、埃及、厄立特里亚国、埃塞俄比亚、加沙地带、印度、伊朗、以色列、伊拉克、约旦、科威特、黎巴嫩、利比亚、马里、摩洛哥、毛里塔尼亚、阿曼、马尔代夫、尼日尔、巴基斯坦、卡塔尔、沙特、阿拉伯、索马里、苏丹、叙利亚共和国、阿拉伯联合酋长国、突尼斯、土耳其、约旦河西岸、西撒哈拉、也门

续表

全球自然资源动态区划一级分区		包括行政范围	
序号	名称	涉及国家和地区数量/个	涉及国家和地区名称
17	撒哈拉以南非洲草原资源大区	52	安哥拉、博茨瓦纳、贝宁共和国、布隆迪、乍得、刚果（布）、刚果（金）、喀麦隆、科摩罗、中非共和国、佛得角、吉布提、赤道几内亚、厄立特里亚国、埃塞俄比亚、冈比亚、加蓬、加纳、格洛里厄斯群岛、几内亚、科特迪瓦共和国、新胡安岛、肯尼亚、利比里亚、莱索托、马达加斯加岛、马约特岛、马拉维、马里、毛里求斯、毛里塔尼亚、莫桑比克、尼日尔、尼日利亚、几内亚比绍、留尼旺岛、卢旺达、塞舌尔、南非、塞内加尔、塞拉利昂、索马里、苏丹、多哥、圣多美与普林希比、坦桑尼亚联合共和国、乌干达、布基纳法索、纳米比亚、斯威士兰、赞比亚、津巴布韦
18	南非森林资源大区	5	安哥拉、博茨瓦纳、南非、纳米比亚、津巴布韦
19	中非森林资源大区	14	安哥拉、博茨瓦纳、南非、纳米比亚、津巴布韦、安哥拉、刚果（布）、刚果（金）、喀麦隆、中非共和国、赤道几内亚、加蓬、尼日利亚、卢旺达
20	南美森林资源大区	9	玻利维亚、巴西、哥伦比亚、厄瓜多尔、法属圭亚那、圭亚那、苏里南、秘鲁、委内瑞拉
21	南美草原资源大区	7	阿根廷、玻利维亚、巴西、智利、马尔维纳斯群岛、巴拉圭、乌拉圭
22	南美林草资源大区	15	阿鲁巴岛、阿根廷、巴巴多斯、玻利维亚、智利、哥伦比亚、哥斯达黎加、厄瓜多尔、格林纳达、荷属安的列斯、秘鲁、巴拿马、特立尼达和多巴哥、圣文森特和格林纳丁斯、委内瑞拉
23	中美林草资源大区	9	伯利兹城、哥斯达黎加、萨尔瓦多、危地马拉、洪都拉斯、墨西哥、尼加拉瓜、巴拿马、美国
24	北美南部林草资源大区	20	安提瓜和巴布达、安圭拉岛、百慕大群岛、巴哈马群岛、开曼群岛、古巴、多米尼加岛、多米尼加共和国、瓜德罗普岛、海地、牙买加、马提尼克、蒙特色拉特岛、波多黎各、圣基茨和尼维斯、圣卢西亚、特克斯和凯科斯群岛、美国、英属维尔京群岛、美属维尔京群岛
25	北美中部草原资源大区	3	加拿大、墨西哥、美国
26	北美中部耕地资源大区	2	加拿大、美国
27	北美东部森林资源大区	2	加拿大、美国
28	北美北部林草资源大区	8	伯利兹城、加拿大、哥伦比亚、洪都拉斯、墨西哥、俄罗斯、圣皮埃尔和密克隆群岛、美国
29	北极圈冰雪资源大区	6	加拿大、格陵兰、冰岛、扬马延岛、俄罗斯、斯瓦尔巴群岛

2.2.1 全球自然资源动态区划基础数据

1. 全球行政区划

全球自然资源动态区划中用于描述全球各个国家/地区地理位置的行政区划数据来源于全球行政区划数据库（Database of Global Administrative Areas，GADM），GADM是一个高精度的全球行政区划数据库，其包含了全球所有国家和地区的国界、省界、市界、区界等多个级别的行政区划边界数据。对于每个数据，GADM提供了5种不同的格式。Geopackage可以被GDAL/OGR、ArcGIS、QGIS等软件读取；Shapefile可直接用于 ArcGIS 等软件；KMZ 可直接在 Google Earth 中打开；R（sp）可直接用于 R 语言绘图；R（sf）可直接用于 R 语言绘图。获取的数据包含国家/地区代码，以及国界、省/州界、县界三个等级。

2. 土地覆盖数据

全球土地覆盖数据来源为中分辨率成像光谱仪（moderate-resolution imaging spectrometer，MODIS），MCD12Q1 V6 产品按六种不同的分类方案按年间隔（2001～2019 年）提供全球土地覆盖类型，它是使用 MODIS Terra 和 Aqua 反射率数据的监督分类得出的。然后，对受监管的分类进行额外的后处理，这些后处理结合了先前的知识和辅助信息以进一步细化特定的类别。由于所需计算数据覆盖面积大、时间跨度长，使用谷歌地球引擎（Google Earth Engine，GEE）平台对该数据集进行处理。数据获取后首先进行质量检查、投影、重采样、裁剪等预处理，并将不同时间尺度的数据计算为年度数据。

MODIS 土地覆盖类型产品包含多个分类方案，这些分类方案描述了从一年来输入的 Terra 和 Aqua 数据的观测数据得出的土地覆盖属性。全球自然资源动态区划中采用的分类方案为国际地圈生物圈计划（IGBP）定义的 17 种土地覆盖类别，其中包括 11 种自然植被类别，3 种发达和杂乱土地类别以及 3 种非植被土地类别（表 2.3）。

表 2.3　IGBP 土地覆盖分类体系

编码	类型	含义
1	常绿针叶林	覆盖度＞60%和高度超过 2m，且常年绿色，针状叶片的乔木林地
2	常绿阔叶林	覆盖度＞60%和高度超过 2m，且常年绿色，具有较宽叶片的乔木林地
3	落叶针叶林	覆盖度＞60%和高度超过 2m，且有一定的落叶周期，针状叶片的乔木林地
4	落叶阔叶林	覆盖度＞60%和高度超过 2m，且有一定的落叶周期，具有较宽叶片的乔木林地
5	混交林	前四种森林类型的镶嵌体，且每种类型的覆盖度不超过 60%
6	郁闭灌木林	覆盖度＞60%，高度低于 2m，常绿或落叶的木本植被用地
7	稀疏灌木林	覆盖度为 10%～60%，高度低于 2m，常绿或落叶的木本植被用地
8	有林草地	森林覆盖度为 30%～60%，高度超过 2m，和草本植被或其他林下植被系统组成的混合用地类型
9	稀树草原	森林覆盖度为 10%～30%，高度超过 2m，和草本植被或其他林下植被系统组成的混合用地类型
10	草地	由草本植被类型覆盖，森林和灌木覆盖度小于 10%
11	永久湿地	常年或经常覆盖着水（淡水、半咸水或咸水）与草本或木本植被的广阔区域，是介于陆地和水体之间的过渡带
12	农田	指由农作物覆盖的土地，包括作物收割后的裸露土地；永久的木本农作物可归类于合适的林地或者灌木覆盖类型
13	城镇与建成区	被建筑物覆盖的土地类型
14	农田与自然植被镶嵌体	指由农田、乔木、灌木和草地组成的混合用地类型，且任何一种类型的覆盖度不超过 60%
15	冰雪	指常年由积雪或者冰覆盖的土地类型
16	裸地	指裸地、沙地、岩石，植被覆盖度不超过 10%
17	水体	指海洋、湖泊、水库和河流，可以是淡水或咸水永久湿地

全球土地资源利用类型空间分布存在显著的地域差异，森林灌木林主要分布在大洋洲西部、欧洲西部、亚洲北部、非洲中部和南部、南美洲、北美洲东部等地；草原资源主要分布在大洋洲东部、亚洲西部和北部等大面积地区、欧洲南部、北美中部等地区；农田主要分布在亚洲西南部、亚洲东部、欧洲中部和北美中部等地区；值得注意的是，裸地主要位于非洲北部，这里有世界最大的沙漠——撒哈拉沙漠，沙漠东西约长 4800km（3000mile①），南北宽为 1300～1900km（800～1200mile），总面积约为 $9.32\times10^6km^2$，几乎占满整个非洲北部。

在全球自然资源动态区划划分过程中，依据 IGBP 土地覆盖分类体系，将其对应定义为森林资源、草原资源、水体与湿地资源、耕地资源、荒漠资源、建设用地资源和冰川积雪资源七大自然资源类型，并将其作为后续区划的主要依据之一（表 2.4）。

表 2.4 IGBP 土地覆盖分类体系与自然资源类型对应表

自然资源类型		包含的 IGBP 土地覆被分类	
编码	类型	编码	类型
1	森林资源	1	常绿针叶林
		2	常绿阔叶林
		3	落叶针叶林
		4	落叶阔叶林
		5	混交林
		6	郁闭灌木林
		7	稀疏灌木林
2	草原资源	8	有林草地
		9	稀树草原
		10	草地
3	水体与湿地资源	11	永久湿地
		17	水体
4	耕地资源	12	农田
		14	农田与自然植被镶嵌体
5	荒漠资源	16	裸地
6	建设用地资源	13	城镇与建成区
7	冰川积雪资源	15	冰雪

3. 降水量

全球降水量数据来源于 WorldClim 的全球气候和天气数据，WorldClim 是一个具有高空间分辨率的全球天气和气候数据的数据库（高江波等，2010）。全球自然资源动态区划中降水量数据采用的是 WorldClim 2.1 版气候数据。该版本于 2020 年 1 月发布，包括每月的

① 1mile = 1.609344km。

降水量，可以在 30arcsec（约 1km）至 10arcmin（约 340km）之间的四种空间分辨率下获得数据。每次下载都是一个“zip”文件，其中包含 12 个 GeoTiff（.tif）文件，一年中的每个月一个（1 月为 1，12 月为 12）。

全球降水量空间分布是指各个国家的月降水总量，是衡量一个国家水资源状况的标准之一。该数据表明，全球月降水量在时间和空间上存在显著的差异性。全球降水量高值区域主要集中在东南亚、非洲中部以及南美洲北部等地。

4. 温度

全球温度变化数据同样来源于 WorldClim 全球天气和气候数据的数据库，数据包括全球范围内的每月最低平均温度和最高平均温度。

全球多年月平均最低温度和最高温度是衡量一个国家气候的标准之一。该数据表明，全球多年月平均最低温度和最高温度存在显著的时间和地域差异。温度空间变化与降水量存在一定相关关系，降水量高的亚洲、非洲以及南美洲等地同样具有较高的温度，此外随着月份的变化，温度的空间变化趋势也相对明显。

5. 归一化植被指数

归一化植被指数（NDVI）数据是使用 NASA 的 Terra 卫星上的中等分辨率成像光谱仪（MODIS）收集的数据制作的，这些 NDVI 图是陆地表面植被活动的可靠的实证指标。它们的设计是通过组合两个或多个不同的波段[通常是红光波长（0.6～0.7mm）和近红外波长（0.7～1.1mm）]来增强来自测量光谱响应的植被信号。反射的红光能量随着植物的发展而减少，这是由活跃的光合叶片中的叶绿素吸收所致。另外，反射的近红外能量将通过健康、潮湿叶片中的散射过程（反射和透射），随着植物的发育而增加。

植被指数通过将两个或两个以上的波段组合成一个方程式（如用于 NDVI 的方程式）在某种程度上规避了这些问题。简单而言，要测量 NDVI，需要从近红外光中减去植物对红光的反射率，然后将该差值除以反射的红光和近红外光的相加，便得出了一个结果值，称之为归一化植被指数(NDVI)。NDVI 的数值范围为–0.1～0.9(无量纲)，其中较高的值(0.4～0.9）表示绿色、多叶植被覆盖的土地，而较低的值（0～0.4）表示很少或没有植被的土地。

该结果可对给定的合成期间内地球景观中植被的“绿色”进行整体测量。这些 MODIS NDVI 映射图提供了全球植被状况的时空比较，科学家用来监视地球的陆地光合植被活动，以支持物候研究、变化检测和生物物理解释。

2.2.3　全球自然资源动态区划分区特征

全球自然资源动态区划基于生态系统的复杂系统理论和等级结构理论，以自然资源作为研究对象，从“山水林田湖草是生命共同体”理念出发，强调其空间格局、生态过程和功能的异质性。目的是深化对自然资源异质性的认识，强调自然资源分布格局、变化过程以及功能的异质性，更注重发挥自然资源作为主体要素的服务功能，边界通常表现为动态变化，强调不同时间尺度上自然资源动态变化特征，从结构相似、过程相关和功能联系的角度来确定其分区边界。据此，借助全球行政区划、全球土地覆盖数据、全球降水量数据、全球气温数据、全球 NDVI 数据等基础数据，综合各要素，将 2000 年、2010 年和 2018 年全球自然资源划分为 29 个全球自然资源一级大区。

以 2018 年为例，简要介绍各大区基本情况（表 2.5）。

表 2.5 全球自然资源动态区划资源类型面积基本概况

全球自然资源动态区划一级分区		面积概况（2018 年）		面积概况（2010 年）		面积概况（2000 年）	
序号	名称	面积/万 km²	占比/%	面积/万 km²	占比/%	面积/万 km²	占比/%
1	大洋洲西部森林资源大区	473.79	2.70	505.10	2.88	487.30	2.78
2	大洋洲东部草耕资源大区	353.13	2.01	321.82	1.83	339.61	1.94
3	东南亚林草资源大区	308.00	1.76	308.00	1.76	306.74	1.75
4	东亚南部林草资源大区	242.44	1.38	246.93	1.41	237.71	1.35
5	东亚北部林耕资源大区	288.64	1.65	301.78	1.72	264.81	1.51
6	东亚西部草原资源大区	375.63	2.14	378.60	2.16	383.80	2.19
7	东亚西部荒漠资源大区	326.03	1.86	326.03	1.86	350.28	2.00
8	亚洲北部林草资源大区	1102.80	6.29	1102.80	6.29	1166.62	6.65
9	中北亚草原资源大区	1039.48	5.92	1026.35	5.85	1009.28	5.75
10	南亚耕地资源大区	334.25	1.91	324.69	1.85	315.79	1.80
11	东南亚林耕资源大区	196.11	1.12	198.22	1.13	202.36	1.15
12	南欧-西亚草原资源大区	599.48	3.42	599.48	3.42	478.75	2.73
13	中欧-西亚耕地资源大区	578.53	3.30	578.53	3.30	578.01	3.29
14	西欧-北亚森林资源大区	902.30	5.14	902.30	5.14	998.42	5.69
15	欧亚北部草原资源大区	933.75	5.32	933.75	5.32	823.87	4.69
16	北非-西亚荒漠资源大区	1497.61	8.54	1497.61	8.54	1647.35	9.39
17	撒哈拉以南非洲草原资源大区	1546.19	8.81	1512.29	8.62	1528.75	8.71
18	南非森林资源大区	164.54	0.94	162.34	0.93	160.48	0.91
19	中非森林资源大区	170.03	0.97	206.14	1.17	181.13	1.03
20	南美森林资源大区	602.45	3.43	602.45	3.43	670.48	3.82
21	南美草原资源大区	796.44	4.54	796.44	4.54	761.99	4.34
22	南美林草资源大区	365.03	2.08	365.03	2.08	331.68	1.89
23	中美林草资源大区	362.90	2.07	367.95	2.10	357.50	2.04
24	北美南部林草资源大区	163.10	0.93	164.62	0.94	160.00	0.91
25	北美中部草原资源大区	391.88	2.23	389.19	2.22	382.75	2.18
26	北美中部耕地资源大区	228.07	1.30	229.25	1.31	267.03	1.52
27	北美东部森林资源大区	280.46	1.60	280.46	1.60	257.90	1.47
28	北美北部林草资源大区	1533.58	8.74	1528.53	8.71	1529.49	8.71
29	北极圈冰雪资源大区	1388.19	7.91	1388.19	7.91	1370.36	7.81

大洋洲西部森林资源大区：涉及国家仅为澳大利亚，大区面积为 473.79 万 km^2，占全球陆域总面积的 2.70%。

大洋洲东部草耕资源大区：涉及澳大利亚、诺福克岛、新西兰，大区面积为 353.13 万 km^2，占全球陆域总面积的 2.01%。

东南亚林草资源大区：涉及国家包括印度、日本、菲律宾、新加坡、泰国等国在内的 17 个国家，大区面积为 308.00 万 km^2，占全球陆域总面积的 1.76%。

东亚南部林草资源大区：涉及国家包括缅甸、中国、印度、老挝、越南共 5 个国家，大区面积为 242.44 万 km^2，占全球陆域总面积的 1.38%。

东亚北部林耕资源大区：涉及国家包括中国、日本、朝鲜、哈萨克斯坦、俄罗斯、土库曼斯坦共 6 个国家，大区面积为 288.64 万 km^2，占全球陆域总面积的 1.65%。

东亚西部草原资源大区：涉及国家包括中国、印度、吉尔吉斯斯坦、哈萨克斯坦、尼泊尔等国在内的 16 个国家，大区面积为 375.63 万 km^2，占全球陆域总面积的 2.14%。

东亚西部荒漠资源大区：涉及国家包括阿富汗、中国、印度、吉尔吉斯斯坦、蒙古国、巴基斯坦、塔吉克斯坦共 7 个国家，大区面积为 326.03 万 km^2，占全球陆域总面积的 1.86%。

亚洲北部林草资源大区：涉及国家包括芬兰、挪威、俄罗斯、瑞典、美国共 5 个国家，大区面积为 1102.80 万 km^2，占全球陆域总面积的 6.29%。

中北亚草原资源大区：涉及国家包括中国、哈萨克斯坦、蒙古国、俄罗斯、土库曼斯坦、乌兹别克斯坦共 6 个国家，该大区的面积为 1039.48 万 km^2，占全球陆域总面积的 5.92%。

南亚耕地资源大区：涉及国家包括孟加拉国、印度、尼泊尔、巴基斯坦共 4 个国家，大区面积为 334.25 万 km^2，占全球陆域总面积的 1.91%。

东南亚林耕资源大区：涉及国家包括中国、印度、老挝、尼泊尔、泰国、越南等国在内的 10 个国家，大区面积为 196.11 万 km^2，占全球陆域总面积的 1.12%。

南欧-西亚草原资源大区：涉及国家包括法国、德国、希腊、克罗地亚、匈牙利、伊朗、意大利等国在内的 47 个国家，大区面积为 599.48 万 km^2，占全球陆域总面积的 3.42%。

中欧-西亚耕地资源大区：涉及国家包括法国、德国、哈萨克斯坦、瑞典、瑞士等国在内的 33 个国家，大区面积为 578.53 万 km^2，占全球陆域总面积的 3.30%。

西欧-北亚森林资源大区：涉及国家包括白俄罗斯、芬兰、哈萨克斯坦、蒙古国、俄罗斯等国在内的 12 个国家，大区面积为 902.30 万 km^2，占全球陆域总面积的 5.14%。

欧亚北部草原资源大区：涉及国家包括挪威、波兰、俄罗斯、瑞典共 4 个国家，大区面积为 933.75 万 km^2，占全球陆域总面积的 5.32%。

北非-西亚荒漠资源大区：涉及国家包括阿富汗、阿尔及利亚、埃及、厄立特里亚国、埃塞俄比亚等国在内的35个国家，该大区的面积为1497.61km^2，占全球陆域总面积的8.54%。

撒哈拉以南非洲草原资源大区：涉及国家包括刚果（布）、中非共和国、埃塞俄比亚、肯尼亚、利比里亚、毛里求斯、尼日尔、尼日利亚等国在内的 52 个国家，大区面积为 1546.19km^2，占全球陆域总面积的 8.81%。

南非森林资源大区：涉及国家包括安哥拉、博茨瓦纳、南非、纳米比亚、津巴布韦共 5 个国家，大区面积为 164.54 万 km^2，占全球陆域总面积的 0.94%。

中非森林资源大区：涉及国家包括津巴布韦、安哥拉、刚果（布）、刚果（金）、喀麦隆、中非共和国等国在内的 14 个国家，大区面积为 170.03km^2，占全球陆域总面积的 0.97%。

南美森林资源大区：涉及玻利维亚、巴西、哥伦比亚、厄瓜多尔、法属圭亚那、圭亚那、苏里南、秘鲁、委内瑞拉共 9 个区域，大区面积为 602.45 万 km^2，占全球陆域总面积的 3.43%。

南美草原资源大区：涉及阿根廷、玻利维亚、巴西、智利、马尔维纳斯群岛、巴拉圭、乌拉圭共 7 个区域，大区面积为 796.44 万 km^2，占全球陆域总面积的 4.54%。

南美林草资源大区：涉及阿根廷、智利、哥伦比亚、荷属安的列斯、秘鲁、巴拿马等 15 个区域，大区面积为 365.03km^2，占全球陆域总面积的 2.08%。

中美林草资源大区：涉及伯利兹城、哥斯达黎加、萨尔瓦多、危地马拉、洪都拉斯、墨西哥、尼加拉瓜、巴拿马、美国共 9 个区域，大区面积为 362.90 万 km^2，占全球陆域总面积的 2.07%。

北美南部林草资源大区：涉及古巴、海地、牙买加、马提尼克、圣卢西亚、美国等 20 个区域，大区面积为 163.10km^2，占全球陆域总面积的 0.93%。

北美中部草原资源大区：涉及国家包括加拿大、墨西哥、美国共 3 个国家，大区面积为 391.88 万 km^2，占全球陆域总面积的 2.23%。

北美中部耕地资源大区：涉及国家包括加拿大、美国共 2 个国家，大区面积为 228.07 万 km^2，占全球陆域总面积的 1.30%。

北美东部森林资源大区：涉及国家包括加拿大、美国共 2 个国家，大区面积为 280.46 万 km^2，占全球陆域总面积的 1.60%。

北美北部林草资源大区：涉及伯利兹城、加拿大、哥伦比亚、洪都拉斯、墨西哥、俄罗斯、圣皮埃尔和密克隆群岛、美国共 8 个区域，大区面积为 1533.58 万 km^2，占全球陆域总面积的 8.74%。

北极圈冰雪资源大区：涉及加拿大、格陵兰、冰岛、扬马延岛、俄罗斯、斯瓦尔巴群岛共 6 个区域，大区面积为 1388.19 万 km^2，占全球陆域总面积的 7.91%。

参考文献

陈栋生. 1991. 区域经济研究的新起点. 北京：经济管理出版社

高江波，黄姣，李双成，等. 2010. 中国自然地理区划研究的新进展与发展趋势. 地理科学进展，29（11）：1400-1407.

郭焕成. 1999. 中国农业经济区划. 北京：科学出版社.

侯学煜. 1981. 再论中国植被分区的原则和方案. 植物生态学与地植物学丛刊，5（4）：290-301.

侯学煜. 1988a. 论我国自然生态区划及其大农业的发展（Ⅰ）. 中国科学院院刊，（1）：28-37.

侯学煜. 1988b. 论我国自然生态区划及其大农业的发展（Ⅱ）. 中国科学院院刊，（2）：137-152.

胡小平. 1998. 我国矿产资源经济区划与产业布局. 地域研究与开发，17（2）：50-56.

黄秉维. 1959. 中国综合自然区划草案. 科学通报，18（4）：594-602.

黄秉维. 1965. 论中国综合自然区划. 新建设，（3）：65-74.

黄秉维. 1989. 中国综合自然区划纲要. 地理集刊，21：10-20.

林超. 1954. 中国自然区划大纲（摘要）. 地理学报，20（4）：395-418.

林振耀，吴祥定. 1981. 青藏高原气候区划. 地理学报，36（1）：22-32.

刘昉勋，黄致远. 1987. 江苏省植被区划. 植物生态学与地植物学学报，11（3）：226-233.

刘燕华，葛全胜，张雪芹. 2004. 关于中国全球环境变化人文因素研究发展方向的思考. 地球科学进展，19（6）：889-895.
彭建，杜悦悦，刘焱序，等. 2017. 从自然区划、土地变化到景观服务：发展中的中国综合自然地理学. 地理研究，36（10）：1819-1833.
钱纪良，林之光. 1965. 关于中国干湿气候区划的初步研究. 地理学报，31（1）：1-14.
孙敬之. 1955. 论经济区划. 教学与研究，（11）：12-17.
赵松乔，陈传康，牛文元. 1979. 近三十年来我国综合自然地理学的进展. 地理学报，34（3）：187-199.
郑垂勇，周之豪，岳金桂等. 1992. 江苏省工业经济区划的研究. 河海大学学报，（2）：82-87.
周起业，刘再兴，祝诚，等. 1990. 区域经济学. 北京：中国人民大学出版社.
竺可桢. 1979. 竺可桢文集. 北京：科学出版社.
Zheng D. 1999. A study on the Eco-Geographic regional system of China. FAO FRA2000 Global Ecological Zoning Workshop，Cambridge，UK，7：28-30.

第 3 章　中国自然资源及动态区划

3.1　中国自然资源禀赋

3.1.1　中国自然资源空间分布

从全国自然资源覆盖面积统计表（表 3.1）来看，1990～2018 年草原资源一直是全国主要的自然资源类型，在 1990 年、2000 年、2010 年和 2018 年，草原资源占全国自然资源覆盖总面积的比重分别为 31.98%、31.69%、31.56%和 27.96%，处于主导地位，主要分布在我国的华北和青藏高原地区，面积从 1990 年的 303.85 万 km^2 减少到 2018 年的 265.97 万 km^2，减少了 37.88 万 km^2。森林资源作为第二大资源类型，各时期占全国自然资源覆盖总面积的比重分别为 23.73%、23.61%、23.64%和 23.95%，主要分布在我国的华中、华南地区以及大兴安岭地区，该资源类型覆盖面积在 1990～2018 年浮动变化不大，其中有林地为森林资源的主导类型，各时期占全国自然资源的 14.46%、14.37%、14.30%和 14.76%，占比相较于其他三种类型的森林资源都要多（表 3.2）。荒漠作为第三大资源类型，各时期占自然资源总面积的比重分别为 20.22%、20.19%、20.14%和 21.95%，主要分布于我国西北地区，以沙地、裸岩和戈壁为主。耕地资源作为国家粮食的保障，其面积一直稳定在 178.7 万 km^2 附近，其中，旱地占主导地位，各时期占自然资源总面积的比重分别为 13.68%、13.96%、13.92%和 13.93%，主要分布在我国的松辽平原及华北平原地区。水体与湿地资源和建设用地资源占全国自然资源覆盖总面积都较少，分布也比较分散，湖泊在水体与湿地资源中占比较大，各时期占自然资源总面积的比重分别为 0.79%、0.80%、0.79%和 0.86%。而在建设用地资源中，农村居民点占比较大，占自然资源总面积的比重分别为 1.26%、1.32%、1.35%和 1.50%。

表 3.1　1990～2018 年全国自然资源一级类型覆盖面积统计表

资源类型	1990 年		2000 年		2010 年		2018 年	
	面积/万 km^2	占比/%	面积/万 km^2	占比/%	面积/万 km^2	占比/%	面积/万 km^2	占比/%
耕地	177.18	18.65	180.05	18.95	178.78	18.82	178.61	18.78
森林	225.50	23.73	224.28	23.61	224.62	23.64	227.83	23.95
草原	303.85	31.98	301.11	31.69	299.91	31.56	265.97	27.96
水体与湿地	35.78	3.77	35.56	3.74	35.70	3.76	43.19	4.54
建设用地	15.67	1.65	17.24	1.81	19.79	2.08	26.93	2.83
荒漠	192.16	20.22	191.83	20.19	191.41	20.14	208.80	21.95

表 3.2 1990～2018 年中国地表资源二级类型覆盖面积统计表

资源类型	1990 年		2000 年		2010 年		2018 年	
	面积/万 km^2	占比/%	面积/万 km^2	占比/%	面积/万 km^2	占比/%	面积/万 km^2	占比/%
水田	47.24	4.97	47.41	4.99	46.50	4.89	46.12	4.85
旱地	129.94	13.68	132.65	13.96	132.28	13.92	132.49	13.93
有林地	137.41	14.46	136.55	14.37	135.86	14.30	140.46	14.76
灌木林	48.32	5.09	48.80	5.14	48.86	5.14	46.83	4.92
疏林地	35.27	3.71	34.97	3.68	34.89	3.67	35.11	3.69
其他林地	4.50	0.47	3.96	0.42	5.01	0.53	5.44	0.57
高覆盖度草	100.44	10.57	99.64	10.49	99.60	10.48	70.91	7.45
中覆盖度草	110.52	11.63	109.23	11.50	108.50	11.42	98.74	10.38
低覆盖度草	92.89	9.78	92.24	9.71	91.81	9.66	96.33	10.13
河渠	3.66	0.38	3.63	0.38	3.67	0.39	4.84	0.51
湖泊	7.54	0.79	7.56	0.80	7.49	0.79	8.19	0.86
水库坑塘	3.27	0.34	3.60	0.38	3.95	0.42	5.35	0.56
永久性冰川雪地	6.96	0.73	6.92	0.73	6.91	0.73	4.54	0.48
沼泽	8.73	0.92	8.20	0.86	8.02	0.84	13.60	1.43
滩涂	0.67	0.07	0.60	0.06	0.61	0.06	0.58	0.06
滩地	4.96	0.52	5.05	0.53	5.04	0.53	6.10	0.64
城镇用地	2.50	0.26	3.31	0.35	4.64	0.49	7.83	0.82
农村居民点	12.00	1.26	12.53	1.32	12.87	1.35	14.26	1.50
工矿用地	1.17	0.12	1.40	0.15	2.28	0.24	4.84	0.51
沙地	56.98	6.00	57.18	6.02	57.26	6.03	59.43	6.25
戈壁	49.47	5.21	48.74	5.13	48.56	5.11	59.21	6.22
盐碱地	13.61	1.43	13.64	1.44	13.33	1.40	10.45	1.10
裸土	2.99	0.31	2.91	0.31	2.93	0.31	9.83	1.03
裸岩	59.90	6.30	60.18	6.33	60.18	6.33	66.33	6.97
其他	9.21	0.97	9.17	0.97	9.14	0.96	3.55	0.37

3.1.2 中国自然资源动态变化

通过对各期的数据处理，得到 1990～2000 年、2000～2010 年、2010～2018 年以及 1990～2018 年中国自然资源动态变化转移矩阵。

从 1990 至 2018 年中国自然资源类型的变化状况来看（表 3.3），耕地资源变化特点总体表现为面积净增量较小，总体保持平衡，近 30 年面积共增加 1.37 万 km^2，仅占 1990 年耕地资源总面积的 0.77%。耕地资源转出面积为 58.07 万 km^2，退耕还林还草和建设用地占用是面积减少的主要因素，分别占耕地资源转出总面积的38.61%、25.77%和26.99%；转入面积为59.45万km^2，主要来源为开垦森林资源和草原资源，分别占耕地资源转入总面积的39.49%和34.98%。耕地资源的面积变化主要分布于东北平原、华北平原、黄土高原以及南方各省。

表3.3 1990～2018年中国自然资源动态变化转移矩阵 （单位：万km^2）

年份	类型	2018年					
		耕地	森林	草	水体与湿地	建设用地	荒漠
1990年	耕地	119.06	22.43	14.96	3.68	15.68	1.32
	森林	23.48	172.75	21.95	1.53	2.01	3.65
	草	20.80	27.79	192.36	5.39	1.96	55.44
	水体与湿地	3.17	1.23	3.12	14.16	0.77	4.47
	建设用地	7.82	0.70	0.60	0.69	5.69	0.16
	荒漠	4.18	2.67	32.71	3.53	0.61	157.14

森林资源变化特点总体表现为面积总体保持平衡，近30年面积共增加2.2万km^2，仅占1990年森林资源总面积的0.98%。森林资源转出面积为52.62万km^2，主要转为耕地资源和草原资源，分别占森林资源转出总面积的44.62%和41.71%；转入面积为54.82万km^2，主要来源也为耕地资源和草原资源，分别占森林资源转入总面积的40.91%和50.69%。森林资源的面积变化主要分布于东北平原四周山区、黄土高原东部、西藏东南部以及南方各省。

草原资源变化特点总体表现为面积大量减少，且主要向荒漠转变，草原资源退化严重，近30年面积减少高达38.04万km^2，占1990年草原资源总面积的12.52%。草原资源转出面积为111.38万km^2，主要转为耕地资源、森林资源和荒漠，分别占草原资源转出总面积的18.67%、24.95%和49.78%，主要分布于内蒙古、新疆、西藏和黄土高原；转入面积为73.34万km^2，主要来源也为耕地资源、森林资源和荒漠，分别占草原资源转入总面积的20.40%、29.93%和44.60%。主要分布于内蒙古、黄土高原、西藏东南部以及西北各省。

水体与湿地资源变化特点总体表现为基于水体与湿地资源总量，面积有小幅增加，近30年面积共增加2.07万km^2，占1990年水体与湿地资源总面积的7.69%。水体与湿地资源转出面积为12.76万km^2，主要转为耕地资源、草原资源和荒漠，分别占水体与湿地资源转出总面积的24.87%、24.46%和35.01%；转入面积为14.83万km^2，主要来源也为耕地资源、草原资源和荒漠，分别占水体与湿地资源转入总面积的20.40%、36.38%和23.80%。水体与湿地资源的面积变化主要分布于中国各大河流湖泊区以及西藏冰川雪地山区。

建设用地变化特点总体表现为扩张迅速，面积大幅增加，近30年面积共增加11.05万km^2，占1990年建设用地总面积的70.61%。建设用地转出面积为9.96万km^2，建设用地复垦为耕地是面积减少的主要因素，占建设用地转出总面积的78.47%；转入面积为21.02万 km^2，主要来源为城镇扩张占用耕地资源，占建设用地转入总面积的

74.60%。建设用地的面积变化主要分布于长三角、珠三角、京津冀、武汉、成都、西安等城市区。

荒漠变化特点总体表现为扩张速度不断加快，大量吞噬草原资源，近 30 年面积共增加 21.34 万 km^2，占 1990 年荒漠总面积的 10.63%。荒漠转出面积为 43.70 万 km^2，主要转为草原资源，占荒漠转出总面积的 74.86%；转入面积为 65.04 万 km^2，主要来源为草原资源退化成荒地，占荒漠转入总面积的 85.25%。荒漠的面积变化主要分布于西藏、新疆以及内蒙古。

由 1990～2000 年自然资源动态变化转移矩阵（表 3.4）可知，10 年间各自然资源类型的变化情况。

表 3.4　1990～2000 年中国自然资源动态变化转移矩阵　（单位：万 km^2）

年份	类型	2000 年					
		耕地	林地	草原	水体与湿地	建设用地	荒漠
1990 年	耕地	119.88	24.45	16.91	3.46	10.54	1.84
	林地	25.31	171.27	24.37	1.34	0.99	1.96
	草原	19.52	24.2	234.45	2.7	0.97	21.81
	水体与湿地	3.37	1.39	2.66	16.53	0.46	2.4
	建设用地	9.31	0.87	0.82	0.44	4	0.19
	荒漠	2.56	1.87	21.7	2.65	0.24	171.66

耕地资源 10 年间面积约增加 2.88 万 km^2，占 1990 年耕地资源总面积的 1.62%。耕地资源转出面积为 57.19 万 km^2，主要转为森林资源、草原资源和建设用地，分别占耕地资源转出总面积的 42.75%、29.56%和 18.42%；转入面积为 60.07 万 km^2，主要来源为森林资源和草原资源，分别占耕地资源转入总面积的 42.14%和 32.50%。

森林资源 10 年间面积约减少 1.18 万 km^2，占 1990 年森林资源总面积的 0.52%。森林资源转出面积为 53.96 万 km^2，主要转为耕地资源和草原资源，分别占森林资源转出总面积的 46.91%和 45.17%；转入面积为 52.78 万 km^2，主要来源也为耕地资源和草原资源，分别占森林资源转入总面积的 46.32%和 45.85%。

草原资源 10 年间面积约减少 2.74 万 km^2，占 1990 年草原资源总面积的 0.90%。草原资源转出面积为 69.22 万 km^2，主要转为耕地资源、森林资源和荒漠，分别占草原资源转出总面积的 28.21%、34.97%和 31.52%；转入面积为 66.47 万 km^2，主要来源也为耕地资源、森林资源和荒漠，分别占草原资源转入总面积的 25.44%、36.67%和 32.65%。

水体与湿地资源 10 年间面积约增加 0.29 万 km^2，占 1990 年水体与湿地资源总面积的 1.08%。水体与湿地资源转出面积为 10.29 万 km^2，主要转为耕地资源、草原资源和荒漠，分别占水体与湿地资源转出总面积的 32.71%、25.59%和 20.67%；转入面积为 10.58 万 km^2，主要来源也为耕地资源、草原资源和荒漠，分别占水体与湿地资源转入总面积的 32.67%、25.54%和 25.03%。

建设用地 10 年间面积约增加 1.57 万 km^2，占 1990 年建设用地总面积的 10.02%。建设用地转出面积为 11.63 万 km^2，主要转为耕地资源，占建设用地转出总面积的 80.06%；转入面积为 13.19 万 km^2，主要来源也为耕地资源，占建设用地转入总面积的 79.86%。

荒漠 10 年间面积约减少 0.81 万 km^2，占 1990 年荒漠总面积的 0.41%。荒漠转出面积为 29.02 万 km^2，主要转为草原资源，占荒漠转出总面积的 74.79%；转入面积为 28.2 万 km^2，主要来源也为草原资源，占荒漠转入总面积的 77.34%。

由表 3.5 可以看出，2000～2010 年各类资源的变化量相对其他年份差别巨大，总面积变化量相差甚远，在数据质量较好和数据处理无误的情况下，其原因有待进一步研究。

表 3.5　2000～2010 年中国自然资源动态变化转移矩阵　（单位：万 km^2）

年份	类型	2010 年					
		耕地	林地	草原	水体与湿地	建设用地	荒漠
2000 年	耕地	176.51	0.58	0.61	0.41	1.87	0.08
	林地	0.33	223.19	0.36	0.07	0.29	0.04
	草原	1.16	0.77	298.36	0.14	0.15	0.53
	水体与湿地	0.17	0.02	0.1	26.71	0.14	0.2
	建设用地	0.03	0.01	0.01	0.02	17.18	0
	荒漠	0.59	0.05	0.48	0.22	0.11	198.58

由 2010～2018 年自然资源动态变化转移矩阵（表 3.6）可知，8 年间各自然资源类型的变化情况。

表 3.6　2010～2018 年中国自然资源动态变化转移矩阵　（单位：万 km^2）

年份	类型	2018 年					
		耕地	林地	草原	水体与湿地	建设用地	荒漠
2010 年	耕地	124.31	21.48	14.63	3.33	13.42	1.59
	林地	22.24	174.26	21.3	1.5	1.77	3.44
	草原	17.22	27.13	194.69	5.01	1.68	54.09
	水体与湿地	3.1	1.17	2.95	15.16	0.74	4.4
	建设用地	8.53	0.88	0.69	0.87	8.62	0.19
	荒漠	3.13	2.63	31.47	3.19	0.54	158.41

耕地资源 8 年间面积约减少 0.23 万 km^2，仅占 1990 年耕地资源总面积的 0.13%，增减总体保持平衡。耕地资源转出面积为 54.44 万 km^2，主要转为森林资源、草原资源和建设用地，分别占耕地资源转出总面积的 39.45%、26.87%和 24.64%；转入面积为 54.22 万 km^2，主要来源为森林资源和草原资源，分别占耕地资源转入总面积的 41.02%和 31.76%。

森林资源 8 年间面积约增加 3.04 万 km^2，占 1990 年森林资源总面积的 1.35%。森林资源转出面积为 50.24 万 km^2，主要转为耕地资源和草原资源，分别占森林资源转出总面积的 44.26%和 42.39%；转入面积为 53.28 万 km^2，主要来源也为耕地资源和草原资源，分别占森林资源转入总面积的 40.31%和 50.91%。

草原资源 8 年间面积约减少 34.10 万 km^2，占 1990 年资源总面积的 11.37%。草原资源转出面积为 105.12 万 km^2，主要转为耕地资源、森林资源和荒漠，分别占草原资源转出总面积的 16.38%、25.80%和 51.45%；转入面积为 71.03 万 km^2，主要来源也为耕地资源、森林资源和荒漠，分别占草原资源转入总面积的 20.59%、29.98%和 44.30%。

水体与湿地资源 8 年间面积约增加 1.54 万 km^2，占 1990 年水体与湿地资源总面积的 5.59%。水体与湿地资源转出面积为 12.36 万 km^2，主要转为耕地资源、草原资源和荒漠，分别占水体与湿地资源转出总面积的 25.09%、23.85%和 35.64%；转入面积为 13.90 万 km^2，主要来源也为耕地资源、草原资源和荒漠，分别占水体与湿地资源转入总面积的 23.97%、36.07%和 22.95%。

建设用地 8 年间面积约增加 6.99 万 km^2，占 1990 年建设用地总面积的 35.38%。建设用地转出面积为 11.14 万 km^2，主要转为耕地资源，占建设用地转出总面积的 76.51%；转入面积为 18.14 万 km^2，主要来源也为耕地资源，占建设用地转入总面积的 73.97%。

荒漠 8 年间面积约减少 22.76 万 km^2，占 1990 年荒漠总面积的 11.42%。荒漠转出面积为 40.95 万 km^2，主要转为草原资源，占荒漠转出总面积的 76.84%；转入面积为 63.71 万 km^2，主要来源也为草原资源，占荒漠转入总面积的 84.90%。

3.2　中国自然资源管理体系

根据区划的研究对象和不同目标，自从新中国成立以来开展了中国综合自然区划、综合地理区划、生态地理区划、植被区划、生态功能区划、矿产资源区划、草原资源区划、森林资源区划等。20 世纪 50～80 年代，伴随我国的科学技术的快速发展，社会生产实践的迫切需求使区划研究主要服务于工农业生产（林超，1954；黄秉维，1959；赵松乔等，1979）；20 世纪 80 年代至 20 世纪末，我国各行业经济蓬勃发展，区划研究主要服务于多元经济建设（周起业等，1990；郭焕成，1999）；20 世纪末至今，我国进入构建人类与生态环境和谐发展的社会阶段，越来越多的学者逐渐将单一要素的区划发展为兼顾多要素的综合区划，服务于可持续发展（刘军会和傅小锋，2005；李南岍和陈建伟，2011；刘秀花等，2011；念沛豪等，2014；Lin et al.，2019）。我国目前单一资源要素区划、自然区划、地理区划、生态区划等日趋成熟和完善，但集合山、水、林、田、湖、草等全要素的自然资源动态区划仍旧还是一个空白，急需突破。自然资源动态区划秉承山水林田湖草生命共同体系统管理的理念，从不同时间段上对国土面积实现主导资源的划分，是对当前单一资源区划和各类自然地理区划的有益补充。

3.3　自然资源动态区划环境影响因子

自然资源动态区划的分异规律受多种环境因子的影响。一般而言，气候因素是大尺度下自然资源分异特征的主要决定性因素；而地形地貌对水热因子和自然资源的综合利用起着重要的作用；水文条件是自然资源管理和野外观测站点布设的基础；土壤特征和地理分布规律对自然资源的利用条件具有重要影响；植被是重要的农业自然资源，也是发展农业生产的重要条件，因此植被特征也作为自然资源动态区划的重要环境影响因子。

3.3.1 气候因素

中国幅员辽阔，地理位置特殊，地形复杂，气候类型与自然景观极为多样，气候的影响具有多尺度、全方位和多层次的特点。近年来，随着城市化进程的不断加快，全球温度上升，气候变化影响着植被群落的分布结构，使森林、草原等生态系统的空间格局发生变化（刘国华和傅伯杰，2001）；草原、湿地等受到气候变化的影响，其空间地理范围也发生着变化（董李勤和章光新，2011）；全球气候变暖导致冰川积雪面积的减少，其冻土厚度和下界也在变化着（王绍武，1990）。气候变化对全球许多地区的自然环境产生了巨大影响，通过研究温度、降水、湿度等气候因子的时变特征，从而预测自然资源的区域范围和区域变化趋势。

我国东临太平洋，在气候上主要受东亚季风的影响，根据东部湿润、西北干旱和青藏高原寒冷的气候特点及与之相对应的我国三级阶梯的地势特点，可以将我国分为东部湿润季风性气候、西部干旱大陆气候和青藏高原高寒气候三大区块（郑景云等，2010）。因此，我国独特的气候分异特征影响着自然资源动态区划的总分布。

温度主要影响植被的生长发育和分布，由于日平均气温是否达到 10 ℃对自然界的第一性生产具有极重要的意义（沙万英等，2002），因此，通常以日平均气温稳定≥10℃的积温作为喜温作物开始生长的温度指标，这一指标也一直被作为气候资源评价中一个非常通用的指标，如中国科学院、中国气象局及中国农业区划委员会等部门都在使用（陈咸吉，1982）。通过日平均气温稳定≥10℃的积温可以得出我国的地域分异特点，在地势高的青藏高原地区积温偏低，北部次之，东南部积温最高（徐新良和张亚庆，2017），同时作物的生长发育期随着积温而变化，如在海拔普遍较高的藏南地区的林芝地区，生长着热带作物针叶林、阔叶林等；温度高的地区生长着针叶林、阔叶林，农作物呈现一年两熟或三熟（沙万英等，2002）。

降水、蒸发量、干燥度等因子影响着我国干湿地区的划分，其中降水作为水循环中最基本的环节，是一个地区最主要的水分来源，潜在蒸散则反映在土壤水分充足的理想条件下的最大可能水分支出（杨建平等，2002）。尤其是年降水量 200mm、400mm、800mm 线是区分干旱区、半干旱区、半湿润区、湿润区的划分依据（徐新良和张亚庆，2017）。钱纪良和林之光（1965）以年降水量作为主要要素，以干燥度、蒸发量作为辅助要素来划分我国干湿气候区划。因此，年降水量、干燥度等气候因子对我国自然资源分布状况有很大的影响。

气候中常常会用到湿润指数这一指标表示气候湿润程度，湿润指数广泛应用于气候干湿状况评价、生态环境变化及自然资源分布等研究中，对科学预测城市未来地表湿润特征也具有重要的意义（王明田等，2012）。地表湿润指数能较客观地反映某一地区的水热平衡状况，是判断某一地区气候干旱与湿润状况的良好指标，同时这一指数也影响着自然资源的分布（王菱等，2004）。

总而言之，气候要素与自然资源动态区划具有紧密联系，是进行自然资源动态区划必不可少的指标。1959 年中国科学院自然区划工作委员会以日平均气温稳定≥10℃期间的积温为主要指标评价中国的热量资源状况，以年降水量、干燥度为主要指标评价中国的湿润状况，再结合中国地形特点和行政区划状况，划分中国气候分区（郑景云等，2013）。许多学者开始关注气候变化，特别是气候变暖对我国气候区划界线的影响（沙万英等，2002；郑景云等，2013）。由此可知，≥10℃的积温、年降水量、干燥度、湿润度等气候因子的变化对我国自然资源的分布有着重要影响。

3.3.2　地形地貌

地形地貌是指地表各种各样的形态，具体指地表以上分布的固定物体所共同呈现出的高低起伏的各种状态（尤联元和杨景春，2013）。地形地貌要素是指影响地形地貌的各个指标，主要包括地貌类型、海拔、坡度、坡向等。地形地貌是自然环境最基本的组成要素，不仅复杂多变，而且在不同尺度上制约着气候、植被、土壤、水文等其他自然环境要素的变化，进而控制着自然环境的分异（程维明等，2019），因此要进行自然资源动态区划工作就要考虑地形地貌的特征。从中国的海拔分布状况可以得出，中国的海拔呈现出三级阶梯，每级阶梯的地形地貌特征各不相同。

地形地貌的不同导致不同地区森林资源、草原资源等植被类型各有差异。如在纬度相同的情况下，海拔低的地方热量充足适合生长喜温植物，相反，高海拔地区热量不足，只能生长耐低温的植物，像珠穆朗玛峰、横断山脉等高大山脉由山麓到山顶都形成垂直分异的植物带，使植被多样化。地形地貌不同导致各地气候差异比较大进而影响地表资源类型，中部地区多为平原，降水相对丰富适宜农作耕种，而西北地区受副热带高气压带控制，降水少、蒸发旺盛，多为沙漠地区。

地形地貌也是水资源的重要影响因素，如地势的高低影响河流流向、河川径流量和汇水区域，不同的地貌类型影响水文特征产生平原型或山地型河流。像台湾地形中部为南北走向的山脉，东西两侧为平原，地形狭小，起伏大；山脉东、西两坡分别为夏、冬季风的迎风坡，地形抬升作用明显形成丰沛降水，但因地势起伏大、面积狭小，导致河流短小流急，迅速入海，水资源难以保存下来。

总而言之，地形地貌要素与自然资源动态区划具有紧密联系，是进行自然资源动态区划的重要指标。程维明等（2019）在进行中国地貌理论与分区体系研究时提出地形地貌与区域的研究和发展是共生的。郑度等（2008a）在进行对自然地理区划方法的认识与思考中提到，自然地理区划的研究对象即自然地理对象是一个复杂的历史过程中的产物，它受变化进程较慢的地形地貌影响。通过上述分析，在进行自然资源动态区划时地形地貌要素是不可缺少的参考指标。

3.3.3 水文条件

水文要素是描述水文情势的主要物理量，包括各种水文变量和水文现象。降水、蒸发和径流是水文循环的基本要素，同时，把水位、流速、流量、水温、含沙量、冰凌和水质等也列为水文要素。不同的自然资源类型具有不同的水文特征，自然资源和水相互作用构成有机整体，自然资源变化引起水文效应，Mishra 等（2010）在美国中西部开展的研究得出，当一个网格单元的森林完全转变为耕地时，蒸散量减少 15mm。反过来，水文效应又作用于自然资源，赵颖等（2017）在研究白洋淀的水文变化时发现，水文改变对区域内的土地利用类型产生了重要影响，白洋淀水体面积下降明显，致使湿地和农田成为该区域的主要土地利用类型。Nagy 等（2011）指出，与森林向耕地转化相似，森林向城市用地的转化大大降低了水的入渗，不透水地面会增加径流速度，而渗透率降低和径流速度增加会使城市的流量过程线发生变化，从而引起更快更大的脉冲流，这就是城市洪水更加频繁和剧烈的反映。因此，水文特点反映了一个区域的自然资源类型，水文要素成为自然资源动态区划的一个重要影响因素。

随着社会的不断发展和人口的急剧增长，人类对于粮食的需求日益增加，导致农业用地不断被开垦，并且土地利用的开发强度持续增加，但是耕作措施会使土壤结皮和压实，从而使得土壤入渗速率减小、土壤容重增加（Ankeny et al.，1990）。研究表明，农业用地的增加，降低了入渗和蒸发，从而增加了年径流量（Costa et al.，2003；Githui et al.，2009）。普遍观点认为，农业开发活动具有增加径流量和洪峰流量的作用。

森林水文过程是指在森林生态系统中水分受森林的影响而表现出来的水分分配和运动过程，包括降雨、降雨截持、干流、蒸散、地表径流等（高甲荣等，2001）。在森林中水分受植被的影响而表现出来的水分分配和运输过程，其实质是植被减少和减缓了地表径流，增加了土壤调蓄水分的作用（潘春翔等，2012），同时使林内降水量、降水强度和降水时间发生改变，使其在减少水分入渗、减缓地表径流、有效减少地表径流泥沙含量和改善流域水质等方面具有重要作用（熊婕等，2014）。

全世界约 40%的陆地表面是天然草地，其中 80%分布于干旱地区和半干旱地区，因此，更多的草地水文学家注重研究干旱地区和半干旱地区的草地水文学。通常，这些地区与湿润地区草地丰富的地表水资源相比具有十分独特的水文循环特征，比如降水稀少、蒸发量大、水资源储量低、季节性径流有许多不同的特点等。由于天然草地本身包括了非常大的流域面积，所以研究者越来越关注放牧强度对天然草地的降水、植被截流、土壤渗透、地表径流、土壤侵蚀、蒸散、草地积雪等功能的影响（王永明等，2007）。

草地植被覆盖能够有效地减少地表径流和土壤侵蚀。在草原上地表径流是一种最普遍的径流形式。Slatyer 和 Mabbutt（1964）指出，在干旱、半干旱地区，草原由于土壤贫瘠、植被稀少，地表面只能贮存少量的降水，这时发生径流的速度很快，并且与湿润地区相比，径流很少受到限制，草地枯落物能通过对降水的吸纳，使地表径流减少，并增加对土壤水的补给。草地植被覆盖能够有效地影响地表反射率和地表温度，进而影响土壤蒸发和植物蒸腾。草地的蒸散量与降水量的比值比森林的小，它是草地影响土壤水、地表水和地下水位的重要因素（Branson et al.，1981）。反过来，水文过程控制了许多基本生态学格局和生态过程，特别是控制了基本的植被分布格局，是生态系统演替的主要驱动力之一，利用调整水文过程的方法可以很好地控制植被动态（Rodriguez-Iturbe，2000）。

湿地发育于水陆环境的过渡地带，水文过程在湿地的形成、发育、演替直至消亡的全过程中都起着直接而重要的作用。湿地通过水文过程，如降雨、地表径流、地下水、潮流、河流与洪水等进行能量和营养物交换（王兴菊等，2006）。水文过程通过调节湿地植被、营养动力学和碳通量之间的相互作用而影响着湿地地形的发育和演化，改变并决定了湿地下垫面性质及特定的生态系统响应（周海香，2021）。水文特征变化会改变湿地水体的水质和水量等状况，进而影响到水生生物资源的种类、数量、群落稳定性与多样性及竞争演替过程，导致湿地生态系统的结构与功能改变（Yuan et al.，2015；齐清，2021）。

总而言之，自然资源与水文要素是一个相互影响的有机整体，自然资源的差异化引起水文特征的差异化，自然资源的变化必然导致水文要素的改变。反过来，一个地区的水文特征也必然表征该地区的自然资源类型，水文要素的变化也将成为自然资源改变的前兆，因此，水文条件在自然资源动态区划上具有重要影响。

3.3.4　土壤特征

土壤是地球表面上的一种疏松物质，是生物、气候、母质、时间、地形等综合作用下的产物，与自然环境和人类的生活有着密切的联系（龚子同等，2015）。土壤要素是指土壤的各种指标，包括土壤类型、土壤的湿度、土壤养分含量、土壤酸碱度、土壤的侵蚀类型和土壤质地等。土壤是自然资源形成的关键因素和核心组成部分，是山水林田湖草沙冰等各类资源相互联系、相互影响的重要介质，与可持续发展关系十分紧密。

地形地貌与土壤有着紧密的联系，不同的地形地貌特征通过直接影响母质、光热条件及水分和降水在地球表面的分配来影响土壤的形成，从而导致了土壤湿度、养分和土壤类型等的不同，土壤的类型也指示着不同的地形地貌（河南省土壤普查办公室，2004）。

水资源与土壤有着紧密的联系，各个圈层中的大气水、地表水、土壤水和地下水相互制约和转换（刘锦等，2015）。地表水对土壤的影响主要取决于地下水的地下径流和下渗程度。在山地、丘陵等坡度较大的地形部位，以地表径流为主，若植被覆盖度较差，水土流失严重，则土层较薄，会形成没有发育或者是发育较弱的石质土和粗骨土。而在相对稳定的部位（如洪积扇），地下水以下渗为主，土层更厚，由于黏粒和碳酸钙的淋淀作用较明显，会出现黏化和积钙作用，在暖温带会形成发育明显的淋溶褐土、褐土、石灰性褐土，在北亚热带形成黄褐土和黄棕壤等地带性土壤（侯琼和乌兰巴特尔，2006）。水资源和土壤的相互影响也影响着自然资源，比如石质土一般是裸岩裸土等，粗骨土上一般是低覆盖草地、灌木丛等，而褐土一般适合生长有林地和耕地，黄褐土和黄棕壤则适合生长常绿阔叶林和耕地。不同的自然资源类型土壤类型都有差别。

植被与土壤有着紧密的联系，不同植被下土壤的各种养分含量都不同，土壤为植被提供必需的养分和水分，同时植被多样性的提高会增强土壤的生物活性，促进土壤养分的循环。同时，在综合分类框架中，植物群落的命名除了气候群落外还包含喜碱性群落（指生长在偏碱性土壤类别上的植物群落）、喜酸性群落（指生长在偏酸性土壤类别上的植物群落），以及与富含钙质类别相关的喜钙性群落（Weber et al.，2000）。

总而言之，土壤要素与其他自然资源要素联系紧密，一直是综合自然资源区划的一个重要影响因素。早在1959年，黄秉维就提出不同干湿地区土壤石灰质积聚程度、腐殖质含量、矿物质养分含量、盐渍化程度均有较大差别（黄秉维，1959），因此可以将土壤要素作为自然资源动态区划的标准。郑度等也提过在中温带半湿润地区的土壤呈酸性反应，钙积层在剖面出现位置较低，而在中温带半干旱地区的土壤呈中碱性反应，钙积层在剖面出现位置较高（郑度等，2008b）。刘晔等（2008）研究表明中温带东部地区的土壤阳离子交换量、酸碱度和容重等指标在湿润、半湿润和半干旱区域的交界处出现跃变值，表示在不同气候带土壤的要素有很大的不同，所以在进行自然资源动态区划时，土壤是必须要考虑的要素。

3.3.5 植被特征

植被指数可用来反映地表植被覆盖、生长状况、生物量以及植被种类判别的一系列指标，其中归一化植被指数（normalized difference vegetation index，NDVI）消除了与仪器定标、太阳高度角、地形阴影和大气辐照度有关的大部分影响，常被用来评估植被光合作用强度、覆盖度、生物量等植被长势因子及其他生态系统参数的变化，被广泛应用于区域植被覆盖及其变化过程研究（贾坤等，2013）。

植被净初级生产力（net primary productivity，NPP）是指绿色植物在单位面积、单位时间内所累积的有机物数量，表现为光合作用固定的有机碳中扣除植物本身呼吸消耗的部分，这一部分用于植被的生长和繁殖，也称为净第一性生产力。NPP作为地表碳循环的重要组成部分，不仅直接反映了植被群落在自然环境条件下的生产能力，表征了陆地生态系统的质量状况，而且是判定生态系统碳源/汇和调节生态过程的主要因子，在全球变化及碳平衡中扮演着重要的作用。植被NPP现在已广泛应用于土地利用评价、区域生态规划、植被长势监测、农作物估产、水土侵蚀评估、生态效益评估等方面。NPP是植物群落的总初级生产力扣除植物呼吸消耗所剩余的有机物的数量，在降雨、温度、日照等气候要素的影响下，植被NPP亦呈现极为显著的全球性、区域性空间分异特征。自然植被净第一性生产力作为表征植物活动的关键变量，是陆地生态系统中物质与能量运转研究的重要环节，其研究将为合理开发、利用自然资源及对全球变化所产生的影响采取相应的策略和途径提供科学依据。由于NPP的空间分布特征是对气候要素、森林健康状况综合响应的结果，故其反馈作用有利于自然资源的区域划分。

由于具有较高的气候敏感性，植被也被称为全球气候变化的“积分仪”，在一系列环境因子中，气温对地表植被的影响最为显著，且不同种类植被长势对气温的响应存在显著差异。监测植被动态并确定其与气温要素的关系，有助于充分理解区域生态系统对气候变化的响应，利用细化分析该区域的气候特征，从而为自然资源区划做出指导。

气候是一个大范围或一个大地区植被覆盖分布的决定性因子，而在一定区域内往往不如土壤条件和水分状况重要。降水、土壤水直接影响区域植被生长。植被特征对水文要素的反馈可为自然资源区域划分提供相关依据。

地下水主要影响植被分布、生长、种群演替以及物种多样性，地下水的变化会引起土壤水盐变化而直接影响植被的生长、分布和演替。植被生长与地下水关系密切，土壤含水量随地下水位埋深增加而减小，土壤盐渍化随地下水位埋深变浅而加重，地下水位埋深过大或过浅，均会造成不同程度的植被退化甚至死亡（马玉蕾等，2013）。所以地下水位变化与植被演变之间有着密切的关系，它涉及地下水、土壤、植被等要素相互之间的动态平衡。通过观测区域植被特征有助于分析该区域的水文特征，为自然资源区域划分提供相关指导。

陆地表面的植被是监测全球气候变化的敏感指示器，是陆地地表生态系统的核心组成部分，也是连接大气、水体和土壤的纽带，气候和水文环境是植被生长状况的重要影响因素，而植被生长状态变化又将改变陆地地表下垫面属性，进一步影响气候调节、水土保持以及整个生态系统的稳定性。因此，研究植被变化及其与气候、水文环境因子之间的关系可为自然资源区域划分提供依据。

3.4　中国自然资源动态区划技术方案

3.4.1　基本原则

区划原则一般是指指导区划确定的理论和方法准则，决定区划的思路是选取区划方法、区划依据和指标体系的基础，是开展区划工作所要遵循的基本准则，是综合区划成功与否的关键因素。一般区划应遵循的原则有综合分析原则、区域共轭性原则、相对一致性原则、发生统一性原则等，自然资源动态区划除了要遵循一般区划的原则之外，结合自然资源动态区划的新需求，还应遵循以下原则。

1. 主体性原则

自然资源系统复杂，一个区域内可能存在多种类型的自然资源，在大尺度的范围内，自然资源的差异较大，难以考虑资源要素，确定主导资源，但在小尺度的区划范围内，区域内的优势资源逐渐凸显，一个区域一般都以一两种最主要的资源作为主导资源（潘贤君和胡宝清，1997）。在自然资源动态区划的过程中，面对区域内多种资源同时存在的局面，要充分调研分析，掌握不同空间范围主导资源，使同一区域内的主导资源相一致，不仅有利于区域内自然资源的统一管理，而且有利于主导资源产业的发展。

2. 发展性原则

自然资源动态区划不仅要考虑不同区域经济与社会发展对自然资源的需求，而且要考虑资源安全和资源安定两个基本方面，努力实现自然资源利用效率最大化，最大程度地促进人类经济社会发展。一是要注意区划过程中对不同区域自然资源的“合理分配性”，对全国不同区域的自然资源进行合理划分，目的在于使不同区域内的自然资源能够得到协调利用、互补利用，优化区域内自然资源产业的布局，站在国家整体利益的基础上，同时兼顾本区域经济发展与全国自然资源的需求，形成区域互补性、相互协调性。二是要注意自然资源利用的“可持续性”，自然资源动态区划过程中要充分考虑区域自然资源的承载力，树立“保护优先、合理开发”的理念，减小环境生态系统的压力，实现自然资源的可持续利用。合理分配性和可持续性都体现了人类社会经济的科学发展性，统称为发展性原则。

3. 整体性原则

在自然资源系统中，各类自然资源之间相互联系、相互制约，构成了自然资源循环体系，任何一种自然资源的改变，都可能引起连锁反应。自然资源动态区划不同于以往单要素的自然资源区划，单要素的自然资源区划仅仅考虑的是单一要素的地域分异规律，自然资源动态区划则是要把各类自然资源看作一个整体，从区域自然资源整体出发，通过分析自然资源的本质特征以及不同自然资源之间的相互联系，揭示自然资源时空分布的整体性规律。自然资源整体性原则是自然资源动态区划区别于单要素资源区划的基本原则，通过自然资源动态区划对自然资源进行综合开发和综合治理，维持自然资源系统内各类自然资源之间的平衡。进行自然资源动态区划时，要充分考虑自然资源系统性和整体性的特点，抛开单要素区划思维禁锢，遵循自然资源区划整体性原则。

4. 创新性原则

21 世纪科学技术飞速发展，新的技术不断涌现，为我国区划工作多尺度多时空的研究提供了新的科技手段和研究契机，推动了我国区划工作研究的深入，大大提高了区划工作的研究水平。随着遥感、全球定位系统与地理信息系统的广泛应用与开发，开创了能综合研究和综合分析时空信息的新局面（陈述彭等，2000；陈述彭，2001）。大量新技术的应用与区划精度的提高，使区划工作由宏观尺度走向微观尺度。同时，定位观测手段也由点到面，日渐成熟。自然资源动态区划要尽量融合这些新技术、新方法，创新手段和思路，对自然资源系统进行综合分析，提高自然资源动态区划的科学性。

5. 管理实践可行性原则

自然资源动态区划主要面向的是管理部门基于对自然资源综合调查、监测和管理目的，为解决复合生态环境问题的生态文明战略决策提供科学依据，促进生态环境的可持续发展。自然资源的调查主要包括基础调查和专项调查，各类自然资源的数量、分布、质量、结构、生态功能等信息是需要掌握的，自然资源动态区划既然服务于自然资源的调查，就需要查清自然资源当前开发利用现状及存在问题。随着自然资源部职能部门的成立，自然资源的管理目标也从单一自然独立管理逐渐扩展为各类综合自然统筹管理，因此自然资源动态区划就需要遵循职能部门的管理职责，从可行性的角度来提高区划的实用价值。

3.4.2 指标体系

自然资源本身具有时空动态变化特征，是自然资源动态区划确定的最重要因素，而针对同一种自然资源还涵盖地形地貌、气候、流域等不同要素的差异，因此自然资源动态区划也需要考虑。依据自然资源的本身属性和功能，将自然资源动态区划整个指标体系划分为目标层、准则层和指标层。目标层即为自然资源动态区划的总目标；准则层则是对应自然资源区划的核心评价内容，即林、草、水、湿、海等自然资源时空动态变化特征；而指标层则是对应不同类别要素的具体定量指标，分析获取得到动态区划（图 3.1）。

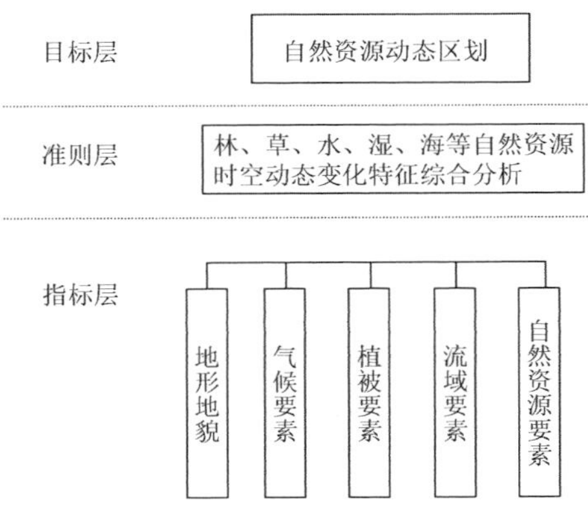

图 3.1 自然资源动态区划体系结构图

根据我国自然资源特征及其影响的环境因子和我国自然资源时空分异特征，采用聚类、相关性分析等方法，筛选出地形地貌、气候要素、植被要素、流域要素和自然资源等五大要素的 15 个指标层，并进行冗余度分析和指标论证，从而构建自然资源动态区划的指标体系。因全国自然资源分布差异明显，影响因素复杂，因此依据中国综合自然地理区划一级区划将全国分为青藏高寒区、陆地东部季风区和西北干旱区进行分区权重的确定。本书选择熵值法和德尔菲法计算每个图层指标的权重，具体权重值详见表 3.7～表 3.9。

表 3.7 青藏高寒区指标体系及要素权重系数

要素分类	图层指标	图层权系数	要素权系数
地形地貌	海拔/m	0.0031	0.0341
	坡度/(°)	0.0167	
气候要素	湿润度	0.0143	0.0652
	年降水量/mm	0.0677	
	≥10℃积温/℃	0.0185	

续表

要素分类	图层指标	图层权系数	要素权系数
植被要素	NDVI	0.0308	0.0884
	NPP/[(g·C)/m^2]	0.0576	
流域要素	三级流域产水模数/(万 t/km^2)	0.0999	0.0999
自然资源	森林占比/%	0.0197	0.6913
	草原占比/%	0.1372	
	水体与湿地占比/%	0.1518	
	耕地占比/%	0.1188	
	荒漠占比/%	0.0704	
	建设用地占比/%	0.1903	
	冰川积雪分布/%	0.0031	
合计		1.0000	1.0000

表 3.8　东部季风区指标体系及要素权重系数

要素分类	图层指标	图层权系数	要素权系数
地形地貌	海拔/m	0.0232	0.0433
	坡度/(°)	0.0201	
气候要素	湿润度	0.0265	0.0686
	年降水量/mm	0.0322	
	≥10℃积温/℃	0.0099	
植被要素	NDVI	0.0012	0.0067
	NPP/[(g·C)/m^2]	0.0055	
流域要素	三级流域产水模数/(万 t/km^2)	0.0417	0.0417
自然资源	森林占比/%	0.0571	0.8395
	草原占比/%	0.1054	
	水体与湿地占比/%	0.1971	
	耕地占比/%	0.0494	
	荒漠占比/%	0.2922	
	建设用地占比/%	0.1383	
合计		1.0000	1.0000

表 3.9　西北干旱区指标体系及要素权重系数

要素分类	图层指标	图层权系数	要素权系数
地形地貌	海拔/m	0.0073	0.0237
	坡度/(°)	0.0164	

续表

要素分类	图层指标	图层权系数	要素权系数
气候要素	湿润度	0.0452	0.0743
	年降水量/mm	0.0224	
	≥10℃积温/℃	0.0067	
植被要素	NDVI	0.0344	0.0638
	NPP/[(g·C)/m^2]	0.0294	
流域要素	三级流域产水模数/(万 t/km^2)	0.0629	0.0629
自然资源	森林占比/%	0.1679	0.7755
	草原占比/%	0.0606	
	水体与湿地占比/%	0.1897	
	耕地占比/%	0.1605	
	荒漠占比/%	0.0560	
	建设用地占比/%	0.1408	
合计		1.0000	1.0000

3.4.3　区划等级

1. 区划单元的确定

自然资源动态区划不同于以往区划直接以行政区划作为基本单元，基于所获取到的自然资源和基础地理环境指标的数据精度，综合考虑地域分异特征、时间动态变化、开发利用条件、保护与监管体系等，以数据分辨率的像元尺度（公里网格）为最小划分单元，并采用网格法进行不同等级区划的界定，实现区划边界的数字化矢量表达，从而突破了行政单元的限制，开创了自然资源综合统一调查监测下综合区划精细数字化的先河。

2. 区划等级划分

在宏观大区等高级区划界定时，由于综合自然区划对认识自然资源地区差异起重要作用，且区域内部自然资源差异大，区域优势资源难以确定，故采用自然地理分异的地带性规律与非地带性规律进行逐级区划，数据以大、中尺度为主，初步将全国范围划分为 4 级，其中一级区划有 12 个，二级区划有 54 个，三级区划有 106 个，四级区划有 800 个。在进行较小地域单元等低级区划时，资源的差异决定了具体分区，把主导资源当成区划影响因素，以反映资源质量的指标要素进行限定，数据以中、小尺度为主，初步将典型区域划分为六级或七级及其以上。

3. 区划的命名规则

自然资源动态区划共划分出四级，一级为自然资源大区（12 个），二级为自然资源亚区（54 个），三级为自然资源地区（106 个），四级为自然资源小区（800 个）。

一级区划命名规则为“大地理位置 + 自然资源主体（草耕、草耕林、冰川冻土、冰川冻土荒漠、冰川冻土荒漠草原、冰川冻土荒漠草耕、冰川冻土荒漠草耕林等）+ 大区”。

二级区划命名规则为“自然地理位置 + 地貌形态的组合特征 + 温湿情况/气候类型 + 自然资源一级类型 + 亚区”。

三级区划命名规则为“具体自然地理位置 + 地貌形态的组合特征 + 自然资源二级类型 + 地区”。

四级区划命名规则为“四级区划地名（县）+ 草耕、草耕林、冰冻、冰冻荒漠、冰冻荒漠草原、冰冻荒漠草耕、冰冻荒漠草耕林 + 小区”。

3.4.4 数据来源

自然资源动态区划是多指标的空间规划，数据来源繁多，自然资源大数据库是进行区划的核心与基础，不仅能快捷高效地进行自然资源数据的存储、分析和管理，而且能提高数据的利用效率，进行复杂的运算过程。在进行自然资源动态区划准备工作中，需要参照已有区划方案，整合环境地理、七大自然资源和相关区划等不同要素类数据（表 3.10）。

表 3.10　自然资源动态区划主要数据列表

要素类别	数据类型	指标名称
环境地理数据	气候数据	温度、降水、湿度、风速、日照时数、蒸发量等
	地形地貌数据	地貌类型、海拔、坡度、坡向等
	基础地理数据	国界线、中国各级行政边界（包括省、市、县、乡等）、数字高程模型（DEM）数据库等
	土壤数据	土壤类型、土壤湿度、土壤养分含量（有机质、氮、磷、钾等）、土壤质地、土壤侵蚀类型及分布等
	水文观测数据	水温、水位、流量、流向、流速、水质、基流量、断流、暴雨径流等
	植被生长状况	归一化植被指数（NDVI）、叶面积指数（LAI）、净初级生产力（NPP）等
	土地利用数据	耕地、林地、草地、水域、居民地和未利用土地
	陆地生态系统数据	农田生态系统、森林生态系统、草地生态系统、水体与湿地生态系统、荒漠生态系统、聚落生态系统和其他生态系统
	遥感影像数据	航天遥感影像（高、中、低分辨率）、航空摄影成果、无人机影像等
自然资源数据	土地资源	农业地、牧业地、林业地、滩地（沙滩/泥滩）、沙漠（沙地）分布等
	森林资源	森林类型及空间分布等
	草原资源	草地类型及空间分布等
	水资源	河川径流量、地下水储量、流域产水模数等
	湿地资源	湖泊、沼泽、河流、滨海湿地等
	矿产资源	矿产类型及空间分布等
	海域海岛资源	岛屿分布、海岸线长度等
相关区划数据	主要参考区划	生态地理区划、自然地理区划、生态区划、植被区划、气候区划、干湿区划、土壤区划等
	其他辅助区划	综合农业区划、草原资源区划、林业区划、水资源区划、全国生态功能区划、人文地理区划等

3.4.5 定量方法

在自然资源动态区划的过程中，针对自然资源的一级、二级和三级不同情况，采用定性与定量结合、经验判定和客观评价结合，分别对青藏高寒区、陆地东部季风区和西北干旱区的自然资源时空变化动态特征及其影响因素进行综合分析与评估，主要方法包括排除法、GIS 空间分析法和指标表征法等。

1）数值标准化处理

因为区划所使用的类型、分辨率、结构、年份等都有所不同，首先需要对这些多源异构数据进行整理、优化、重构、融合和集成等处理，从而达到精度合理、尺度多样、时序稳定的要求。

2）要素加权叠加法

要素加权叠加法是贯彻主体性和整体性原则常用的方法，是通过加权叠加不同的要素图层来划分区域单位的方法。自然资源职能部门划分区域的依据各不相同、区划详细程度不一、数据来源质量不等，以及区划方法差异等，导致各要素的涵盖范围和分析单元的不同。本区划首先将各个要素图层进行空间尺度统一，通过 ArcGIS 技术最终在空间上落到网格单元。并对调整后的功能重要性专题地图进行空间叠加，确定不同区域的自然资源主导功能。

3）GIS 空间分析法

应用 GIS 技术，依据每个指标要素所代表的值，利用标准化后的值，并采用综合指数法初步计算自然资源综合指数，从定量角度准确地评价区域属性的综合水平。公式为

$$S=\sum n\, W_i \times S_i$$

式中，W_i 为 i 图层的权重；S_i 为第 i 个要素的属性值；S 为自然资源综合指数。

4）空间聚类法

空间聚类是空间数据挖掘的重要组成部分，主要根据实体的特征对其进行聚类或分类，按一定的距离或相似测度在大型多维空间数据集中标识出聚类或稠密分布的区域，将数据分成一系列相互区分的组，以期从中发现数据集的整个空间分布规律和典型模式。本研究采用基于欧氏距离的 K 均值聚类（K-means）算法对自然资源综合指数进行空间聚类。K-means 算法是一种迭代求解的聚类分析算法，将各个聚类子集内的所有数据样本的均值作为该聚类的代表点，算法的主要思想是通过迭代过程把数据集划分为不同的类别，使得评价聚类性能的准则函数达到最优。其步骤是随机选取 K 个对象作为初始的聚类中心，然后计算每个对象与各个初始聚类中心之间的距离，把每个对象分配给距离它最近的聚类中心（李新运等，2004）。聚类中心以及分配给它们的对象就代表一个聚类，每分配一个样本，聚类的聚类中心会根据聚类中现有的对象被重新计算，这个过程将不断重复直到满足某个终止条件。

5）主导因素法

主导因素法即利用区域所选择关键自然资源影响因子的相关信息，确定区域所属类

别。这些关键地理因子包括自然资源的分布、气候变化指数、地形地貌类型、植被类型等。主导因素法除用于分区外，在分区命名方面也被使用。

6）趋势线分析法

一元线性回归趋势线方法可以通过解析像元值大小反映不同时期的像元值变化趋势特征，采用该方法分析 1980～2010 年每个栅格生态系统服务的变化趋势。

$$\text{slope} = \frac{n \times \sum_{i=1}^{n} i \times Y_i - \sum_{i=1}^{n} n \sum_{i=1}^{n} Y_i}{n \times \sum_{i=1}^{n} i^2 - \left[\sum_{i=1}^{n} i\right]^2}$$

式中，slope 为人类活动变化程度；Y_i 为第 i 年人类活动综合强度值；i 为 1～n 的年序号；n 为研究时间段长度，一般为间隔 10 年或 30 年。

3.4.6 技术路线

为实现自然资源动态区划的科学划定，满足山水林田湖草等各类自然资源的综合观测，需要获取各类相关要素的空间分布情况。自然资源动态区划技术方案遵循“需求分析—自然资源大数据库建立—方案设计—成果数据库建立”的工作流程。因此，本研究主要分为三个步骤：当前职能部门需求的分析、自然资源大数据库的构建和自然资源综合区划方案的设计，具体技术流程图详见图 3.2。

第一步，基于当前区划监管对象、区划目标、要素分析、区划范围、基本研究单元和不同研究时间点等内容对区划的需求进行分析。

第二步，构建自然资源大数据库，并进行空间制图展示和分析。根据自然资源动态的区划监管对象、区划目标、影响要素、区划范围、基本研究单元和时间点六个方面完成自然资源区划的需求分析；通过参考相关文献和咨询该领域内专家，根据七大主要自然资源特点，建立包含地形地貌、气候条件、植被状况、流域要素、土壤要素和基础地理数据等指示环境自然属性的基础数据库和土地资源、森林资源、草原资源、湿地资源、水资源、矿产资源和海域海岛资源等七大资源空间分布的专题数据库。

第三步，依据自然资源动态区划方法的基本原则，采取“自上而下”演绎法与“自下而上”归纳法相结合，以林、草、水、湿、海等自然资源为对象，综合考虑气象、地形、水文、土壤、植被等辅助因素的影响；以区划的理论基础和基本原则为指导，来进行自然资源动态区划指标体系构建、区划等级的确定，利用 GIS 技术，采用“自上而下”的演绎法与“自下而上”的归纳法等组合方法，首先将全国范围划分为 12 个一级分区，明确了自然资源分布的空间分异特征；接下来在一级分区基础上开展 54 个二级区划的研究。区划以 2018 年为区划现状年，作为自然资源分异特征研究的基准年；以 1990 年、2000 年和 2010 年为历史年份，来分析历史时期区域自然资源变化特点。其中在获取自然资源动态区划边界时，利用聚类分析等方法，对获取到的综合图层进行阈值设置，进行自然资源动态分区的初步划定。

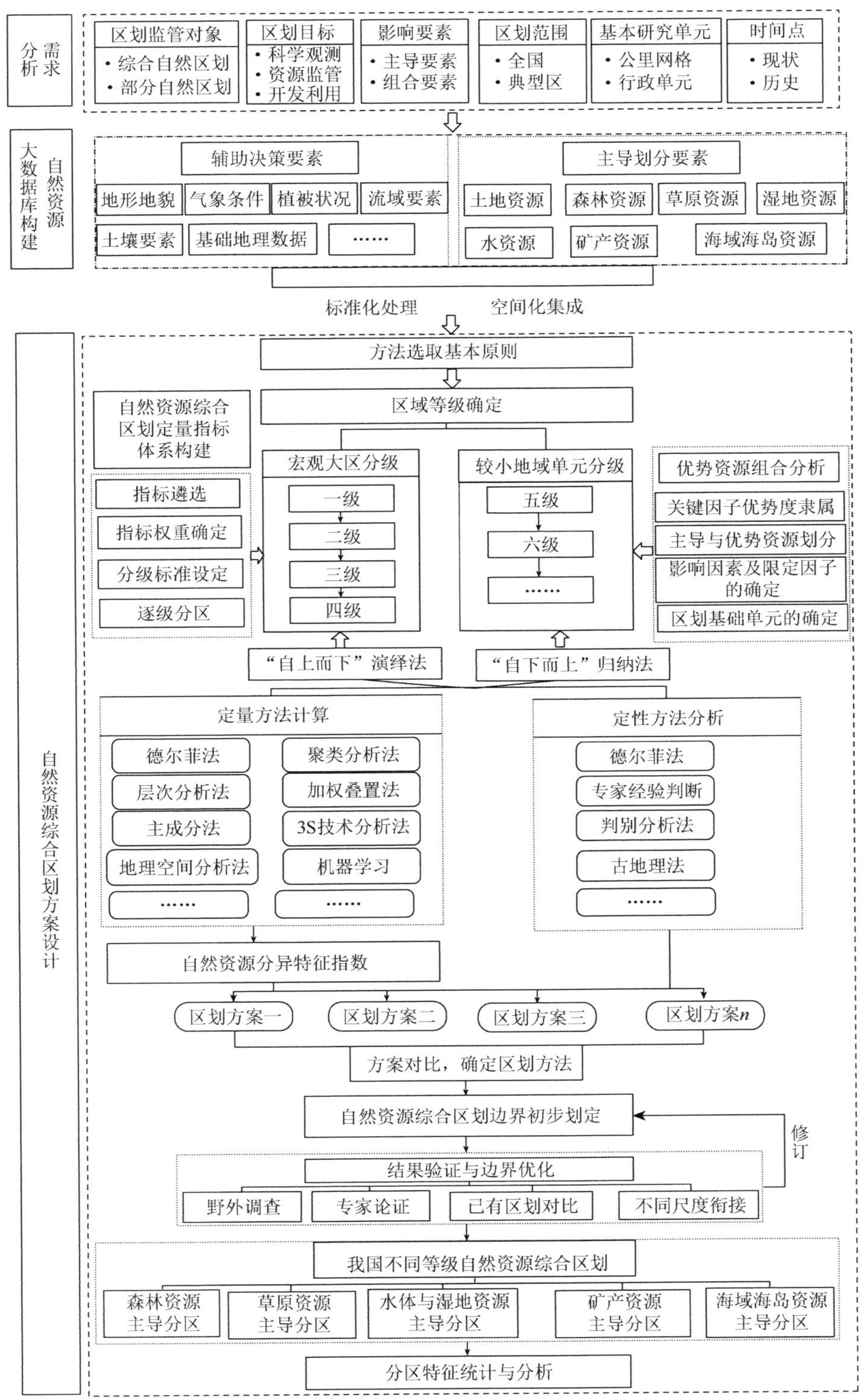

图 3.2　自然资源动态区划技术流程图

第四步，区划边界的检验与校正。采用野外调研、专家论证、已有区划对比和不同尺度衔接等方式，结合实际区域的自然资源禀赋、分布情况与环境地理要素进行人工复查，避免边界出现明显错误和消除过度破碎化技术细节问题，对不同等级的自然资源动态区划进行进一步修订和完善，最终形成我国不同等级自然资源动态区划，并进行分区统计与特征分析。

参 考 文 献

陈述彭. 2001. 地理科学的信息化与现代化. 地理科学，21（3）：193-197.

陈述彭，岳天祥，励惠国. 2000. 地学信息图谱研究及其应用. 地理研究，19（4）：337-343.

陈咸吉. 1982. 中国气候区划新探. 气象学报，40（1）：35-48.

程维明，周成虎，李炳元，等. 2019. 中国地貌区划理论与分区体系研究. 地理学报，74（5）：839-856.

董李勤，章光新. 2011. 全球气候变化对湿地生态水文的影响研究综述. 水科学进展，22（3）：429-436.

高甲荣，肖斌，张东升，等. 2001. 国外森林水文研究进展述评. 水土保持学报，15（5）：60-64，75.

高湘昀，安海忠，刘红红. 2012. 我国资源环境承载力的研究评述. 资源与产业，14（6）：116-120.

龚子同，陈鸿昭，张甘霖. 2015. 寂静的土壤. 北京：科学出版社.

郭焕成. 1999. 中国农业经济区划. 北京：科学出版社.

郭亚曦. 2000. 抓住机遇建设国际一流水平野外台站. 中国科学院院刊，15（5）：366-369.

河南省土壤普查办公室. 2004. 河南土壤. 北京：中国农业出版社.

侯琼，乌兰巴特尔. 2006. 内蒙古典型草原区近 40 年气候变化及其对土壤水分的影响. 气象科技，34（1）：102-106.

黄秉维. 1959. 中国综合自然区划草案. 科学通报，18（4）：594-602.

贾坤，姚云军，魏香琴，等. 2013. 植被覆盖度遥感估算研究进展. 地球科学进展，28（7）：774-782.

李南岍，陈建伟. 2011. 对中国森林区划的新探讨. 林业资源管理，（4）：1-5.

李新运，郑新奇，闫弘文. 2004. 坐标与属性一体化的空间聚类方法研究. 地理与地理信息科学，20（2）：38-40.

林超. 1954. 中国自然区划大纲（摘要）. 地理学报，20（4）：395-418.

刘国华，傅伯杰. 2001. 全球气候变化对森林生态系统的影响. 自然资源学报，16（1）：71-78.

刘锦，李慧，方韬，等. 2015. 淮河中游北岸地区“四水”转化研究. 自然资源学报，30（9）：1570-1581.

刘军会，傅小锋. 2005. 关于中国可持续发展综合区划方法的探讨. 中国人口·资源与环境，15（4）：11-16.

刘秀花，李永宁，李佩成. 2011. 西北地区不同地域生态-经济-社会综合区划指标体系研究. 干旱区地理，34（4）：642-648.

刘晔，吴绍洪，郑度，等. 2008. 中国中温带东部生态地理区划的土壤指标选择. 地理学报，63（11）：1169-1178.

刘毅. 2018. 论中国人地关系演进的新时代特征："中国人地关系研究"专辑序言. 地理研究，37（8）：1477-1484.

刘勇卫. 1987. 野外站在科研、生产中的作用及其管理. 地球科学信息，31（3）：23-25.

马玉蕾，王德，刘俊民. 2013. 地下水与植被关系的研究进展. 水资源与水工程学报，24（5）：36-40.

毛汉英. 2018. 人地系统优化调控的理论方法研究. 地理学报，73（4）：608-619.

念沛豪，蔡玉梅，张文新，等. 2014. 面向综合区划的国土空间地理实体分类与功能识别. 经济地理，34（12）：7-14.

潘春翔，李裕元，彭亿，等. 2012. 湖南乌云界自然保护区典型生态系统的土壤持水性能. 生态学报，32（2）：238-547.

潘贤君，胡宝清. 1997. 区域自然资源综合区划的方法探讨——以大连地区陆域自然资源综合区划为例. 海洋地质与第四纪地质，17（3）：94-101.

齐清. 2021. 苔草草丘湿地景观—结构—碳汇功能变化对水文条件的响应. 长春：中国科学院东北地理与农业生态研究所.

钱纪良，林之光. 1965. 关于中国干湿气候区划的初步研究. 地理学报，31（1）：1-14.

任圆圆. 2017. 地表水体、土壤与地形地貌多样性的格局特征及关联分析. 郑州：郑州大学.

沙万英，邵雪梅，黄玫. 2002. 20 世纪 80 年代以来中国的气候变暖及其对自然区域界线的影响. 中国科学 D 辑：地球科学，32（4）：317-326.

沈镭，张红丽，钟帅，等. 2018. 新时代下中国自然资源安全的战略思考. 自然资源学报，33（5）：721-734.

孙鸿烈. 1987. 发挥优势，提高野外观测试验水平. 中国科学院院刊，2（1）：5-9.

孙兰惠，牛铮，黄妮，等. 2020. 黄河三角洲地区植被变化及其对气温的响应特征. 地理信息世界，27（3）：85-90.

王菱，谢贤群，李运生，等. 2004. 中国北方地区 40 年来湿润指数和气候干湿带界线的变化. 地理研究，23（1）：45-54.

王明田，王翔，黄晚华，等. 2012. 基于相对湿润度指数的西南地区季节性干旱时空分布特征. 农业工程学报，28（19）：85-92，295.

王绍武. 1990. 近百年我国及全球气温变化趋势.气象，16（2）：11-15.

王兴菊，许士国，张奇. 2006. 湿地水文研究进展综述. 水文，26（4）：1-5，9.

王永明，韩国栋，赵萌莉，等. 2007. 草地生态水文过程研究若干进展. 中国草地学报，29（3）：98-103.

熊婕，辛颖，赵雨森. 2014. 水源涵养林水文生态效应研究进展. 安徽农业科学，42（2）：463-465.

徐新良，张亚庆. 2017. 中国气象背景数据集. http://www.resdc.cn/DOI. DOI：10.12078/2017121301.

杨博. 2016. 甘肃省矿产资源综合区划研究. 北京：中国地质大学（北京）.

杨建平，丁永建，陈仁升，等. 2002. 近 50 年来中国干湿气候界线的 10 年际波动. 地理学报，27（6）：655-661.

尤联元，杨景春. 2013. 中国地貌. 北京：科学出版社.

张文驹. 2019. 自然资源一级分类. 中国国土资源经济，32（1）：4-14.

赵松乔，陈传康，牛文元. 1979. 近三十年来我国综合自然地理学的进展. 地理学报，34（3）：187-199.

赵颖，张丽，王飞. 2017. 白洋淀水文变化对土地利用类型的影响. 中国水土保持，5：52-55.

郑度，欧阳，周成虎. 2008a. 对自然地理区划方法的认识与思考. 地理学报，63（6）：563-573.

郑度，杨勤业，吴绍洪，等. 2008b. 中国生态地理区域系统研究. 北京：商务印书馆.

郑景云，尹云鹤，李炳元. 2010. 中国气候区划新方案. 地理学报，65（1）：3-12.

郑景云，卞娟娟，葛全胜，等. 2013. 中国 1951—1980 年及 1981—2010 年的气候区划. 地理研究，32（6）：987-997.

周海香. 2021. 基于广义互补方法和线性碳水关系的黄土高原地表蒸散及其组分的估算. 咸阳：中国科学院水利部水土保持研究所.

周起业，刘再兴，祝诚，等. 1990. 区域经济学. 北京：中国人民大学出版社.

Ankeny M D，Kaspar T C，Horton R. 1990. Characterization of tillage and traffic effects on unconfined infiltration measurements. Soil Science Society of America Journal，54（3）：837-840.

Branson F A，Gfford G F，Renard K G，et al. 1981. Rangel and Hydrology. Toronto：Kendall/Hunt Publishing Company.

Costa M H，Botta A，Cardille J A. 2003. Effects of large scale changes in land cover on the discharge of the Tocantins River，Southeastern Amazonia. Journal of Hydrology，283（1/4）：206-217.

Fang J Y，Yu G R，Liu L L，et al. 2018. Climate change，human impacts，and carbon sequestration in China. Proceedings of the National Academy of Sciences of the United States of America，115（16）：4021-4026.

Githui F，Mutua F，Bauwens W. 2009. Estimating the impacts of land-cover change on runoff using the soil and water assessment tool（SWAT）：case study of Nzoia catchment，Kenya. Hydrological Sciences Journal，54（5）：899-908.

Gllvear D J，Bradkey C. 2000. Hydrological monitoring and surveillance for wetland conservation and management；a UK perspective. Physics and Chemistry of the Earth，Part B，25（7-8）：571-588.

Hiscok K M，Lister D H，Boar R R，et al. 2001. An integrated assessment of long-term changes in the hydrology of three lowland rivers in Eastern England. Journal of Environmental Management，61：195-214.

Hollis G E，Thompson J R. 1998. Hydrological data for wetland management. Water & Environment Journal，（12）：9-17.

Lin H X，Huang J C，Fang C L，et al. 2019. A preliminary study on the theory and method of comprehensive regionalization of cryospheric services. Advances in Climate Change Research，10（2）：115-123.

Mishra V，Cherkauer A，Niyogi D，et al. 2010. A regional scale assessment of land use/land cover and climatic changes on water and energy cycle in the upper Mid West United States. International Journal of CLIM，30（13）：2025-2044.

Nagy R C，Lockaby B G，Helms B，et al. 2011. Water resources and land use and cover in a humid region：the southeastern United States. Journal of Environmental Quality，40（3）：867-878.

Rodriguez-Iturbe I. 2000. Ecohydrology：a hydrologic perspective of climate-soil-vegetation dynamics. Water Resources Research，

36（1）：3-9.

Sammari C，Millot C，Taupier-letage I，et al. 1999. Hydrological characteristics in the Tunisia-Sardinia-Sicily Area during spring 1995. Deep-sea Research，46：1671-1703.

Santilan J，Makinano M，Paringit E. 2011. Integrated landsat image analysis and hydrologic modeling to detect impacts of 25-year land-cover change on surface runoff in a Philippine watershed. Remote Sensing，3（6）：1067-1087.

Slatyer R O，Mabbutt J A. 1964. Hydrology of arid and semiarid regions. New York：CRC Press.

Stow D，Daeschner S，Hope A，et al. 2003. Variability of the seasonally integrated normalized difference vegetation index across the north slope of Alaska in the 1990s. International Journal of Remote Sensing，24（5）：1111-1117.

Tang X. 2018. Carbon pools in China’s terrestrial ecosystems：new estimates based on an intensive field survey. Proceedings of the National Academy of Sciences，115（16）：4021-4026.

Weber H E，Moravec J，Theurillat J P. 2000. International code of phytosociological nomenclature. 3rd edition. Journal of Vegetation Science，11（5）：739-768.

Yuan J，Cohen M J，Kaplan D A，et al. 2015. Linking metrics of landscape pattern to hydrological process in a lotic wetland. Landscape Ecology，30（10）：1893-1912.

第 4 章　中国自然资源动态分区

4.1　总 体 概 况

4.1.1　自然资源动态分区系统

全国自然资源动态区划一级分区分为东北平原林耕资源大区、内蒙古高原草原资源大区、华北平原耕地资源大区、长江中下游平原耕地资源大区、江南山地丘陵森林资源大区、西北内陆荒漠大区、黄土高原林草资源大区、云贵高原林草资源大区、四川盆地草耕资源大区、东南沿海及岛屿森林资源大区、横断山谷林草资源大区和青藏高原草原资源大区等 12 个大区（附图 1 和附图 2），各区自然资源动态区划大区基本概况（表 4.1）。在此基础上，再逐级划分为 54 个二级区（附图 3～附图 6），其中东北平原林耕资源大区 7 个，内蒙古高原草原资源大区 7 个，华北平原耕地资源大区 4 个，长江中下游平原耕地资源大区 2 个，江南山地丘陵森林资源大区 4 个，西北内陆荒漠大区 7 个，黄土高原林草资源大区 4 个，云贵高原林草资源大区 4 个，四川盆地草耕资源大区 2 个，东南沿海及岛屿森林资源大区 4 个，横断山谷林草资源大区 3 个，青藏高原草原资源大区 6 个。逐级划分为三级区 106 个（附图 7～附图 10），其中东北平原林耕资源大区 15 个，内蒙古高原草原资源大区 12 个，华北平原耕地资源大区 6 个，长江中下游平原耕地资源大区 5 个，江南山地丘陵森林资源大区 8 个，西北内陆荒漠大区 14 个，黄土高原林草资源大区 7 个，云贵高原林草资源大区 9 个，四川盆地草耕资源大区 4 个，东南沿海及岛屿森林资源大区 7 个，横断山谷林草资源大区 5 个，青藏高原草原资源大区 14 个。

4.1.2　自然资源动态区划大区基本概况

根据 1990～2018 年自然资源类型、气候、植被类型、土壤条件等的变化进行自然资源动态区划，划分 12 个一级大区（附图 1 和附图 2），各期区划边界有一定的变化。1990～2018 年中国陆表资源动态变化见表 4.2。其中东北平原林耕资源大区主导资源为森林资源和耕地资源，在 1990 年和 2018 年的占比分别为 45.61%、29.53%和 43.43%、34.28%。内蒙古高原草原资源大区主导资源是草原资源和耕地资源，在 1990 年和 2018 年的占比分别为 65.17%、12.72%和 63.28%、13.26%。华北平原耕地资源大区主导资源是耕地资源，在 1990 年和 2018 年的占比分别为 62.43%和 58.25%。长江中下游平原耕地资源大区主导资源为耕地资源和森林资源，在 1990 年和 2018 年资源占比分别为 57.52%、23.94%和 52.59%、23.14%。江南山地丘陵森林资源大区主导资源为森林资源和耕地资源，在 1990 年和 2018 年占比分别为 65.26%、23.66%和 65.43%、22.57。西北内陆荒漠大区的主导资源是荒漠资源

表 4.1　自然资源动态区划大区基本概况

一级区划		面积概况		所辖省（区）	主要资源类型及占比			
编号	名称	面积/万 km^2	占比/%		1990 年	2000 年	2010 年	2018 年
Ⅰ	东北森林耕地资源大区	104.12	10.98	黑龙江、辽宁、吉林 3 省及内蒙古东部地区	森林（45.61%）、耕地（29.53%）、草原（13.47%）、水体与湿地（6.56%）、建设用地（2.46%）、荒漠（2.36%）	森林（44.73%）、耕地（32.85%）、草原（11.51%）、水体与湿地（5.89%）、建设用地（2.51%）、荒漠（2.36%）	森林（44.51%）、耕地（32.85%）、草原（11.87%）、水体与湿地（5.74%）、建设用地（2.56%）、荒漠（2.46%）	森林（43.43%）、耕地（34.28%）、水体与湿地（9.20%）、草原（7.60%）、建设用地（3.17%）、荒漠（2.32%）
Ⅱ	内蒙古高原草原资源大区	68.77	7.25	内蒙古中部、河北西北部，山西和陕西省北部，宁夏自治区北部，甘肃省东南部	草原（65.17%）、耕地（12.72%）、荒漠（8.89%）、森林（7.38%）、水体与湿地（3.91%）、建设用地（1.30%）	草原（66.12%）、耕地（12.98%）、荒漠（10.94%）、森林（6.96%）、水体与湿地（1.70%）、建设用地（1.30%）	草原（66.32%）、耕地（12.82%）、荒漠（11.29%）、森林（6.55%）、水体与湿地（1.61%）、建设用地（1.41%）	草原（63.28%）、耕地（13.26%）、荒漠（8.98%）、森林（7.90%）、水体与湿地（4.34%）、建设用地（2.30%）
Ⅲ	华北平原耕地资源大区	53.41	5.63	北京、天津 2 市，山东、河北 2 省，河南东北部、安徽北部、江苏北部	耕地（62.43%）、森林（12.80%）、草原（10.59%）、建设用地（10.57%）、水体与湿地（3.06%）、荒漠（0.05%）	耕地（61.91%）、森林（12.73%）、草原（11.53%）、建设用地（10.32%）、水体与湿地（2.90%）、荒漠（0.60%）	耕地（61.01%）、森林（12.68%）、草原（12.60%）、建设用地（10.21%）、水体与湿地（2.96%）、荒漠（0.52%）	耕地（58.25%）、建设用地（15.81%）、森林（13.46%）、草原（8.57%）、水体与湿地（3.82%）、荒漠（0.09%）
Ⅳ	黄土高原林草资源大区	37.14	3.92	甘肃省东南部、宁夏自治区南部、陕西省北部，山西省以及河南省西北角	耕地（41.13%）、草原（37.89%）、森林（16.55%）、建设用地（2.23%）、荒漠（1.15%）、水体与湿地（1.02%）	耕地（41.00%）、草原（37.76%）、森林（16.69%）、建设用地（2.44%）、荒漠（1.18%）、水体与湿地（0.93%）	耕地（39.99%）、草原（37.89%）、森林（17.23%）、建设用地（2.71%）、荒漠（1.19%）、水体与湿地（0.99%）	耕地（38.38%）、草原（37.73%）、森林（17.20%）、建设用地（4.58%）、水体与湿地（1.11%）、荒漠（1.0%）
Ⅴ	长江中下游平原耕地资源大区	33.40	3.52	湖北省、河南省南部、江苏省和安徽省南部以及上海市	耕地（57.52%）、森林（23.94%）、水体与湿地（9.43%）、建设用地（5.69%）、草原（3.40%）、荒漠（0.02%）	耕地（56.69%）、森林（23.79%）、水体与湿地（9.26%）、建设用地（5.69%）、草原（3.40%）、荒漠（0.02%）	耕地（55.36%）、森林（23.54%）、水体与湿地（9.59%）、建设用地（7.94%）、草原（3.22%）、荒漠（0.34%）	耕地（52.59%）、森林（23.14%）、建设用地（10.96%）、水体与湿地（10.54%）、草原（2.73%）、荒漠（0.04%）
Ⅵ	四川盆地草原耕地资源大区	33.06	3.49	重庆市西部、四川省东部、贵州北部、湖北西北部、陕西南部、甘肃东南部	耕地（48.79%）、森林（30.12%）、草原（18.78%）、水体与湿地（1.18%）、建设用地（1.10%）、荒漠（0.03%）	耕地（48.64%）、森林（30.13%）、草原（18.69%）、建设用地（1.30%）、水体与湿地（1.21%）、荒漠（0.03%）	耕地（47.87%）、森林（30.90%）、草原（18.38%）、建设用地（1.61%）、水体与湿地（1.20%）、荒漠（0.03%）	耕地（46.42%）、森林（31.48%）、草原（17.94%）、建设用地（2.64%）、水体与湿地（1.45%）、荒漠（0.03%）

续表

一级区划		面积概况		所辖省（区）	主要资源类型及占比			
编号	名称	面积/万 km^2	占比/%		1990年	2000年	2010年	2018年
Ⅶ	江南山地丘陵森林资源大区	80.80	8.52	重庆东南部、湖北西南部、湖南省、江西省、安徽东南部、浙江省，福建省北部以及广西广东南部，贵州省东南部	森林（65.26%）、耕地（23.66%）、草原（7.83%）、水体与湿地（1.99%）、建设用地（1.23%）、荒漠（0.02%）	森林（65.60%）、耕地（23.39%）、草原（7.62%）、水体与湿地（1.91%）、建设用地（1.35%）、荒漠（0.13%）	森林（65.63%）、耕地（22.93%）、草原（7.42%）、水体与湿地（2.04%）、建设用地（1.88%）、荒漠（1.10%）	森林（65.43%）、耕地（22.57%）、草原（6.77%）、建设用地（2.97%）、水体与湿地（2.23%）、荒漠（0.02%）
Ⅷ	东南沿海及岛屿森林资源大区	28.13	2.97	台湾省、海南省广东省南部，广西东南部以及福建省东南部	森林（59.98%）、耕地（27.20%）、草原（5.21%）、建设用地（3.93%）、水体与湿地（3.56%）、荒漠（0.11%）	森林（59.93%）、耕地（26.56%）、草原（4.98%）、建设用地（4.62%）、水体与湿地（3.56%）、荒漠（0.11%）	森林（59.79%）、耕地（25.35%）、草原（6.19%）、建设用地（4.76%）、水体与湿地（3.75%）、荒漠（0.10%）	森林（59.64%）、耕地（24.64%）、、建设用地（7.04%）、草原（4.82%）、水体与湿地（3.76%）、荒漠（0.07%）
Ⅸ	云贵高原林草资源大区	69.31	7.31	云南省、四川省南部、贵州省、广西西部	森林（56.85%）、耕地（22.78%）、草原（18.93%）、水体与湿地（0.74%）、建设用地（0.61%）、荒漠（0.05%）	森林（56.70%）、耕地（22.62%）、草原（19.21%）、水体与湿地（0.71%）、建设用地（0.68%）、荒漠（0.07%）	森林（57.07%）、耕地（22.20%）、草原（19.16%）、水体与湿地（0.77%）、建设用地（0.73%）、荒漠（0.07%）	森林（57.07%）、耕地（21.84%）、草原（18.70%）、建设用地（1.35%）、水体与湿地（0.98%）、荒漠（0.05%）
Ⅹ	西北内陆荒漠资源大区	179.49	18.93	新疆自治区、甘肃省北部、内蒙古自治区西部、宁夏自治区北部	荒漠（65.87%）、草原（25.44%）、耕地（4.09%）、森林（2.31%）、水体与湿地（1.98%）、建设用地（0.30%）	荒漠（66.38%）、草原（24.76%）、耕地（4.29%）、森林（2.44%）、水体与湿地（1.80%）、建设用地（0.33%）	荒漠（66.03%）、草原（24.49%）、耕地（4.90%）、森林（2.41%）、水体与湿地（1.79%）、建设用地（0.38%）	荒漠（66.68%）、草原（23.30%）、耕地（6.18%）、森林（1.85%）、水体与湿地（1.31%）、建设用地（0.68%）
Ⅺ	青藏高原草原资源大区	211.89	22.35	新疆自治区南部、西藏自治区、青海省，甘肃南部，四川省西北角	草原（63.24%）、荒漠（28.01%）、水体与湿地（5.76%）、森林（2.28%）、耕地（0.63%）、建设用地（0.06%）	草原（63.44%）、荒漠（28.85%）、水体与湿地（4.69%）、森林（2.29%）、耕地（0.68%）、建设用地（0.07%）	草原（63.35%）、荒漠（28.94%）、水体与湿地（4.73%）、森林（2.25%）、耕地（0.64%）、建设用地（0.09%）	草原（50.36%）、荒漠（37.05%）、水体与湿地（7.78%）、森林（3.95%）、耕地（0.73%）、建设用地（0.12%）
Ⅻ	横断山谷林草资源大区	48.50	5.11	四川省西部，西藏自治区东南部，云南省西北部，甘肃省南部	森林（41.20%）、草原（40.94%）、荒漠（13.54%）、水体与湿地（2.37%）、耕地（1.90%）、建设用地（0.03%）	森林（41.21%）、草原（40.97%）、荒漠（13.62%）、水体与湿地（2.25%）、耕地（1.91%）、建设用地（0.04%）	森林（41.25%）、草原（40.62%）、荒漠（13.75%）、水体与湿地（2.25%）、耕地（2.08%）、建设用地（0.05%）	森林（43.74%）、草原（42.49%）、荒漠（9.42%）、耕地（2.46%）、水体与湿地（1.79%）、建设用地（0.10%）

和草原资源，在 1990 年和 2018 年占地分别为 65.87%、25.44%和 66.68%、23.30%、黄土高原林草资源大区主导资源是耕地资源、森林资源和草原资源，在 1990 年和 2018 年占比分别为 41.13%、37.89%、16.55%和 38.38%、37.73%、17.20%。云贵高原林草资源大区主导资源是森林资源和耕地资源，在 1990 年和 2018 年的占比分别为 56.85%、22.78%和 57.07%、21.84%。四川盆地草耕资源大区主导资源是耕地资源和森林资源，在 1990 年和 2018 年的占比分别为 48.79%、30.12%和 46.42%、31.48%。东南沿海及岛屿森林资源大区主导资源是森林资源和耕地资源，在 1990 年和 2018 年的占比分别为 59.98%、27.20%和 59.64%、24.64%。横断山谷林草资源大区主导资源为森林资源和草原资源，在 1990 年和 2018 年占比分别为 41.20%、40.94%和 43.74%、42.49%。青藏高原草原资源大区的主导资源为草原资源和荒漠资源，在 1990 年和 2018 年的占比分别为 63.24%、28.01%和 50.36%、37.05%。在这 12 个大区中青藏高原草原资源大区的主导资源占比变化较大，草原面积占比减少了约 12.88%，长江中下游平原耕地资源大区耕地面积占比减少约 4.93%，具体变化情况见表 4.1、表 4.2。

表 4.2　1990～2018 年中国陆表资源动态变化转移矩阵　　（单位：万 km^2）

年份	类型	2018 年					
		耕地	森林	草	水体与湿地	建设用地	荒漠
1990 年	耕地	119.06	22.43	14.96	3.68	15.68	1.32
	森林	23.48	172.75	21.95	1.53	2.01	3.65
	草	20.80	27.79	192.36	5.39	1.96	54.44
	水体与湿地	3.17	1.23	3.12	14.16	0.77	4.47
	建设用地	7.82	0.70	0.60	0.69	5.69	0.16
	荒漠	4.18	2.67	32.71	3.53	0.60	157.14

4.2　动态分区特征

4.2.1　东北平原林耕资源大区

1. 一级分区特征描述

东北平原林耕资源大区主要位于黑龙江、辽宁、吉林三省及内蒙古东部地区。2018 年，该区总面积约为 104.34 万 km^2，主导资源为森林资源和耕地资源，面积分别约为 45.29 万 km^2 和 35.81 万 km^2。森林资源主要分布在大兴安岭和长白山等山地，植被类型主要为落叶阔叶林与针叶混交类型。这个区域是我国落叶阔叶林植被类型与针叶林植被类型交织的地区，同时具有两个植被类型区域的特点。其中落叶阔叶林分布区四季分明，夏季炎热多雨，冬季寒冷，植被主要为冬季完全落叶的阔叶树；针叶林主要分布在夏季温凉，冬季严寒的区域，植被以松、杉等针叶树为主。东北平原林耕资源大区地形以山地、平原为主，区内分布着大兴安岭、小兴安岭、辽河平原、松嫩平原、三江平原和长白山地。土壤类型为黑土、黑钙土及草甸土，是我国重要的农业商品粮基地。农作物主要有大豆、高粱、玉米、小麦等旱地作物，近年来，在靠近江河湖泊的平原地带也种植了大量水稻，即平原以耕地为主。

由表 4.3 可知，在 1990～2018 年，森林资源在该区的面积占比为 45.61%到 43.41%，呈逐年减少趋势，主要转变为耕地资源；耕地资源在该区的面积占比为 29.53%到 34.32%，呈逐年增加趋势，主要从森林资源和草资源转变为耕地资源；草资源在该区的面积占比为 13.46%到 7.59%，减少了 5.87%，变化主要发生在 2010～2018 年，主要转变为耕地资源和森林资源；水体与湿地资源在该区的面积占比为 6.58%到 9.18%，呈先减少后增加趋势，变化主要发生在 1990～2000 年和 2010～2018 年。另外，建设用地和荒漠资源在 1990～2018 年占该地区的面积比重较小且基本稳定，分别为 2.46%到 3.18%和 2.36%到 2.32%（图 4.1）。

表 4.3　东北平原林耕资源大区 1990～2018 年自然资源动态变化转移矩阵　（单位：km^2）

1990 年	2018 年						合计
	耕地	森林	草	水体与湿地	建设用地	荒漠	
耕地	238439	28614	11604	9524	17561	2759	308501
森林	45288	382447	17310	27710	2638	308	475701
草	34070	33099	39667	24352	2029	7318	140535
水体与湿地	23428	6396	4123	31534	1104	1889	68474
建设用地	12580	1674	846	1002	9271	279	25652
荒漠	3852	885	5723	1428	559	12134	24581
合计	357657	453115	79273	95550	33162	24687	1043444

东北平原林耕自然资源大区降水较丰富，2018 年该大区年降水量达 547.69mm 左右，除辽东半岛外，大部分地区热量不足，且湿润度较大，绝大部分地区湿润指数都在 1.50 以上，大区内平均湿润度为 2.895 左右。区内气候属温带季风型大陆气候，≥10℃年积温为 2399.12℃。大区内植被状况良好，全区 NDVI 均值为 0.80，NPP 均值为 256.64g·C/m^2。

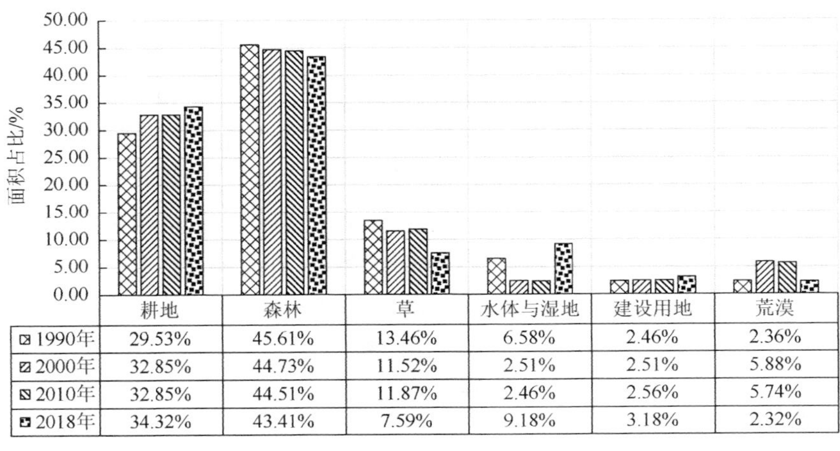

图 4.1　东北平原林耕自然资源大区陆表资源面积占比变化

2. 二级分区特征描述

东北平原林耕资源大区分为 7 个亚区，分别为三江平原温带耕地亚区、长白山山地温带森林亚区、辽东平原温带耕地亚区、大兴安岭寒温带丘陵森林亚区，小兴安岭山地温带森林亚区、山前平原温带耕地亚区和松辽平原温带草耕亚区（附图 3～附图 6）。

Ⅰ1 三江平原温带耕地亚区主要位于黑龙江省东北部。2018 年，该亚区总面积约为 6.99 万 km^2，主导资源为耕地资源，面积约为 4.81 万 km^2。在 1990～2018 年，耕地资源在该亚区的面积占比为 49.13%到 68.85%，逐年上升增加了 19.72%；森林资源在该亚区的面积占比为 19.03%到 13.95%，减少了 5.08%，变化主要发生在 2010～2018 年；水体与湿地资源在该亚区的面积占比为 22.41%到 12.93%，减少了 9.48%，变化主要发生在 1990～2000 年。另外，草、建设用地和荒漠资源在 1990～2018 年占该地区的面积比重较小且基本稳定，分别为 7.35%到 1.78%、2.08%到 2.47%和 0.00%到 0.02%（图 4.2）。

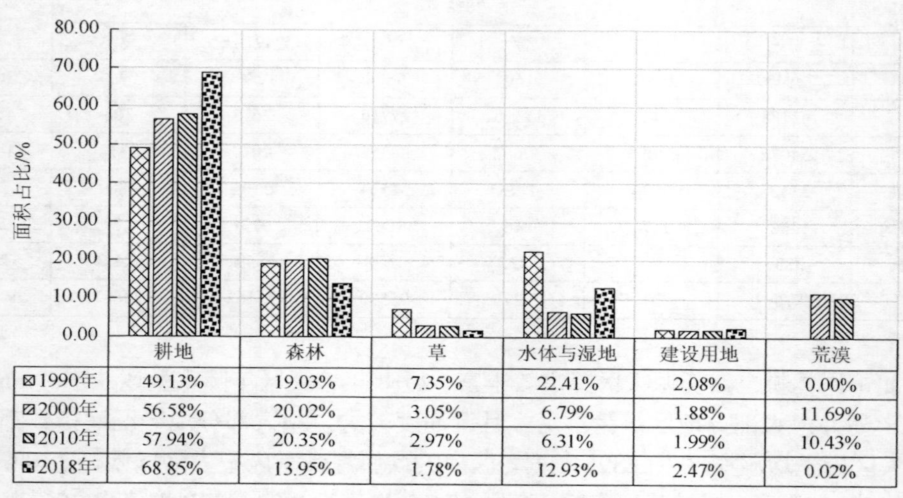

	耕地	森林	草	水体与湿地	建设用地	荒漠
1990年	49.13%	19.03%	7.35%	22.41%	2.08%	0.00%
2000年	56.58%	20.02%	3.05%	6.79%	1.88%	11.69%
2010年	57.94%	20.35%	2.97%	6.31%	1.99%	10.43%
2018年	68.85%	13.95%	1.78%	12.93%	2.47%	0.02%

图 4.2　三江平原温带耕地亚区陆表资源面积占比变化

Ⅰ2 长白山山地温带森林亚区主要位于黑龙江、吉林和辽宁三省的东部。2018 年，该亚区总面积约为 25.64 万 km^2，主导资源为森林资源，面积约为 17.18 万 km^2。在 1990～2018 年，森林资源在该亚区的面积占比为 68.20%到 67.01%，基本保持稳定；耕地资源在该亚区的面积占比为 24.86%到 25.25%，基本保持稳定。另外，草、水体与湿地、建设用地和荒漠资源在 1990～2018 年占该地区的面积比重较小且基本稳定，分别为 2.48%到 1.53%、2.14%到 2.82%、2.28%到 3.33%和 0.04%到 0.06%（图 4.3）。

Ⅰ3 辽东平原温带耕地亚区主要位于辽宁省南部。2018 年，该亚区总面积约为 1.24 万 km^2，主导资源为耕地资源，面积约为 0.60 万 km^2。在 1990～2018 年，耕地资源在该亚区的面积占比为 47.20%到 48.27%，基本保持稳定；森林资源在该亚区的面积占比为 38.81%到 29.08%，减少了 9.73%，变化主要发生在 1990～2000 年和 2010～2018 年。另外，草、水体与湿地、建设用地和荒漠资源在 1990～2018 年占该地区的面积比重较小且基本稳定，分别为 1.16%

到 1.03%、3.78%到 6.22%、9.05%到 15.35%和 0.00%到 0.05%（图 4.4）。

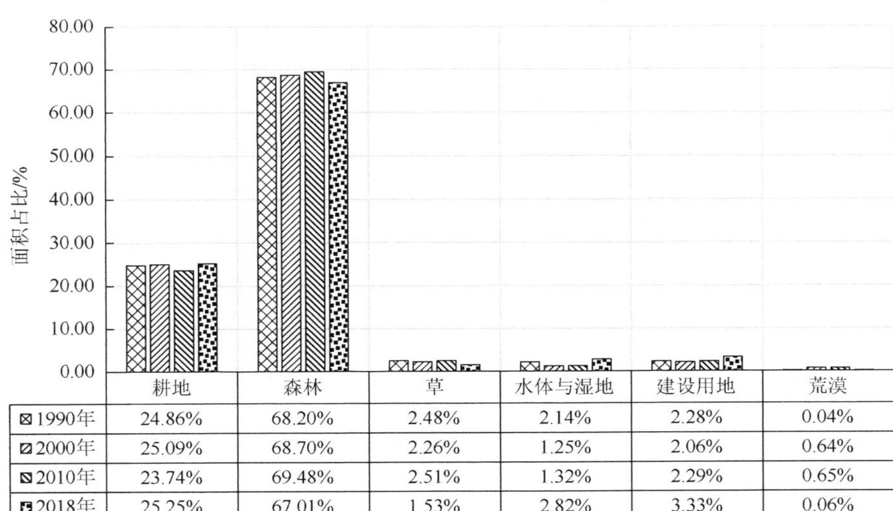

	耕地	森林	草	水体与湿地	建设用地	荒漠
1990年	24.86%	68.20%	2.48%	2.14%	2.28%	0.04%
2000年	25.09%	68.70%	2.26%	1.25%	2.06%	0.64%
2010年	23.74%	69.48%	2.51%	1.32%	2.29%	0.65%
2018年	25.25%	67.01%	1.53%	2.82%	3.33%	0.06%

图 4.3　长白山山地温带森林亚区陆表资源面积占比变化

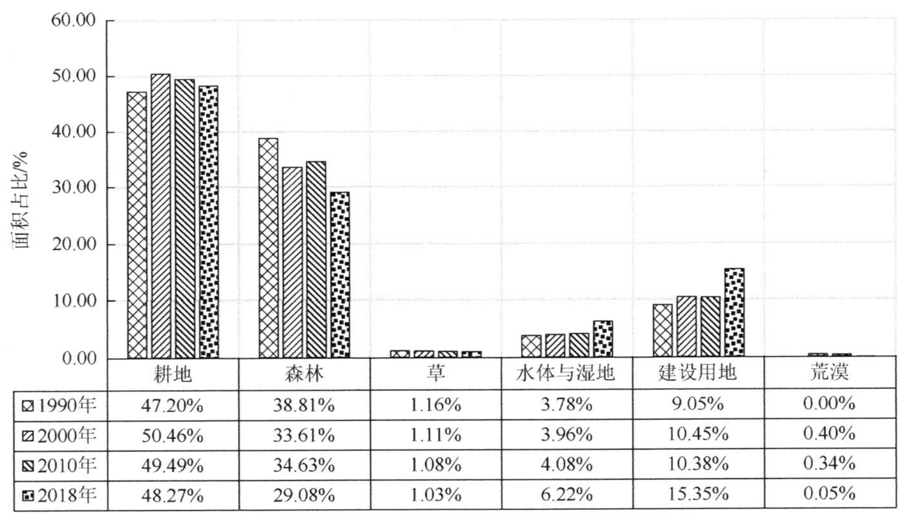

	耕地	森林	草	水体与湿地	建设用地	荒漠
1990年	47.20%	38.81%	1.16%	3.78%	9.05%	0.00%
2000年	50.46%	33.61%	1.11%	3.96%	10.45%	0.40%
2010年	49.49%	34.63%	1.08%	4.08%	10.38%	0.34%
2018年	48.27%	29.08%	1.03%	6.22%	15.35%	0.05%

图 4.4　辽东平原温带耕地亚区陆表资源面积占比变化

Ⅰ4 大兴安岭寒温带丘陵森林亚区主要位于黑龙江省西北部和内蒙古自治区东北部。2018 年，该亚区总面积约为 24.04 万 km^2，主导资源为森林资源，面积约为 17.07 万 km^2。在 1990～2018 年，森林资源在该亚区的面积占比为 72.42%到 71.00%，基本保持稳定；草资源在该亚区的面积占比为 18.02%到 6.39%，减少了 11.63%，变化主要发生在 2010～2018 年；水体与湿地资源在该亚区的面积占比为 3.06%到 16.38%，增加了 13.32%，变化主要发生在 2010～2018 年。另外，耕地、建设用地和荒漠资源在 1990～2018 年占该地区的面积比重较小且基本稳定，分别为 6.03%到 5.82%、0.48%到 0.39%和 0.06%到 0.02%（图 4.5）。

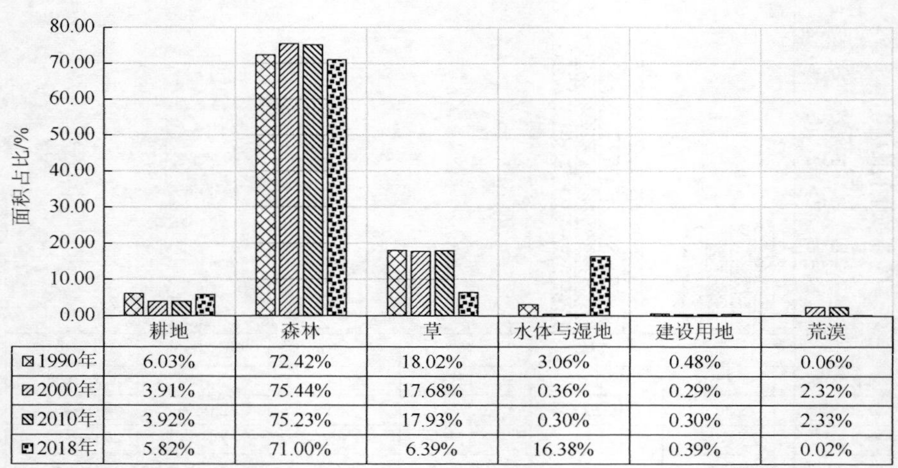

	耕地	森林	草	水体与湿地	建设用地	荒漠
1990年	6.03%	72.42%	18.02%	3.06%	0.48%	0.06%
2000年	3.91%	75.44%	17.68%	0.36%	0.29%	2.32%
2010年	3.92%	75.23%	17.93%	0.30%	0.30%	2.33%
2018年	5.82%	71.00%	6.39%	16.38%	0.39%	0.02%

图 4.5　大兴安岭寒温带丘陵森林亚区陆表资源面积占比变化

Ⅰ5 小兴安岭山地温带森林亚区主要位于黑龙江省北部。2018 年，该亚区总面积约为 8.65 万 km^2，主导资源为森林资源，面积约为 5.88 万 km^2。在 1990～2018 年，森林资源在该亚区的面积占比为 77.45%到 68.00%，减少了 9.45%，变化主要发生在 1990～2000 年；耕地资源在该亚区的面积占比为 9.42%到 17.88%，增加了 8.46%，变化主要发生在 1990～2000 年；水体与湿地资源在该亚区的面积占比为 4.06%到 10.66%，增加了 6.60%，变化主要发生在 2010～2018 年。另外，草、建设用地和荒漠资源在 1990～2018 年占该地区的面积比重较小且基本稳定，分别为 8.34%到 2.45%、0.57%到 0.98%和 0.16%到 0.03%（图 4.6）。

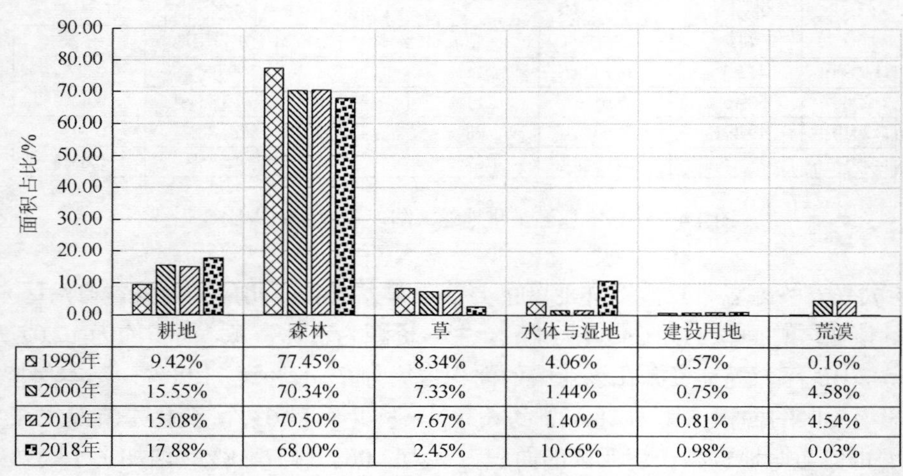

	耕地	森林	草	水体与湿地	建设用地	荒漠
1990年	9.42%	77.45%	8.34%	4.06%	0.57%	0.16%
2000年	15.55%	70.34%	7.33%	1.44%	0.75%	4.58%
2010年	15.08%	70.50%	7.67%	1.40%	0.81%	4.54%
2018年	17.88%	68.00%	2.45%	10.66%	0.98%	0.03%

图 4.6　小兴安岭山地温带森林亚区陆表资源面积占比变化

Ⅰ6 山前平原温带耕地亚区主要位于黑龙江省中部和吉林辽宁省西部。2018 年，该亚区总面积约为 18.41 万 km^2，主导资源为耕地资源，面积约为 12.74 万 km^2。在 1990～2018 年，耕地资源在该亚区的面积占比为 61.92%到 69.20%，基本保持稳定；森林资源在该亚区的面积占比为 17.91%到 11.89%，减少了 6.02%，呈现先减少再增加继而再减少的趋势。另外，草、水体与湿地、建设用地和荒漠资源在 1990～2018 年占该地区的面积比重较小且基本稳定，分别为 5.11%到 4.29%、8.95%到 6.66%、5.37%到 6.94%和 0.75%到 1.02%（图 4.7）。

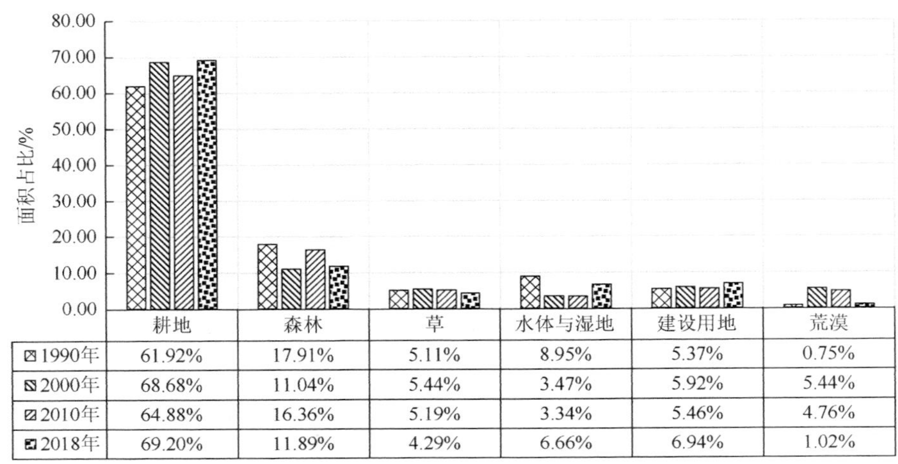

	耕地	森林	草	水体与湿地	建设用地	荒漠
1990年	61.92%	17.91%	5.11%	8.95%	5.37%	0.75%
2000年	68.68%	11.04%	5.44%	3.47%	5.92%	5.44%
2010年	64.88%	16.36%	5.19%	3.34%	5.46%	4.76%
2018年	69.20%	11.89%	4.29%	6.66%	6.94%	1.02%

图 4.7　山前平原温带耕地亚区陆表资源面积占比变化

Ⅰ7 松辽平原温带草耕亚区主要位于内蒙古自治区东部和辽宁吉林省西部。2018 年，该亚区总面积约为 19.39 万 km^2，主导资源为耕地资源和草资源，面积分别约为 8.20 万 km^2 和 4.85 万 km^2。在 1990～2018 年，耕地资源在该亚区的面积占比为 35.54%到 42.31%，增加了 6.77%，呈现逐年增加趋势；草资源在该亚区的面积占比为 34.19%到 25.01%，减少了 9.18%，变化主要发生在 1990～2000 年和 2010～2018 年；水体与湿地资源在该亚区的面积占比为 10.41%到 9.35%，在 1990～2000 年呈减少趋势，在 2010～2018 年呈增加趋势；荒漠资源在该亚区的面积占比为 11.35%到 11.36%，呈现先增加后减少的趋势。另外，森林和建设用地资源在 1990～2018 年占该地区的面积比重较小且基本稳定，分别为 5.61%到 8.70%和 2.90%到 3.27%（图 4.8）。

3. 三级分区特征描述

Ⅰ1 三江平原温带耕地亚区划分为 1 个自然资源地区，为Ⅰ11 三江平原旱地地区，具体资源面积占比情况见表 4.4 及附图 7～附图 10。

Ⅰ11 三江平原旱地地区主要位于黑龙江省东北部。2018 年，该地区总面积约为 6.99 万 km^2，主导资源为耕地资源，面积约为 4.81 万 km^2。在 1990～2018 年，耕地资源在该地区的面积占比为 49.18%到 68.85%，增加了 19.67%；水体与湿地资源在该地区的面积占比为 22.34%到 12.93%，减少了 9.41%；森林资源在该地区的面积占比为 19.04%到 13.95%，减少了 5.09%。另外，草和建设用地资源在 1990～2018 年占该地区的面积比重较小且基本稳定，分别为 7.37%到 1.78%和 2.07%到 2.47%。

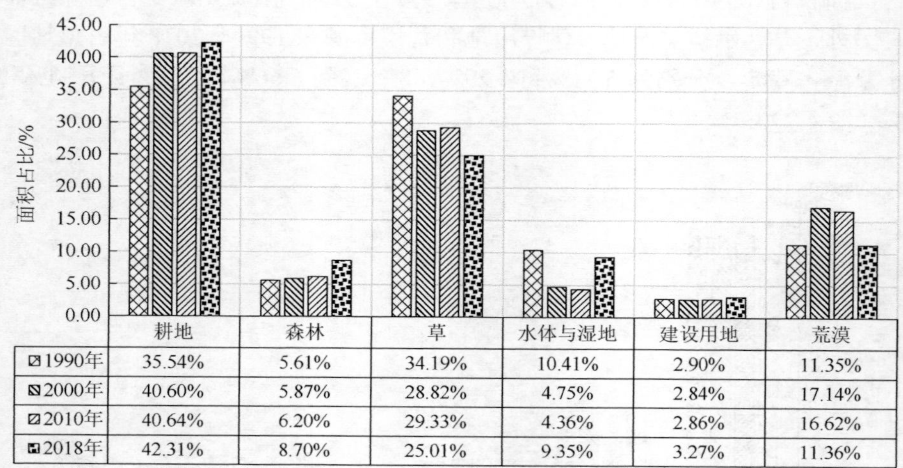

图 4.8　松辽平原温带草耕亚区陆表资源面积占比变化

表 4.4　东北平原林耕资源大区三级地区陆表资源面积占比

二级区划		三级区划		资源类型及占比	资源类型及占比
代码	名称	代码	名称	（1990 年）	（2018 年）
Ⅰ1	三江平原温带耕地亚区	Ⅰ11	三江平原旱地地区	耕地（49.18%）、水体与湿地（22.34%）、森林（19.04%）、草（7.37%）、建设用地（2.07%）	耕地（68.85%）、水体与湿地（12.93%）、森林（13.95%）、草（1.78%）、建设用地（2.47%）、荒漠（0.02%）
Ⅰ2	长白山山地温带森林亚区	Ⅰ21	兴凯湖平原旱地地区	森林（75.52%）、耕地（18.62%）、草（2.28%）、水体与湿地（1.78%）、建设用地（1.75%）、荒漠（0.05%）	森林（73.62%）、耕地（19.11%）、草（1.45%）、水体与湿地（2.45%）、建设用地（3.30%）、荒漠（0.07%）
		Ⅰ22	老爷岭山地灌木林地区	森林（51.72%）、耕地（38.03%）、草（4.81%）、水体与湿地（2.89%）、建设用地（2.55%）、	森林（52.19%）、耕地（37.97%）、草（2.36%）、水体与湿地（5.35%）、建设用地（2.11%）
		Ⅰ23	长白山山地北部灌木林旱地地区	森林（43.36%）、耕地（47.29%）、建设用地（5.21%）、水体与湿地（3.11%）、草（1.03%）	森林（47.28%）、耕地（44.41%）、建设用地（4.62%）、水体与湿地（2.49%）、草（1.16%）、荒漠（0.04%）
Ⅰ3	辽东平原温带耕地亚区	Ⅰ31	张广才岭灌木林旱地地区	耕地（47.41%）、森林（38.55%）、建设用地（9.04%）、水体与湿地（3.85%）、草（1.15%）	耕地（48.27%）、森林（29.08%）、建设用地（15.35%）、水体与湿地（6.22%）、草（1.03%）、荒漠（0.05%）
Ⅰ4	大兴安岭寒温带丘陵森林亚区	Ⅰ41	大兴安岭丘陵有林地灌木林地区	森林（68.35%）、草（20.02%）、耕地（7.34%）、水体与湿地（3.65%）、建设用地（0.56%）、荒漠（0.08%）	森林（71.40%）、草（5.08%）、耕地（6.68%）、水体与湿地（16.44%）、建设用地（0.39%）、荒漠（0.02%）

续表

二级区划		三级区划		资源类型及占比	资源类型及占比
代码	名称	代码	名称	（1990 年）	（2018 年）
Ⅰ4	大兴安岭寒温带丘陵森林亚区	Ⅰ42	大兴安岭丘陵灌木林高覆盖草原地区	森林（88.33%）、草（10.37%）、耕地（0.63%）、水体与湿地（0.53%）、建设用地（0.13%）	森林（68.60%）、草（14.53%）、耕地（0.48%）、水体与湿地（15.97%）、建设用地（0.42%）
Ⅰ5	小兴安岭山地温带森林亚区	Ⅰ51	漠河山地灌木林高覆盖草原地区	森林（79.64%）、草（8.82%）、耕地（7.95%）、水体与湿地（2.84%）、建设用地（0.57%）、荒漠（0.18%）	森林（71.10%）、草（2.12%）、耕地（15.30%）、水体与湿地（10.51%）、建设用地（0.95%）、荒漠（0.03%）
		Ⅰ52	小兴安岭山地灌木林地区	森林（62.91%）、耕地（19.77%）、水体与湿地（11.97%）、草（4.80%）、建设用地（0.54%）	森林（44.21%）、耕地（37.75%）、水体与湿地（11.80%）、草（4.96%）、建设用地（1.26%）、荒漠（0.02%）
Ⅰ6	山前平原温带耕地亚区	Ⅰ61	黑河山地灌木林旱地地区	耕地（69.65%）、森林（12.77%）、建设用地（7.87%）、水体与湿地（5.12%）、草（4.08%）、荒漠（0.50%）	耕地（69.88%）、森林（10.93%）、建设用地（9.08%）、水体与湿地（5.86%）、草（3.21%）、荒漠（1.05%）
		Ⅰ62	辽河平原南部旱地地区	耕地（55.09%）、森林（22.49%）、水体与湿地（12.24%）、草（6.05%）、建设用地（3.18%）、荒漠（0.95%）	耕地（68.24%）、森林（13.30%）、水体与湿地（7.71%）、草（5.76%）、建设用地（4.02%）、荒漠（0.98%）
Ⅰ7	松辽平原温带草耕亚区	Ⅰ71	山前平原旱地地区	耕地（40.27%）、草（25.67%）、水体与湿地（14.04%）、荒漠（10.73%）、森林（6.27%）、建设用地（3.03%）	耕地（49.06%）、草（16.25%）、水体与湿地（12.63%）、荒漠（8.77%）、森林（9.70%）、建设用地（3.59%）
		Ⅰ72	松嫩平原耕地地区	草（47.20%）、耕地（27.80%）、荒漠（12.67%）、水体与湿地（5.94%）、森林（3.82%）、建设用地（2.56%）	草（36.94%）、耕地（31.21%）、荒漠（17.52%）、水体与湿地（6.11%）、森林（5.77%）、建设用地（2.44%）
		Ⅰ73	辽河平原低覆盖草原旱地地区	草（42.54%）、耕地（32.27%）、荒漠（10.76%）、森林（7.39%）、水体与湿地（3.80%）、建设用地（3.24%）	草（29.39%）、耕地（47.47%）、荒漠（0.85%）、森林（15.21%）、水体与湿地（2.21%）、建设用地（4.87%）

Ⅰ2 长白山山地温带森林亚区共划分为 3 个自然资源地区，为Ⅰ21 兴凯湖平原旱地地区、Ⅰ22 老爷岭山地灌木林地区和Ⅰ23 长白山山地北部灌木林旱地地区，具体资源面积占比情况见表 4.4。

Ⅰ21 兴凯湖平原旱地地区主要位于黑龙江省、辽宁省和吉林省。2018 年，该地区总面积约为 18.56 万 km^2，主导资源为森林资源，面积约为 13.66 万 km^2。在 1990～2018 年，森林资源在该地区的面积占比为 75.52%到 73.62%，基本保持稳定；耕地资源在该地区的面积占比为 18.62%到 19.11%，基本保持稳定。另外，草、水体与湿地、建设用地和荒漠资源在 1990～2018 年占该地区的面积比重较小且基本稳定，分别为 2.28%到 1.45%、1.78%到 2.45%、1.75%到 3.30%和 0.05%到 0.07%。

Ⅰ22 老爷岭山地灌木林地区主要位于黑龙江省和吉林省。2018 年，该地区总面积约为 3.50 万 km^2，主导资源为森林资源和耕地资源，面积分别约为 1.83 万 km^2 和 1.33 万 km^2。在 1990～2018 年，森林资源在该地区的面积占比为 51.72%到 52.19%，基本保持稳定；耕地资源在该地区的面积占比为 38.03%到 37.97%，基本保持稳定。另外，草、水体与湿地和建设用地资源在 1990～2018 年占该地区的面积比重较小且基本稳定，分别为 4.81%到 2.36%、2.89%到 5.35%和 2.55%到 2.11%。

Ⅰ23 长白山山地北部灌木林旱地地区主要位于黑龙江省。2018 年，该地区总面积约为 3.60 万 km^2，主导资源为森林资源和耕地资源，面积分别约为 1.70 万 km^2 和 1.60 万 km^2。在 1990～2018 年，森林资源在该地区的面积占比为 43.36%到 47.28%，基本保持稳定；耕地资源在该地区的面积占比为 47.29%到 44.41%，基本保持稳定。另外，草、水体与湿地和建设用地资源在 1990～2018 年占该地区的面积比重较小且基本稳定，分别为 1.03%到 1.16%、3.11%到 2.49%和 5.21%到 4.62%。

Ⅰ3 辽东平原温带耕地亚区划分为 1 个自然资源地区，为Ⅰ31 张广才岭灌木林旱地地区，具体资源面积占比情况见表 4.4。

Ⅰ31 张广才岭灌木林旱地地区主要位于辽宁省。2018 年，该地区总面积约为 1.25 万 km^2，主导资源为耕地资源和森林资源，面积分别约为 0.60 万 km^2 和 0.36 万 km^2。在 1990～2018 年，耕地资源在该地区的面积占比为 47.41%到 48.27%，基本保持稳定；森林资源在该地区的面积占比为 38.55%到 29.08%，减少了 9.47%。另外，草、水体与湿地和建设用地资源在 1990～2018 年占该地区的面积比重较小且基本稳定，分别为 1.15%到 1.03%、3.85%到 6.22%和 9.04%到 15.35%。

Ⅰ4 大兴安岭寒温带丘陵森林亚区共划分为 2 个自然资源地区，为Ⅰ41 大兴安岭丘陵有林地灌木林地区和Ⅰ42 大兴安岭丘陵灌木林高覆盖草原地区，具体资源面积占比情况见表 4.4。

Ⅰ41 大兴安岭丘陵有林地灌木林地区主要位于黑龙江省、内蒙古自治区。2018 年，该地区总面积约为 20.65 万 km^2，主导资源为森林资源，面积约为 14.74 万 km^2。在 1990～2018 年，森林资源在该地区的面积占比为 68.35%到 71.40%，基本保持稳定；草资源在该地区的面积占比为 20.02%到 5.08%，减少了 14.94%；水体与湿地资源在该地区的面积占比为 3.65%～16.44%，增加了 12.79%。另外，耕地、建设用地和荒漠资源在 1990～2018 年占该地区的面积比重较小且基本稳定，分别为 7.34%到 6.68%、0.56%到 0.39%和 0.08%到 0.02%。

Ⅰ42 大兴安岭丘陵灌木林高覆盖草原地区主要位于黑龙江省。2018 年，该地区总面积约为 3.37 万 km^2，主导资源为森林资源，面积约为 2.31 万 km^2。在 1990～2018 年，森林资源在该地区的面积占比为 88.33%到 68.60%，减少了 19.73%；草资源在该地区的面积占比为 10.37%到 14.53%，基本保持稳定；水体与湿地资源在该地区的面积占比为 0.53%到 15.97%，增加了 15.44%。另外，耕地和建设用地资源在 1990～2018 年占该地区的面积比重较小且基本稳定，分别为 0.63%到 0.48%和 0.13%到 0.42%。

Ⅰ5 小兴安岭山地温带森林亚区共划分为 2 个自然资源地区，为Ⅰ51 漠河山地灌木林高覆盖草原地区和 I52 小兴安岭山地灌木林地区，具体资源面积占比情况见表 4.4。

Ⅰ51 漠河山地灌木林高覆盖草原地区主要位于黑龙江省。2018 年，该地区总面积约为 7.64 万 km^2，主导资源为森林资源，面积约为 5.43 万 km^2。在 1990～2018 年，森林资源在该地区的面积占比为 79.64%到 71.10%，减少了 8.54%；耕地资源在该地区的面积占比为 7.95%到 15.30%，增加了 7.35%；水体与湿地资源在该地区的面积占比为 2.84%到

10.51%，增加了 7.67%；草资源在该地区的面积占比为 8.82%到 2.12%，减少了 6.7%。另外，建设用地和荒漠资源在 1990～2018 年占该地区的面积比重较小且基本稳定，分别为 0.57%到 0.95%和 0.18%到 0.03%。

Ⅰ52 小兴安岭山地灌木林地区主要位于黑龙江省。2018 年，该地区总面积约为 1.00 万 km^2，主导资源为森林资源和耕地资源，面积分别约为 0.44 万 km^2 和 0.37 万 km^2。在 1990～2018 年，森林资源在该地区的面积占比为 62.91%到 44.21%，减少了 18.7%；耕地资源在该地区的面积占比为 19.77%到 37.75%，增加了 17.98%；水体与湿地资源在该地区的面积占比为 11.97%到 11.80%，基本保持稳定。另外，草和建设用地资源在 1990～2018 年占该地区的面积比重较小且基本稳定，分别为 4.80%到 4.96%和 0.54%到 1.26%。

Ⅰ6 山前平原温带耕地亚区共划分为 2 个自然资源地区，为Ⅰ61 黑河山地灌木林旱地地区和Ⅰ62 辽河平原南部旱地地区，具体资源面积占比情况见表 4.4。

Ⅰ61 黑河山地灌木林旱地地区主要位于黑龙江省、辽宁省和吉林省。2018 年，该地区总面积约为 10.61 万 km^2，主导资源为耕地资源，面积约为 7.41 万 km^2。在 1990～2018 年，耕地资源在该地区的面积占比为 69.65%到 69.88%，基本保持稳定；森林资源在该地区的面积占比为 12.77%～10.93%，增加了 17.98%。另外，草、水体与湿地、建设用地和荒漠资源在 1990～2018 年占该地区的面积比重较小且基本稳定，分别为 4.08%到 3.21%、5.12%到 5.86%、7.87%到 9.08%和 0.50%到 1.05%。

Ⅰ62 辽河平原南部旱地地区主要位于黑龙江省。2018 年，该地区总面积约为 7.81 万 km^2，主导资源为耕地资源，面积约为 5.33 万 km^2。在 1990～2018 年，耕地资源在该地区的面积占比为 55.09%到 68.24%，增加了 13.15%；森林资源在该地区的面积占比为 22.49%到 13.30%，减少了 9.19%；水体与湿地资源在该地区的面积占比为 12.24%到 7.71%，减少了 4.53%。另外，草、建设用地和荒漠资源在 1990～2018 年占该地区的面积比重较小且基本稳定，分别为 6.05%到 5.76%、3.18%到 4.02%和 0.95%到 0.98%。

Ⅰ7 松辽平原温带草耕亚区共划分为 3 个自然资源地区，为Ⅰ71 山前平原旱地地区、Ⅰ72 松嫩平原耕地地区和Ⅰ73 辽河平原低覆盖草原旱地地区，具体资源面积占比情况见表 4.4。

Ⅰ71 山前平原旱地地区主要位于黑龙江省、辽宁省。2018 年，该地区总面积约为 10.61 万 km^2，主导资源为耕地资源，面积约为 5.21 万 km^2。在 1990～2018 年，耕地资源在该地区的面积占比为 40.27%到 49.06%，增加了 8.79%；草资源在该地区的面积占比为 25.67%到 16.25%，减少了 9.42%；水体与湿地资源在该地区的面积占比为 14.04%到 12.63%，基本保持稳定。另外，森林、建设用地和荒漠资源在 1990～2018 年占该地区的面积比重较小且基本稳定，分别为 6.27%到 9.70%、3.03%到 3.59%和 10.73%到 8.77%。

Ⅰ72 松嫩平原耕地地区主要位于内蒙古自治区。2018 年，该地区总面积约为 7.17 万 km^2，主导资源为草资源和耕地资源，面积分别约为 2.65 万 km^2 和 2.24 万 km^2。在 1990～2018 年，草资源在该地区的面积占比为 47.20%到 36.94%，减少了 10.26%；耕地资源在该地区的面积占比为 27.80%到 31.21%，基本保持稳定；荒漠资源在该地区的面积占比为 12.67%到 17.52%，增加了 4.85%。另外，森林、水体与湿地和建设用地资源在 1990～2018 年占该地区的面积比重较小且基本稳定，分别为 3.82%到 5.77%、5.94%到 6.11%和 2.56%到 2.44%。

Ⅰ73 辽河平原低覆盖草原旱地地区主要位于内蒙古自治区。2018 年，该地区总面积约为 1.60 万 km^2，主导资源为耕地资源和草资源，面积约为 0.76 万 km^2 和 0.47 万 km^2。在 1990～2018 年，耕地资源在该地区的面积占比为 32.27%到 47.47%，增加了 15.2%；草资源在该地区的面积占比为 42.54%到 29.39%，减少了 13.15%；森林资源在该地区的面积占比为 7.39%到 15.21%，增加了 7.82%。另外，水体与湿地、建设用地和荒漠资源在 1990～2018 年占该地区的面积比重较小且基本稳定，分别为 3.80%到 2.21%、3.24%到 4.87%和 10.76%到 0.85%。

4.2.2　内蒙古高原草原区

1. 一级分区特征描述

内蒙古高原草原资源大区主要位于内蒙古自治区，还有山西省和陕西省北部的小片区域以及河北省西北部的小片区域。2018 年，该区总面积约为 64.81 万 km^2，主导资源为草资源，面积约为 40.94 万 km^2。由表 4.5 和图 4.9 可知，在 1990～2018 年，草资源在该区的面积占比为 65.77%到 63.17%，基本保持稳定；耕地资源在该区的面积占比为 12.73%到 13.30%，基本保持稳定；荒漠在该区的面积占比为 8.91%到 8.98%，呈先增加后减少趋势；森林资源在该区的面积占比为 7.38%到 7.90%，基本保持稳定。另外，水体与湿地和建设用地资源在 1990～2018 年占该地区的面积比重较小且基本稳定，分别为 3.91%到 4.34%和 1.30%到 2.31%。

表 4.5　内蒙古高原草原资源大区 1990～2018 年自然资源动态变化转移矩阵　（单位：km^2）

1990 年	2018 年						合计
	耕地	森林	草	水体与湿地	建设用地	荒漠	
耕地	48534	4211	20761	1734	5087	1107	81434
森林	3718	24994	12113	957	515	791	43088
草	24307	19440	345842	10008	5425	22644	427666
水体与湿地	1952	388	6802	13384	516	2012	25054
建设用地	3252	263	1985	230	2300	170	8200
荒漠	1839	775	21423	1699	770	31639	58145
合计	83602	50071	408926	28012	14613	58363	643587

内蒙古高原草原资源大区年平均降水量约为 320mm，属于半干旱地区，草资源类型主要为温性草原，植被亚类以温带丛生禾草为主，植被归一化指数 NDVI 平均值约为 0.474，植被净初级生产力 NPP 值约为 178.57g·C/m^2，在地形地貌上该区西南部的地形地貌主要为冲积地貌，北部地区有部分平原，其他区域主要为山地。该区土壤类型主要为栗钙土和棕钙土，该区西南部的部分荒漠区域的土壤类型为风沙土。同时该区主要是中国畜牧业区，也是中国牛羊等的生产地。

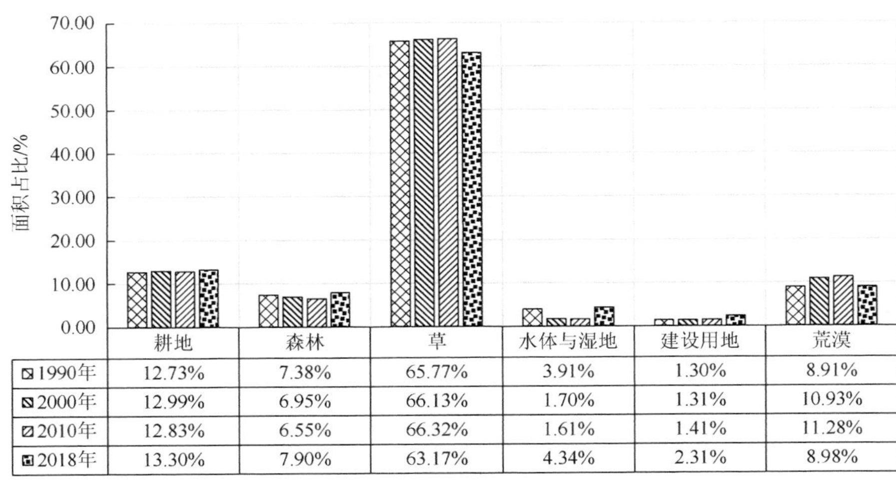

	耕地	森林	草	水体与湿地	建设用地	荒漠
1990年	12.73%	7.38%	65.77%	3.91%	1.30%	8.91%
2000年	12.99%	6.95%	66.13%	1.70%	1.31%	10.93%
2010年	12.83%	6.55%	66.32%	1.61%	1.41%	11.28%
2018年	13.30%	7.90%	63.17%	4.34%	2.31%	8.98%

图 4.9　内蒙古高原草原资源大区陆表资源面积占比变化

2. 二级分区特征描述

该大区共包括呼伦贝尔高原温带草原亚区、锡林郭勒盟高原东部温带草原亚区、大兴安岭南部温带林草亚区、乌兰察布高原西部温带草原亚区、内蒙古高原东部温带草耕亚区、鄂尔多斯高原温带荒漠亚区和河套平原温带草耕亚区等 7 个亚区（附图 3～附图 6）。

Ⅱ1 呼伦贝尔高原温带草原亚区主要位于呼伦贝尔市以西。2018 年，该亚区总面积约为 9.05 万 km^2，主导资源为草资源，面积约为 6.04 万 km^2。在 1990～2018 年，草资源在该亚区的面积占比为 74.12%到 66.71%，减少了 7.41%，基本保持稳定；水体与湿地资源在该亚区的面积占比为 8.38%到 11.70%，呈先减少后增加的趋势，变化主要发生在 1990～2000 年和 2010～2018 年；荒漠资源在该亚区的面积占比为 1.81%到 4.37%，增加了 2.56%，变化主要发生在 1990～2000 年。另外，耕地、森林和建设用地资源在 1990～2018 年占该地区的面积比重较小且基本稳定，分别为 5.59%到 6.05%、9.77%到 10.36%和 0.32%到 0.81%（图 4.10）。

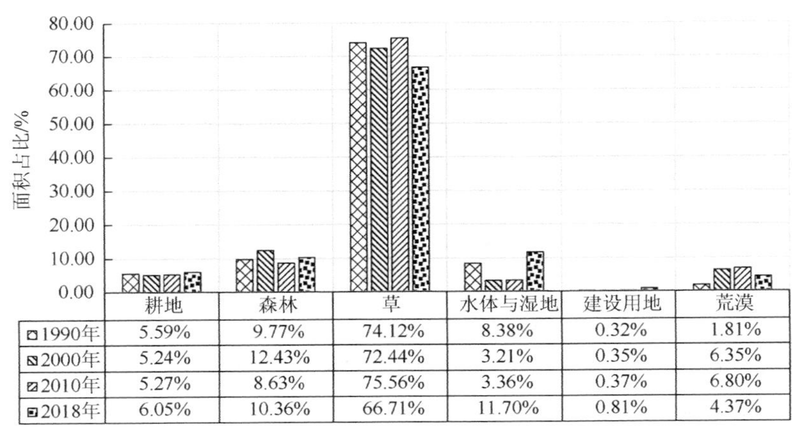

	耕地	森林	草	水体与湿地	建设用地	荒漠
1990年	5.59%	9.77%	74.12%	8.38%	0.32%	1.81%
2000年	5.24%	12.43%	72.44%	3.21%	0.35%	6.35%
2010年	5.27%	8.63%	75.56%	3.36%	0.37%	6.80%
2018年	6.05%	10.36%	66.71%	11.70%	0.81%	4.37%

图 4.10　呼伦贝尔高原温带草原亚区陆表资源面积占比变化

Ⅱ2 锡林郭勒盟高原东部温带草原亚区主要位于锡林郭勒盟市以东，还有赤峰市西北部的小片区域。2018 年，该亚区总面积约为 10.85 万 km^2，主导资源为草资源，面积约为 9.21 万 km^2。在 1990～2018 年，草资源在该亚区的面积占比为 84.56%到 84.89%，基本保持稳定；水体与湿地资源在该亚区的面积占比为 5.69%到 4.99%，呈先减少后增加的趋势，变化主要发生在 1990～2000 年和 2010～2018 年；荒漠资源在该亚区的面积占比为 7.18%到 6.73%，呈先增加后减少的趋势，变化主要发生在 1990～2000 年和 2010～2018 年。另外，耕地、森林和建设用地资源在 1990～2018 年占该地区的面积比重较小且基本稳定，分别为 1.69%到 1.86%、0.73%到 1.03%和 0.16%到 0.50%（图 4.11）。

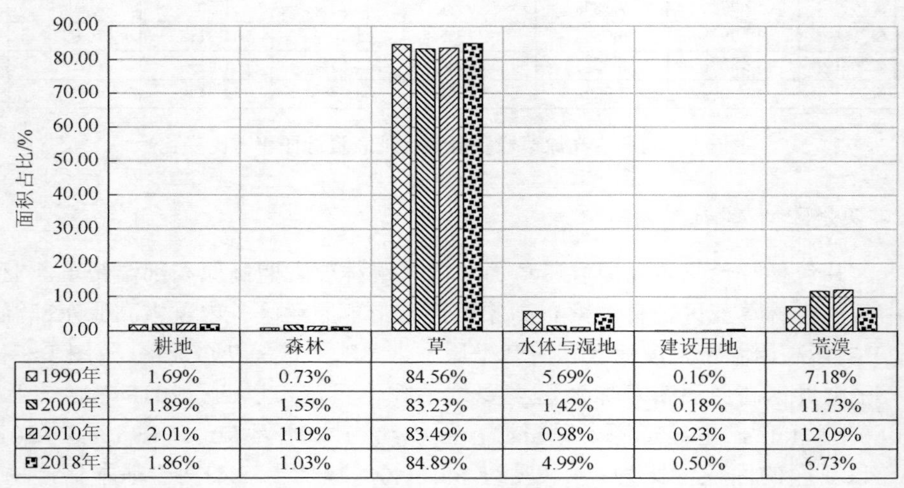

	耕地	森林	草	水体与湿地	建设用地	荒漠
1990年	1.69%	0.73%	84.56%	5.69%	0.16%	7.18%
2000年	1.89%	1.55%	83.23%	1.42%	0.18%	11.73%
2010年	2.01%	1.19%	83.49%	0.98%	0.23%	12.09%
2018年	1.86%	1.03%	84.89%	4.99%	0.50%	6.73%

图 4.11　锡林郭勒盟高原东部温带草原亚区陆表资源面积占比变化

Ⅱ3 大兴安岭南部温带林草亚区主要位于赤峰市、通辽市和兴安盟市西北部。2018 年，该亚区总面积约为 6.81 万 km^2，主导资源为草资源，面积约为 3.12 万 km^2。在 1990～2018 年，草资源在该亚区的面积占比为 57.44%到 45.77%，减少了 11.67%，变化主要发生在 2010～2018 年；森林资源在该亚区的面积占比为 26.55%到 33.11%，增加了 6.56%，变化主要发生在 2010～2018 年；耕地资源在该亚区的面积占比为 9.52%到 12.86%，基本保持稳定。另外，水体与湿地、建设用地和荒漠资源在 1990～2018 年占该地区的面积比重较小且基本稳定，分别为 2.86%到 4.21%、0.99%到 1.57%和 2.64%到 2.49%（图 4.12）。

Ⅱ4 乌兰察布高原西部温带草原亚区主要位于锡林郭勒盟高原西南部、巴彦淖尔市东北部、乌兰察布市和包头市西北部。2018 年，该亚区总面积约为 13.13 万 km^2，主导资源为草资源，面积约为 11.36 万 km^2。在 1990～2018 年，草资源在该亚区的面积占比为 87.03%到 86.52%，基本保持稳定；荒漠资源在该亚区的面积占比为 10.32%到 10.39%，基本保持稳定。另外，耕地、森林、水体与湿地和建设用地资源在 1990～2018 年占该地区的面积比重较小且基本稳定，分别为 0.32%到 0.46%、0.17%到 0.18%、1.89%到 1.90%和 0.27%到 0.56%（图 4.13）。

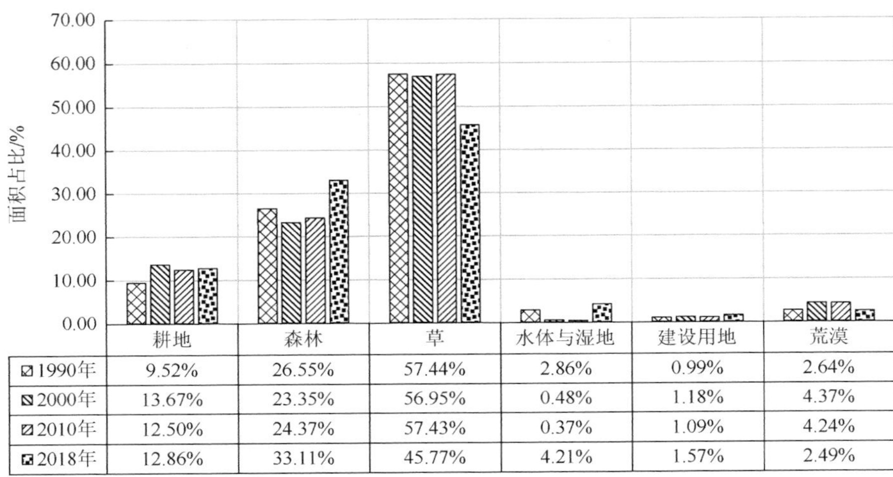

	耕地	森林	草	水体与湿地	建设用地	荒漠
1990年	9.52%	26.55%	57.44%	2.86%	0.99%	2.64%
2000年	13.67%	23.35%	56.95%	0.48%	1.18%	4.37%
2010年	12.50%	24.37%	57.43%	0.37%	1.09%	4.24%
2018年	12.86%	33.11%	45.77%	4.21%	1.57%	2.49%

图 4.12　大兴安岭南部温带林草亚区陆表资源面积占比变化

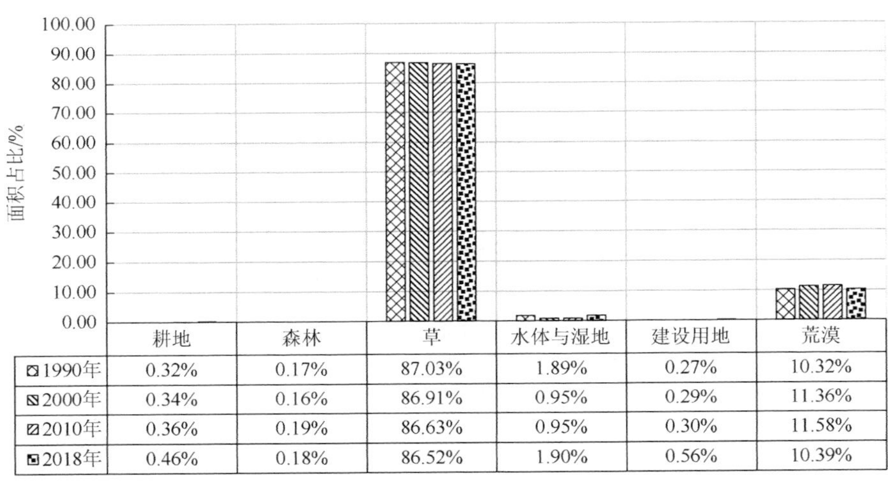

	耕地	森林	草	水体与湿地	建设用地	荒漠
1990年	0.32%	0.17%	87.03%	1.89%	0.27%	10.32%
2000年	0.34%	0.16%	86.91%	0.95%	0.29%	11.36%
2010年	0.36%	0.19%	86.63%	0.95%	0.30%	11.58%
2018年	0.46%	0.18%	86.52%	1.90%	0.56%	10.39%

图 4.13　乌兰察布高原西部温带草原亚区陆表资源面积占比变化

Ⅱ5 内蒙古高原东部温带草耕亚区主要位于鄂尔多斯市东部，包括山西省和河北省西北部以及内蒙古自治区南部的区域。2018 年，该亚区总面积约为 13.56 万 km^2，主导资源为耕地资源和草资源，面积分别约为 5.48 万 km^2 和 5.10 万 km^2。由图 4.14 可知，在 1990～2018 年，耕地资源在该亚区的面积占比为 41.78%到 40.39%，基本保持稳定；草资源在该亚区的面积占比为 40.08%到 37.60%，基本保持稳定；森林资源在该亚区的面积占比为 9.56%到 11.09%，基本保持稳定。另外，水体与湿地、建设用地和荒漠资源在 1990～2018 年占该地区的面积比重较小且基本稳定，分别为 2.86%到 2.53%、3.57%到 5.89%和 2.15%到 2.50%（图 4.14）。

Ⅱ6 鄂尔多斯高原温带荒漠亚区主要位于鄂尔多斯市东部，同时包括榆林市西北部的小片区域。2018 年，该亚区总面积约为 6.06 万 km^2，主导资源为草资源，面积约为 3.33 万 km^2。

由图 4.15 可知，在 1990～2018 年，草资源在该亚区的面积占比为 54.98%到 54.92%，基本保持稳定；荒漠资源在该亚区的面积占比为 29.03%到 26.50%，基本保持稳定。另外，耕地、森林、水体与湿地和建设用地资源在 1990～2018 年占该地区的面积比重较小且基本稳定，分别为 9.75%到 9.11%、3.21%到 3.22%、2.59%到 2.48%和 0.85%到 3.77%。

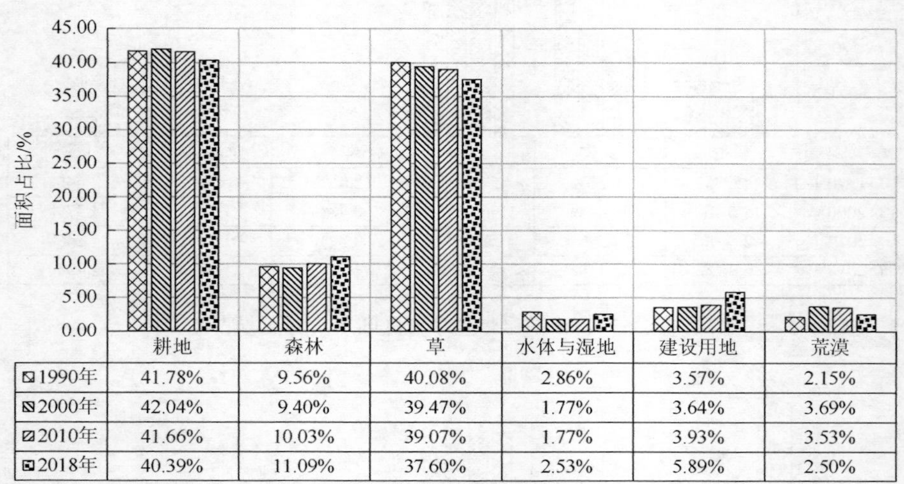

	耕地	森林	草	水体与湿地	建设用地	荒漠
1990年	41.78%	9.56%	40.08%	2.86%	3.57%	2.15%
2000年	42.04%	9.40%	39.47%	1.77%	3.64%	3.69%
2010年	41.66%	10.03%	39.07%	1.77%	3.93%	3.53%
2018年	40.39%	11.09%	37.60%	2.53%	5.89%	2.50%

图 4.14　内蒙古高原东部温带草耕亚区陆表资源面积占比变化

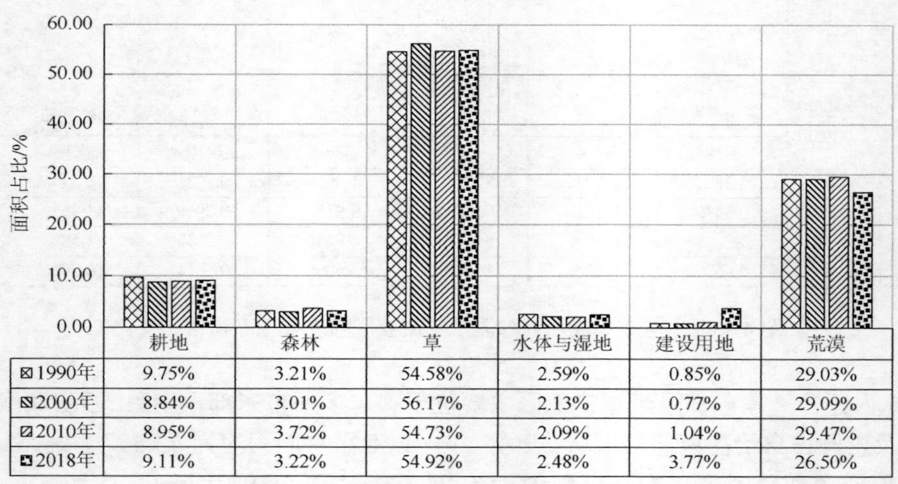

	耕地	森林	草	水体与湿地	建设用地	荒漠
1990年	9.75%	3.21%	54.58%	2.59%	0.85%	29.03%
2000年	8.84%	3.01%	56.17%	2.13%	0.77%	29.09%
2010年	8.95%	3.72%	54.73%	2.09%	1.04%	29.47%
2018年	9.11%	3.22%	54.92%	2.48%	3.77%	26.50%

图 4.15　鄂尔多斯高原温带荒漠亚区陆表资源面积占比变化

Ⅱ7 河套平原温带草耕亚区主要位于鄂尔多斯市西部和巴彦淖尔市南部。2018 年，该亚区总面积约为 5.29 万 km^2，主导资源为草资源，面积约为 2.91 万 km^2。由图 4.16 可知，在 1990～2018 年，草资源在该亚区的面积占比为 56.28%到 55.10%，基本保持稳定；荒漠资源在该亚区的面积占比为 25.37%到 23.06%，基本保持稳定。另外，耕地、森林、水体与湿地和建设用地资源在 1990～2018 年占该地区的面积比重较小且基本稳定，分别为 11.85%到 15.03%、0.61%到 0.83%、3.21%到 3.42%和 2.68%到 2.56%。

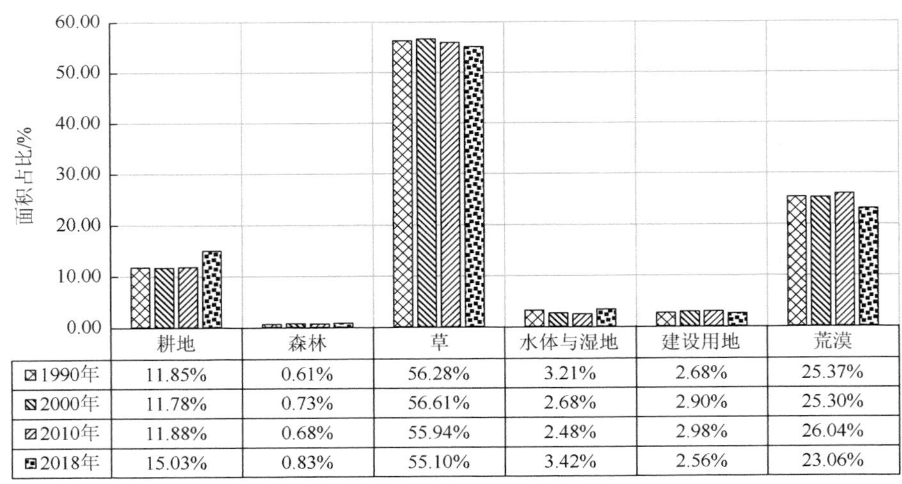

图 4.16　河套平原温带草耕亚区陆表资源面积占比变化

3. 三级分区特征描述

内蒙古高原草原资源大区分为 7 个二级区划亚区。由于 1990～2018 年自然资源有较大的变化，所以在进行动态区划时，将 1990 年的 7 个二级亚区划分为了 10 个三级地区，分别为Ⅱ11 呼伦贝尔高原高覆盖草原地区、Ⅱ12 呼伦贝尔高原中覆盖草原地区、Ⅱ21 锡林郭勒盟高原东部高覆盖草原地区、Ⅱ31 大兴安岭南部灌木林高覆盖草原地区、Ⅱ41 乌兰察布高原西部中覆盖草原地区、Ⅱ51 内蒙古高原东部中覆盖草原旱地区、Ⅱ52 内蒙古高原东部旱地地区、Ⅱ61 鄂尔多斯高原低覆盖草原沙地地区、Ⅱ71 河套平原中覆盖草原地区和Ⅱ72 乌梁素海湿地旱地地区。在 2018 年的区划中，7 个三级亚区被分为了 12 个三级地区，多了Ⅱ1 呼伦贝尔高原温带草原亚区分出的Ⅱ13 呼伦贝尔高原灌木林高覆盖草原地区和Ⅱ2 锡林郭勒盟高原东部温带草原亚区分出的Ⅱ22 锡林郭勒盟高原东部中覆盖草原地区。各地区具体资源面积占比情况见表 4.6 及附图 7～附图 10。

表 4.6　内蒙古高原草原资源大区三级地区陆表资源面积占比

二级区划		三级区划		资源类型及占比	资源类型及占比
代码	名称	代码	名称	（1990 年）	（2018 年）
Ⅱ1	呼伦贝尔高原温带草原亚区	Ⅱ11	呼伦贝尔高原高覆盖草原地区	草（62.13%）、森林（23.66%）、耕地（9.36%）、水体与湿地（4.04%）、建设用地（0.51%）、荒漠（0.29%）	草（68.60%）、森林（8.00%）、耕地（6.98%）、水体与湿地（10.47%）、建设用地（0.78%）、荒漠（5.18%）
		Ⅱ12	呼伦贝尔高原中覆盖草原地区	草（80.48%）、水体与湿地（10.74%）、耕地（3.61%）、荒漠（2.60%）、森林（2.35%）、建设用地（0.22%）	草（76.09%）、水体与湿地（18.79%）、耕地（0.63%）、荒漠（3.15%）、森林（0.04%）、建设用地（1.30%）、
		Ⅱ13	呼伦贝尔高原灌木林高覆盖草原地区		森林（45.27%）、草（37.04%）、耕地（8.70%）、水体与湿地（8.28%）、荒漠（0.47%）、建设用地（0.24%）、

续表

二级区划		三级区划		资源类型及占比	资源类型及占比
代码	名称	代码	名称	（1990 年）	（2018 年）
Ⅱ2	锡林郭勒盟高原东部温带草原亚区	Ⅱ21	锡林郭勒盟高原东部高覆盖草原地区	草（84.56%）、荒漠（7.18%）、水体与湿地（5.69%）、耕地（1.69%）、森林（0.73%）、建设用地（0.16%）	草（83.14%）、荒漠（8.43%）、水体与湿地（4.50%）、耕地（2.40%）、森林（0.97%）、建设用地（0.57%）
		Ⅱ22	锡林郭勒盟高原东部中覆盖草原地区		草（87.97%）、水体与湿地（5.78%）、森林（1.14%）、耕地（0.93%）、建设用地（0.38%）
Ⅱ3	大兴安岭南部温带林草亚区	Ⅱ31	大兴安岭南部灌木林高覆盖草原地区	草（57.44%）、森林（26.55%）、耕地（9.52%）、水体与湿地（2.86%）、荒漠（2.64%）、建设用地（0.99%）	草（45.77%）、森林（33.11%）、耕地（12.86%）、水体与湿地（4.21%）、荒漠（2.49%）、建设用地（1.57%）
Ⅱ4	乌兰察布高原西部温带草原亚区	Ⅱ41	乌兰察布高原西部中覆盖草原地区	草（87.03%）、荒漠（10.32%）、水体与湿地（1.89%）、耕地（0.32%）、建设用地（0.27%）、森林（0.17%）	草（86.52%）、荒漠（10.39%）、水体与湿地（1.90%）、耕地（0.46%）、建设用地（0.56%）、森林（0.18%）
Ⅱ5	内蒙古高原东部温带草耕亚区	Ⅱ51	内蒙古高原东部中覆盖草原旱地区	耕地（39.87%）、草（37.41%）、森林（14.77%）、建设用地（3.73%）、水体与湿地（2.30%）、荒漠（1.93%）	耕地（36.88%）、草（35.32%）、森林（16.46%）、建设用地（6.85%）、水体与湿地（2.19%）、荒漠（2.30%）
		Ⅱ52	内蒙古高原东部旱地地区	耕地（44.25%）、草 43.90%）、水体与湿地（3.58%）、建设用地（3.37%）、森林（2.46%）、荒漠（2.44%）	耕地（45.42%）、草（40.41%）、水体与湿地（3.09%）、建设用地（4.56%）、森林（3.76%）、荒漠（2.75%）
Ⅱ6	鄂尔多斯高原温带荒漠亚区	Ⅱ61	鄂尔多斯高原低覆盖草原沙地地区	草（54.58%）、荒漠（29.03%）、耕地（9.75%）、森林（3.21%）、水体与湿地（2.59%）、建设用地（0.85%）	草（54.92%）、荒漠（26.50%）、耕地（9.11%）、森林（3.22%）、水体与湿地（2.48%）、建设用地（3.77%）
Ⅱ7	河套平原温带草耕亚区	Ⅱ71	河套平原中覆盖草原地区	草（65.86%）、荒漠（28.30%）、水体与湿地（2.41%）、耕地（2.34%）、建设用地（0.71%）、森林（0.38%）	草（67.84%）、荒漠（24.82%）、水体与湿地（2.46%）、耕地（2.34%）、建设用地（1.60%）、森林（0.94%）
		Ⅱ72	乌梁素海湿地旱地地区	耕地（40.68%）、草（27.37%）、荒漠（16.48%）、建设用地（8.65%）、水体与湿地（5.54%）、森林（1.29%）	耕地（45.59%）、草（24.40%）、荒漠（18.91%）、建设用地（4.91%）、水体与湿地（5.64%）、森林（0.55%）

Ⅱ11 呼伦贝尔高原高覆盖草原地区主要位于内蒙古自治区。2018 年，该地区总面积约为 6.57 万 km^2，主导资源为草资源，面积约为 4.51 万 km^2。在 1990～2018 年，草资源在该地区的面积占比为 62.13%到 68.60%，基本保持稳定；森林资源在该地区的面积占比为 23.66%到 8.00%，减少了 15.66%；荒漠资源在该地区的面积占比为 0.29%到 5.18%，增加了 4.89%。另外，耕地、水体与湿地和建设用地资源在 1990～2018 年占该地区的面积比重较小且基本稳定，分别为 9.36%到 6.98%、4.04%到 10.47%和 0.51%到 0.78%。

Ⅱ12 呼伦贝尔高原中覆盖草原地区主要位于内蒙古自治区。2018 年，该地区总面积约为 1.53 万 km^2，主导资源为草资源，面积约为 1.16 万 km^2。在 1990～2018 年，草资源在该地区的面积占比为 80.48%到 76.09%，基本保持稳定；水体与湿地资源在该地区的面积占比为 10.74%到 18.79%，增加了 8.05%。另外，耕地、森林、建设用地和荒漠资源在

1990～2018 年占该地区的面积比重较小且基本稳定，分别为 3.61%到 0.63%、2.35%到 0.04%、0.22%到 1.30%和 2.60%到 3.15%。

Ⅱ13 呼伦贝尔高原灌木林高覆盖草原地区是 2018 年三级区划比 1990 年多出的一个区域，主要位于内蒙古自治区。2018 年，该地区总面积约为 0.95 万 km^2，主导资源为森林资源和草资源，面积约为 0.43 万 km^2 和 0.35 万 km^2。在 2018 年，森林资源在该地区的面积占比为 45.27%；草资源在该地区的面积占比为 37.04%。另外，耕地、水体与湿地、建设用地和荒漠资源在 2018 年占该地区的面积比重较小，分别为 8.70%、8.28%、0.24%和 0.47%。

Ⅱ21 锡林郭勒盟高原东部高覆盖草原地区主要位于内蒙古自治区。2018 年，该地区总面积约为 6.85 万 km^2，主导资源为草资源，面积约为 5.70 万 km^2。在 1990～2018 年，草资源在该地区的面积占比为 84.56%到 83.14%，基本保持稳定。另外，耕地、森林、水体与湿地、建设用地和荒漠资源在 1990～2018 年占该地区的面积比重较小且基本稳定，分别为 1.69%到 2.40%、0.73%到 0.97%、5.69%到 4.50%、0.16%到 0.57%和 7.18%到 8.43%。

Ⅱ22 锡林郭勒盟高原东部中覆盖草原地区是 2018 年三级区划比 1990 年多出的一个区域，主要位于内蒙古自治区。2018 年，该地区总面积约为 4.01 万 km^2，主导资源为草资源，面积约为 3.53 万 km^2。在 2018 年，草资源在该地区的面积占比为 87.97%。另外，耕地、森林、水体与湿地和建设用地资源在 2018 年占该地区的面积比重较小，分别为 0.93%、1.14%、5.78%和 0.38%。

Ⅱ31 大兴安岭南部灌木林高覆盖草原地区主要位于内蒙古自治区。2018 年，该地区总面积约为 6.81 万 km^2，主导资源为草资源和森林资源，面积分别约为 3.12 万 km^2 和 2.25 万 km^2。在 1990～2018 年，草资源在该地区的面积占比为 57.44%到 45.77%，减少了 11.67%；森林资源在该地区的面积占比为 26.55%到 33.11%，增加了 6.56%；耕地资源在该地区的面积占比为 9.52%到 12.86%，增加了 3.34%。另外，水体与湿地、建设用地和荒漠资源在 1990～2018 年占该地区的面积比重较小且基本稳定，分别为 2.86%到 4.21%、0.99%到 1.57%和 2.64%到 2.49%。

Ⅱ41 乌兰察布高原西部中覆盖草原地区主要位于内蒙古自治区。2018 年，该地区总面积约为 13.13 万 km^2，主导资源为草资源，面积约为 11.36 万 km^2。在 1990～2018 年，草资源在该地区的面积占比为 87.03%到 86.52%，基本保持稳定；荒漠资源在该地区的面积占比为 10.32%到 10.39%，基本保持稳定。另外，耕地、森林、水体与湿地和建设用地资源在 1990～2018 年占该地区的面积比重较小且基本稳定，分别为 0.32%到 0.46%、0.17%到 0.18%、1.89%到 1.90%和 0.27%到 0.56%。

Ⅱ51 内蒙古高原东部中覆盖草原旱地区主要位于内蒙古自治区。2018 年，该地区总面积约为 7.89 万 km^2，主导资源为耕地资源和草资源，面积分别约为 2.91 万 km^2 和 2.79 万 km^2。在 1990～2018 年，耕地资源在该地区的面积占比为 39.87%到 36.88%，基本保持稳定；草资源在该地区的面积占比为 37.41%到 35.32%，基本保持稳定；森林资源在该地区的面积占比为 14.77%到 16.46%，基本保持稳定。另外，水体与湿地、建设用地和荒漠资源在 1990 到 2018 年占该地区的面积比重较小且基本稳定，分别为 2.30%到 2.19%、3.73%到 6.85%和 1.93%到 2.30%。

Ⅱ52 内蒙古高原东部旱地地区主要位于内蒙古自治区。2018 年，该地区总面积约为

5.67 万 km^2，主导资源为耕地资源和草资源，面积分别约为 2.58 万 km^2 和 2.29 万 km^2。在 1990～2018 年，耕地资源在该地区的面积占比为 44.25%到 45.42%，基本保持稳定；草资源在该地区的面积占比为 43.90%到 40.41%，基本保持稳定。另外，森林、水体与湿地、建设用地和荒漠资源在 1990～2018 年占该地区的面积比重较小且基本稳定，分别为 2.64%到 3.76%、3.58%到 3.09%、3.37%到 4.56%和 2.44%到 2.75%。

Ⅱ61 鄂尔多斯高原低覆盖草原沙地地区主要位于内蒙古自治区。2018 年，该地区总面积约为 6.06 万 km^2，主导资源为草资源，面积约为 3.33 万 km^2。在 1990～2018 年，草资源在该地区的面积占比为 54.58%到 54.92%，基本保持稳定；荒漠资源在该地区的面积占比为 29.03%到 26.50%，基本保持稳定。另外，耕地、森林、水体与湿地和建设用地资源在 1990～2018 年占该地区的面积比重较小且基本稳定，分别为 9.75%到 9.11%、3.21%到 3.22%、2.59%到 2.48%和 0.85%到 3.77%。

Ⅱ71 河套平原中覆盖草原地区主要位于内蒙古自治区。2018 年，该地区总面积约为 3.74 万 km^2，主导资源为草资源，面积约为 2.54 万 km^2。在 1990～2018 年，草资源在该地区的面积占比为 65.86%到 67.84%，基本保持稳定；荒漠资源在该地区的面积占比为 28.30%到 24.82%，基本保持稳定。另外，耕地、森林、水体与湿地和建设用地资源在 1990～2018 年占该地区的面积比重较小且基本稳定，分别为 2.34%到 2.34%、0.38%到 0.94%、2.41%到 2.46%和 0.71%到 1.60%。

Ⅱ72 乌梁素海湿地旱地地区主要位于内蒙古自治区。2018 年，该地区总面积约为 1.55 万 km^2，主导资源为耕地资源和草资源，面积分别约为 0.71 万 km^2 和 0.38 万 km^2。在 1990～2018 年，耕地资源在该地区的面积占比为 40.68%到 45.59%，基本保持稳定；草资源在该地区的面积占比为 27.37%到 24.40%，基本保持稳定；荒漠资源在该地区的面积占比为 16.48%到 18.91%，基本保持稳定。另外，森林、水体与湿地和建设用地资源在 1990～2018 年占该地区的面积比重较小且基本稳定，分别为 1.29%到 0.55%、5.54%到 5.64%和 8.65%到 4.91%。

4.2.3 华北平原草耕区

1. 一级分区特征描述

华北平原耕地资源大区主要位于山东省、河北省、河南省东部以及安徽省和江苏省北部。2018 年，该区总面积约为 52.87 万 km^2，主导资源为耕地资源，面积约为 30.81 万 km^2。由表 4.7 和图 4.17 可知，在 1990～2018 年，耕地资源在该区的面积占比为 62.43%到 58.27%，呈逐渐减少趋势，主要转变为了建设用地；森林资源在该区的面积占比为 12.81%到 13.46%，基本保持稳定；建设用地资源在该区的面积占比为 10.58%到 15.81%，呈逐渐增加趋势，主要为耕地资源转变为建设用地资源；草资源在该区的面积占比为 10.60%到 8.57%，呈逐渐下降趋势，主要转变为了耕地资源、森林资源和水体与湿地资源。另外，水体与湿地和荒漠资源在 1990～2018 年占该地区的面积比重较小且基本稳定，分别为 3.06%到 3.81%和 0.52%到 0.08%。

表 4.7　华北平原耕地资源大区 1990～2018 年自然资源动态变化转移矩阵　（单位：km^2）

1990 年	2018 年						合计
	耕地	森林	草	水体与湿地	建设用地	荒漠	
耕地	247211	9281	9037	7407	56265	127	329328
森林	8511	47678	9009	563	1856	42	67659
草	13477	12456	24965	1298	2648	95	54939
水体与湿地	5640	653	839	7202	1527	44	15905
建设用地	31071	591	655	2820	20627	54	55818
荒漠	1363	108	285	526	361	70	2713
合计	307273	70767	44790	19816	83284	432	526362

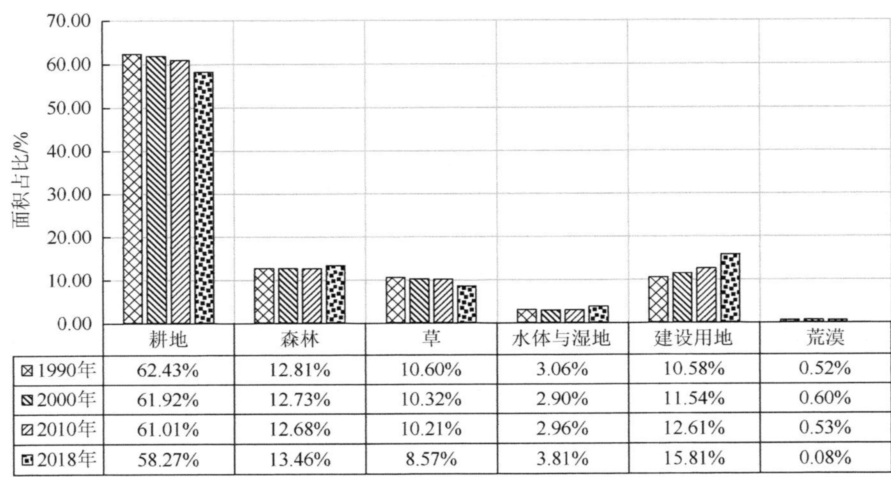

	耕地	森林	草	水体与湿地	建设用地	荒漠
1990年	62.43%	12.81%	10.60%	3.06%	10.58%	0.52%
2000年	61.92%	12.73%	10.32%	2.90%	11.54%	0.60%
2010年	61.01%	12.68%	10.21%	2.96%	12.61%	0.53%
2018年	58.27%	13.46%	8.57%	3.81%	15.81%	0.08%

图 4.17　华北平原耕地资源大区陆表资源面积占比变化

华北平原草耕资源大区地形以低海拔冲积平原为主、北部地区有小部分中海拔起伏山地，东南部有小部分区域为低海拔起伏山地。该大区年平均降水量为 660.78mm，年均积温为 4048.3℃，地处中纬度欧亚大陆东部，属于温带季风气候，大区内季节差别明显，冬季干燥寒冷，春季干旱少雨，每年在春季时经常发生“春旱”。土壤类型主要为棕壤土和褐土，土壤肥力高，适合于耕种，是我国主要的粮食生产基地。该区的植被类型主要为栽培植被，为两年三熟和一年两熟的旱作和落叶果树，同时还有许多暖温带落叶灌丛和落叶阔叶林等植被。该大区植被归一化指数 NDVI 的平均值为 0.746，植被净初级生产力 NPP 的值为 236.48 $g·C/m^2$。

2. 二级分区特征描述

华北平原草耕资源大区主要分为四个亚区，分别为华北山地丘陵暖温带林草亚区、华北平原暖温带耕地亚区、鲁东山地暖温带林耕亚区和鲁中山地温暖带林耕亚区（附图 3～附图 6）。

Ⅲ1 华北山地丘陵暖温带林草亚区主要位于华北平原北部，内蒙古高原南部地区。2018 年，该亚区总面积约为 12.69 万 km^2，主导资源为森林资源，面积约为 5.71 万 km^2。在 1990～2018 年，森林资源在该亚区的面积占比为 41.02%到 45.02%，基本保持稳定；草资源在该亚区的面积占比为 29.09%到 25.07%，基本保持稳定；耕地资源在该亚区的面积占比为 25.70%到 23.67%，基本保持稳定。另外，水体与湿地、建设用地和荒漠资源在 1990～2018 年占该地区的面积比重较小且基本稳定，分别为 1.94%到 1.99%、1.92%到 4.19%和 0.32%到 0.06%（图 4.18）。

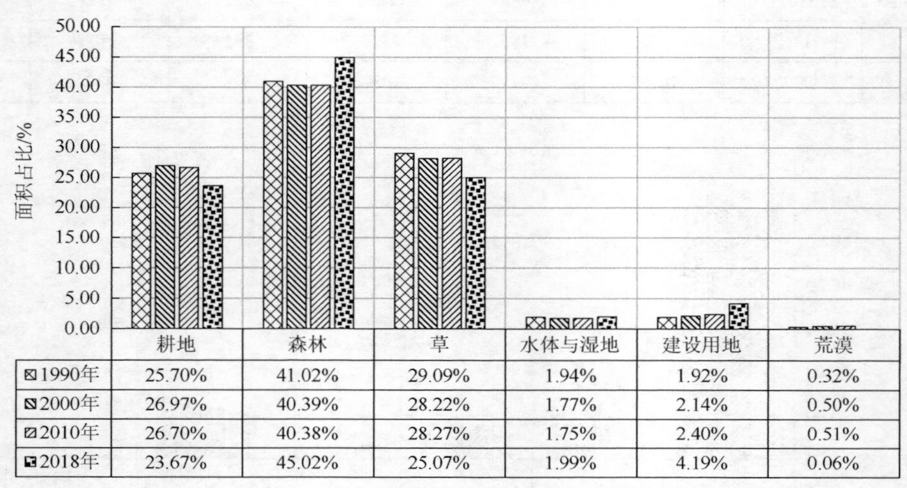

	耕地	森林	草	水体与湿地	建设用地	荒漠
1990年	25.70%	41.02%	29.09%	1.94%	1.92%	0.32%
2000年	26.97%	40.39%	28.22%	1.77%	2.14%	0.50%
2010年	26.70%	40.38%	28.27%	1.75%	2.40%	0.51%
2018年	23.67%	45.02%	25.07%	1.99%	4.19%	0.06%

图 4.18　华北山地丘陵暖温带林草亚区陆表资源面积占比变化

Ⅲ2 华北平原暖温带耕地亚区主要位于华北平原区域。2018 年，该亚区总面积约为 33.74 万 km^2，主导资源为耕地资源，面积约为 24.08 万 km^2。在 1990～2018 年，耕地资源在该亚区的面积占比为 77.45%到 71.36%，呈逐年减少趋势；建设用地资源在该亚区的面积占比为 14.33%到 20.41%，增加了 6.08%，呈逐年增加趋势。另外，森林、草、水体与湿地和荒漠资源在 1990～2018 年占该地区的面积比重较小且基本稳定，分别为 1.75%到 1.76%、2.26%到 1.87%、3.57%到 4.53%和 0.64%到 0.07%（图 4.19）。

Ⅲ3 鲁东山地温暖带林耕亚区主要位于山东半岛，所在的区域包括烟台市、威海市和青岛市的东北部区域。2018 年，该亚区总面积约为 4.24 万 km^2，主导资源为耕地资源，面积约为 2.46 万 km^2。在 1990～2018 年，耕地资源在该亚区的面积占比为 58.76%到 57.94%，基本保持稳定；草资源在该亚区的面积占比为 16.48%到 11.39%，减少了 5.09%，呈逐年减少趋势；森林资源在该亚区的面积占比为 13.77%到 12.83%，基本保持稳定；建设用地资源在该亚区的面积占比为 8.05%到 14.40%，呈逐年增加趋势。另外，水体与湿地和荒漠资源在 1990～2018 年占该地区的面积比重较小且基本稳定，分别为 2.63%到 3.17%和 0.30%到 0.27%（图 4.20）。

Ⅲ4 鲁中山地暖温带林耕亚区主要位于山东省东南部。2018 年，该亚区总面积约为 2.20 万 km^2，主导资源为耕地资源，面积约为 1.26 万 km^2。在 1990～2018 年，耕地资源在该亚区的面积占比为 59.95%到 57.07%，基本保持稳定；草资源在该亚区的面积占比为 15.78%到 11.29%，减少了 4.49%，变化主要发生在 2010～2018 年；森林资源在该亚区的面积占比为 12.25%到 12.16%，基本保持稳定；建设用地资源在该亚区的面积占比为 9.11%到 14.67%，呈逐年增加趋势。另外，水体与湿地和荒漠资源在 1990～2018 年占该地区的面积比重较小且基本稳定，分别为 2.68%到 4.74%和 0.23%到 0.07%（图 4.21）。

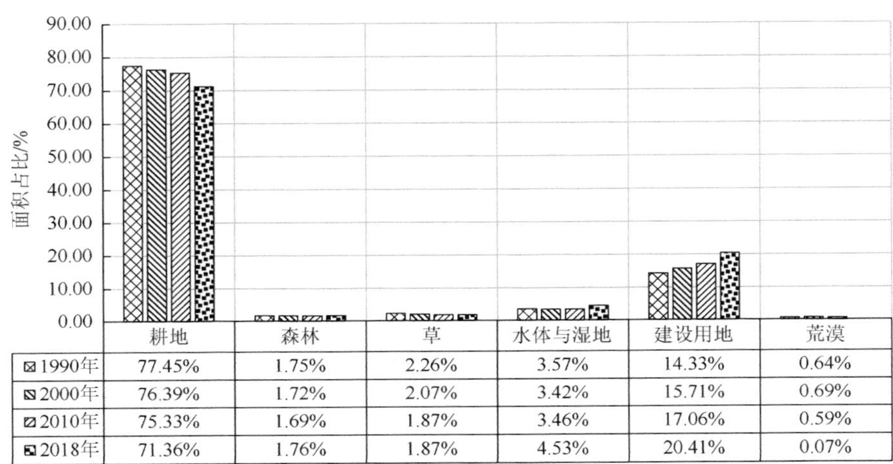

图 4.19　华北平原暖温带耕地亚区陆表资源面积占比变化

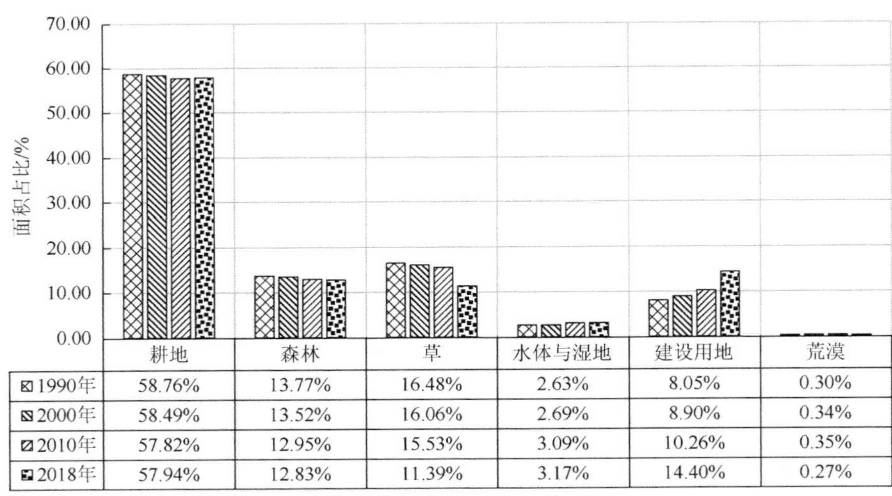

图 4.20　鲁东山地温暖带林耕亚区陆表资源面积占比变化

3. 三级分区特征描述

Ⅲ1 华北山地丘陵暖温带林草亚区共划分为 2 个自然资源地区，分别为Ⅲ11 燕山山地有林地旱地地区和Ⅲ12 恒山山地丘陵高覆盖草原旱地地区，具体资源面积占比情况见表 4.8 及附图 7～附图 10。

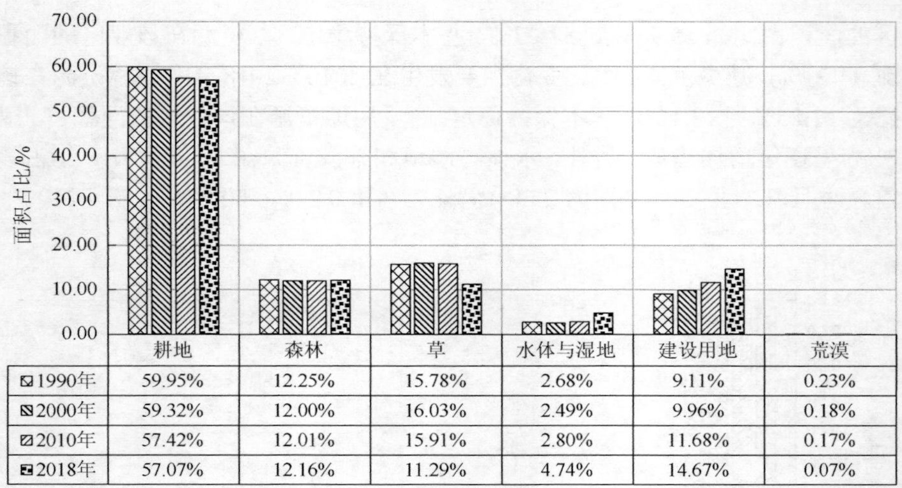

图 4.21 鲁中山地暖温带林耕亚区陆表资源面积占比变化

表 4.8 华北平原耕地资源大区三级地区陆表资源面积占比

二级区划		三级区划		资源类型及占比	资源类型及占比
代码	名称	代码	名称	（1990 年）	（2018 年）
Ⅲ1	华北山地丘陵暖温带林草亚区	Ⅲ11	燕山山地有林地旱地地区	森林（44.04%）、耕地（26.92%）、草（24.54%）、建设用地（2.08%）、水体与湿地（2.07%）、荒漠（0.37%）	森林（48.36%）、耕地（24.94%）、草（20.13%）、建设用地（4.38%）、水体与湿地（2.13%）、荒漠（0.06%）
		Ⅲ12	恒山山地丘陵高覆盖草原旱地地区	草（48.76%）、森林（27.92%）、耕地（20.56%）、水体与湿地（1.44%）、建设用地（1.21%）、荒漠（0.12%）	草（47.89%）、森林（29.60%）、耕地（17.74%）、水体与湿地（1.35%）、建设用地（3.36%）、荒漠（0.07%）
Ⅲ2	华北平原暖温带耕地亚区	Ⅲ21	海河平原北部旱地地区	耕地（77.05%）、建设用地（13.06%）、水体与湿地（3.72%）、草（3.26%）、森林（1.70%）、荒漠（1.21%）	耕地（68.80%）、建设用地（20.99%）、水体与湿地（5.38%）、草（2.69%）、森林（2.03%）、荒漠（0.11%）
		Ⅲ22	黄淮平原南部耕地地区	耕地（77.76%）、建设用地（15.56%）、水体与湿地（3.46%）、森林（1.80%）、草（1.30%）、荒漠（0.11%）	耕地（73.84%）、建设用地（19.84%）、水体与湿地（3.71%）、森林（1.51%）、草（1.07%）、荒漠（0.03%）
Ⅲ3	鲁东山地暖温带林耕亚区	Ⅲ31	鲁中山地旱地地区	耕地（58.76%）、草（16.48%）、森林（13.77%）、建设用地（8.05%）、水体与湿地（2.63%）、荒漠（0.30%）	耕地（57.94%）、草（11.39%）、森林（12.83%）、建设用地（14.40%）、水体与湿地（3.17%）、荒漠（0.27%）
Ⅲ4	鲁中山地温暖带林耕亚区	Ⅲ41	山东半岛山地旱地地区	耕地（59.95%）、草（15.78%）、森林（12.25%）、建设用地（9.11%）、水体与湿地（2.68%）、荒漠（0.23%）	耕地（57.07%）、草（11.29%）、森林（12.16%）、建设用地（14.67%）、水体与湿地（4.74%）、荒漠（0.07%）

Ⅲ11 燕山山地有林地旱地地区主要位于内蒙古自治区。2018 年，该地区总面积约为 10.43 万 km^2，主导资源为森林资源，面积约为 5.04 万 km^2。在 1990～2018 年，森林资源在该地区的面积占比为 44.04%到 48.36%，基本保持稳定；耕地资源在该地区的面积占比为 26.93%到 24.94%，基本保持稳定；草资源在该地区的面积占比为 24.54%到 20.13%，

基本保持稳定。另外，水体与湿地、建设用地和荒漠资源在 1990～2018 年占该地区的面积比重较小且基本稳定，分别为 2.07%到 2.13%、2.08%到 4.38%和 0.37%到 0.06%。

Ⅲ12 恒山山地丘陵高覆盖草原旱地地区主要位于内蒙古自治区。2018 年，该地区总面积约为 2.26 万 km^2，主导资源为草资源，面积约为 1.08 万 km^2。在 1990～2018 年，草资源在该地区的面积占比为 48.76%到 47.89%，基本保持稳定；森林资源在该地区的面积占比为 27.92%到 29.60%，基本保持稳定；耕地资源在该地区的面积占比为 20.56%到 17.74%，基本保持稳定。另外，水体与湿地、建设用地和荒漠资源在 1990～2018 年占该地区的面积比重较小且基本稳定，分别为 1.44%到 1.35%、1.21%到 3.36%和 0.12%到 0.07%。

Ⅲ2 华北平原暖温带耕地亚区共划分为 2 个自然资源地区，为Ⅲ21 海河平原北部旱地地区和Ⅲ22 黄淮平原南部耕地地区，具体资源面积占比情况见表 4.8。

Ⅲ21 海河平原北部旱地地区主要位于内蒙古自治区。2018 年，该地区总面积约为 16.69 万 km^2，主导资源为耕地资源，面积约为 11.48 万 km^2。在 1990～2018 年，耕地资源在该地区的面积占比为 77.05%到 68.80%，减少了 8.25%；建设用地在该地区的面积占比为 13.06%到 20.99%，增加了 7.93%。另外，森林、草、水体与湿地和荒漠资源在 1990～2018 年占该地区的面积比重较小且基本稳定，分别为 1.70%到 2.03%、3.26%到 2.69%、3.72%到 5.38%和 1.21%到 0.11%。

Ⅲ22 黄淮平原南部耕地地区主要位于内蒙古自治区。2018 年，该地区总面积约为 17.05 万 km^2，主导资源为耕地资源，面积约为 12.59 万 km^2。在 1990～2018 年，耕地资源在该地区的面积占比为 77.76%到 73.84%，基本保持稳定；建设用地在该地区的面积占比为 15.56%到 19.84%，增加了 4.28%。另外，森林、草、水体与湿地和荒漠资源在 1990～2018 年占该地区的面积比重较小且基本稳定，分别为 1.80%到 1.51%、1.30%到 1.07%、3.46%到 3.71%和 0.11%到 0.03%。

Ⅲ3 鲁东山地温暖带林耕亚区划分为 1 个自然资源地区，为Ⅲ31 鲁中山地旱地地区，具体资源面积占比情况见表 4.8。

Ⅲ31 鲁中山地旱地地区主要位于内蒙古自治区。2018 年，该地区总面积约为 4.24 万 km^2，主导资源为耕地资源，面积约为 2.46 万 km^2。在 1990～2018 年，耕地资源在该地区的面积占比为 58.76%到 57.94%，基本保持稳定；森林资源在该地区的面积占比为 13.77%到 12.83%，基本保持稳定；草资源在该地区的面积占比为 16.48%到 11.39%，减少了 5.09%。另外，水体与湿地、建设用地和荒漠资源在 1990～2018 年占该地区的面积比重较小且基本稳定，分别为 2.63%到 3.17%、8.05%到 14.40%和 0.30%到 0.27%。

Ⅲ4 鲁中山地暖温带林耕亚区划分为 1 个自然资源地区，为Ⅲ41 山东半岛山地旱地地区，具体资源面积占比情况见表 4.8。

Ⅲ41 山东半岛山地旱地地区主要位于内蒙古自治区。2018 年，该地区总面积约为 2.20 万 km^2，主导资源为耕地资源，面积约为 1.26 万 km^2。在 1990～2018 年，耕地资源在该地区的面积占比为 59.95%到 57.07%，基本保持稳定；草资源在该地区的面积占比为 15.78%到 11.29%，基本保持稳定；森林资源在该地区的面积占比为 12.25%到 12.16%，基本保持稳定。另外，水体与湿地、建设用地和荒漠资源在 1990～2018 年占该地区的面积比重较小且基本稳定，分别为 2.68%到 4.74%、9.11%到 14.67%和 0.23%到 0.07%。

4.2.4　黄土高原林草区

1. 一级分区特征描述

黄土高原林草资源大区位于我国的中部偏北，在沿海向内陆、平原向高原过渡地带，大区以黄土高原、河套平原、宁夏平原、河西平原为主。黄土高原的气候既受经纬度的影响，又受地形的制约，具有典型的大陆季风气候特征。黄土高原林草资源大区夏秋季多雨，而冬春季干旱少雨的降水，该大区年降水量为150～750mm。黄土高原水系含沙量很高，往往一次洪水含沙量占全年的 70%～80%。高原浅层地下水补给主要来源于大气降水，大部分地区地下水贫乏，埋藏很深，多在50m以下，有的达100～200m。

黄土高原林草资源大区主要包括甘肃省南部、宁夏回族自治区、陕西省中北部、山西省中部及南部和河南省北部地区，全区总面积为40.88万km^2，占全国陆地总面积的4.32%。

2018年统计数据（表4.9）显示，全区耕地资源面积约为15.67万km^2，占该大区总面积的38.47%；草资源面积约为15.45万km^2，占该大区总面积的37.61%；森林资源面积约为7.03万km^2，占该大区总面积的17.15%；建设用地资源面积约为1.87万km^2，占该大区总面积的4.61%；荒漠资源面积约为0.47万km^2，占该大区总面积的1.11%；水体与湿地资源面积约为0.4万km^2，占该大区总面积的1.04%。

表4.9　黄土高原林草资源大区1990～2018年自然资源动态变化转移矩阵　（单位：km^2）

1990年	2018年						合计
	耕地	森林	草	水体与湿地	建设用地	荒漠	
耕地	98056	10042	46499	1504	11373	538	168012
森林	8291	46021	12238	212	741	218	67721
草	43640	13616	92811	763	2685	1560	155075
水体与湿地	1497	175	725	1355	279	106	4137
建设用地	4576	199	757	93	3418	22	9065
荒漠	646	288	1446	55	177	2270	4882
合计	156706	70341	154476	3982	18673	4714	408892

由表4.9和图4.22可知，在1990～2018年，耕地资源在1990～2010年的面积占比基本保持稳定，后在2010～2018年有所下降，面积减少约为1.13万km^2，面积占比减少了2.67%，主要转化为草资源和森林资源；建设用地在1990～2010年的面积占比基本保持稳定，后在2010～2018年有显著增加，面积增加约1.06万km^2，面积占比增加了2.37%，主要由耕地资源转化而来。另外，其他各类资源在1990～2018年转入和转出保持动态平衡。

2. 二级分区特征描述

Ⅳ黄土高原林草资源大区划分为4个自然资源亚区：Ⅳ1黄土平原东北部暖温带林耕

亚区、Ⅳ2 晋中盆地暖温带林耕亚区、Ⅳ3 黄土高原西部暖温带草耕亚区、Ⅳ4 晋南关中盆地暖温带草耕亚区（附图 3～附图 6）。

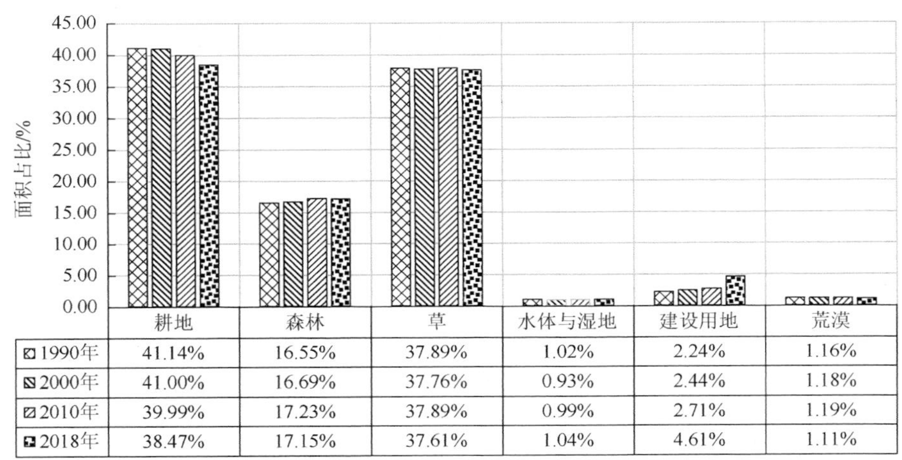

	耕地	森林	草	水体与湿地	建设用地	荒漠
1990年	41.14%	16.55%	37.89%	1.02%	2.24%	1.16%
2000年	41.00%	16.69%	37.76%	0.93%	2.44%	1.18%
2010年	39.99%	17.23%	37.89%	0.99%	2.71%	1.19%
2018年	38.47%	17.15%	37.61%	1.04%	4.61%	1.11%

图 4.22　黄土高原林草资源大区自然资源面积占比变化

Ⅳ1 黄土平原东北部暖温带林耕亚区主要分布在山西省东南部、河南省西北部。2018 年，该亚区总面积约为 8.35 万 km^2，主导资源为耕地资源、森林资源和草资源，面积约为 3.22 万 km^2、2.50 万 km^2、1.90 万 km^2。在 1990～2018 年，耕地资源在该亚区的面积占比为 41.62%到 38.57%，在 1990～2000 年面积占比明显下降，减少了 2.33%，后在 2000～2018 年面积占比趋于平稳；森林资源在该亚区的面积占比为 29.65%到 30.05%，在 1990～2018 年间面积占比保持稳定；草资源在该亚区的面积占比为 24.10%到 22.78%，在 1990～2010 年面积占比有少量增加，后来在 2010～2018 年面积占比有所减少，减少了 1.97%；建设用地资源在该亚区的面积占比为 3.28%到 7.10%，在 1990～2010 年面积占比趋于平稳，在 2010～2018 年显著上升，增加了 3.82%。另外，水体与湿地和荒漠资源在 1990～2018 年占该地区的面积比重较小且基本稳定，分别为 1.03%到 1.46%和 0.02%到 0.03%（图 4.23）。

Ⅳ2 晋中盆地暖温带林耕亚区主要在山西省忻州市南部、吕梁市东部和太原市西部。2018 年，该亚区总面积约为 2.55 万 km^2，主导资源为森林资源、耕地资源和草资源，面积约为 1.07 万 km^2、0.70 万 km^2、0.63 万 km^2。在 1990～2018 年，森林资源在该亚区的面积占比为 41.99%到 41.91%，面积占比保持稳定；耕地资源在该亚区的面积占比为 29.35%到 27.60%，面积占比逐年下降，减少了 1.75%；草资源在该亚区的面积占比为 25.74%到 24.79%，面积占比变化不大，减少了 0.95%；建设用地资源在该亚区的面积占比为 1.85%到 4.75%，在 1990～2010 年面积占比趋于平稳，在 2010～2018 年显著上升，增加了 2.35%。另外，水体与湿地和荒漠资源在 1990～2018 年占该地区的面积比重较小且基本稳定，分别为 1.04%到 0.91%和 0.03%到 0.05%（图 4.24）。

Ⅳ3 黄土高原西部暖温带草耕亚区主要在甘肃省南部、陕西省北部和宁夏回族自治区。2018 年，该亚区总面积约为 19.97 万 km^2，主导资源为草资源和耕地资源，面积约为 10.15 万 km^2、7.28 万 km^2。在 1990～2018 年，草资源在该亚区的面积占比为 50.60%到 50.81%，面积占比保持稳定；耕地资源在该亚区的面积占比为 39.05%到 39.48%，在 1990～2000 年面积占比基本稳定，在 2000～2018 年面积占比有所减少。另外，水体与湿地、建设用地和荒漠资源在 1990～2018 年占该地区的面积比重较小且基本稳定，分别为 0.79%到 0.81%、1.13%到 2.38%和 2.29%到 2.23%（图 4.25）。

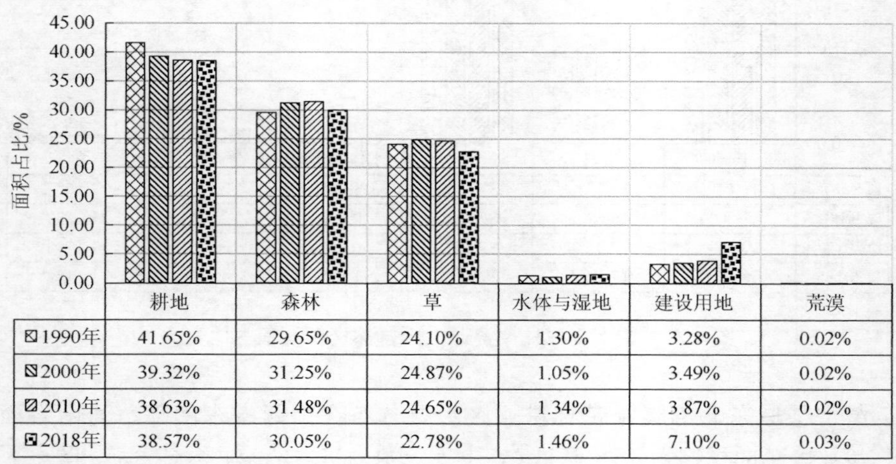

	耕地	森林	草	水体与湿地	建设用地	荒漠
1990年	41.65%	29.65%	24.10%	1.30%	3.28%	0.02%
2000年	39.32%	31.25%	24.87%	1.05%	3.49%	0.02%
2010年	38.63%	31.48%	24.65%	1.34%	3.87%	0.02%
2018年	38.57%	30.05%	22.78%	1.46%	7.10%	0.03%

图 4.23　黄土平原东北部暖温带林耕亚区自然资源面积占比变化

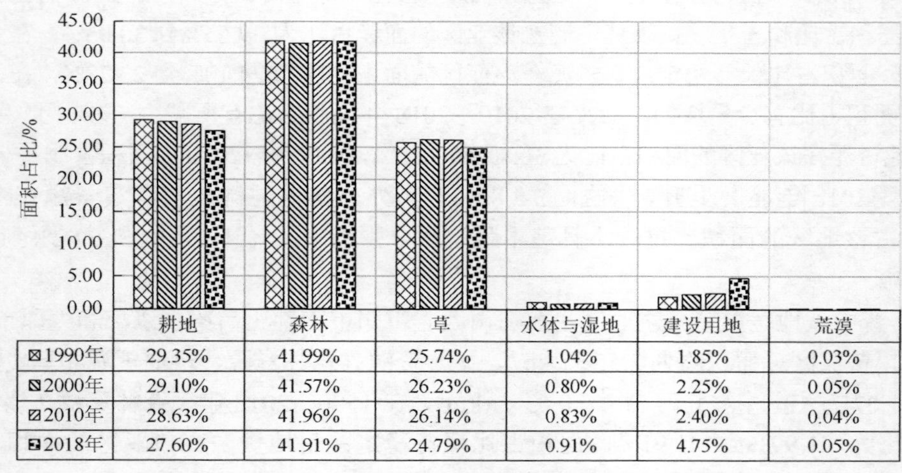

	耕地	森林	草	水体与湿地	建设用地	荒漠
1990年	29.35%	41.99%	25.74%	1.04%	1.85%	0.03%
2000年	29.10%	41.57%	26.23%	0.80%	2.25%	0.05%
2010年	28.63%	41.96%	26.14%	0.83%	2.40%	0.04%
2018年	27.60%	41.91%	24.79%	0.91%	4.75%	0.05%

图 4.24　晋中盆地暖温带林耕亚区自然资源面积占比变化

Ⅳ4 晋南关中盆地暖温带草耕亚区主要在陕西省中部、甘肃省庆阳市和山西省西南部。2018 年，该亚区总面积约为 10.07 万 km^2，主导资源为耕地资源和草资源，面积约为 4.47 万 km^2 和 2.77 万 km^2。在 1990～2018 年，耕地资源在该亚区的面积占比为 47.88%到 44.36%，在 1990～2010 年面积占比基本稳定，在 2010～2018 年面积占比有所减少，减少了 3.52%；草资源在该亚区的面积占比为 26.96%到 27.54%，面积占比基本稳定；森林资源在该亚区的面积占比为 20.13%到 20.12%，面积占比基本稳定；建设用地资源在 1990～2010 年面积占比基本稳定，在 2010～2018 年面积占比有所增加，增加了 2.03%。另外，水体与湿地和荒漠资源在 1990～2018 年占该地区的面积比重较小且基本稳定，分别为 1.25%到 1.06%和 0.12%到 0.17%（图 4.26）。

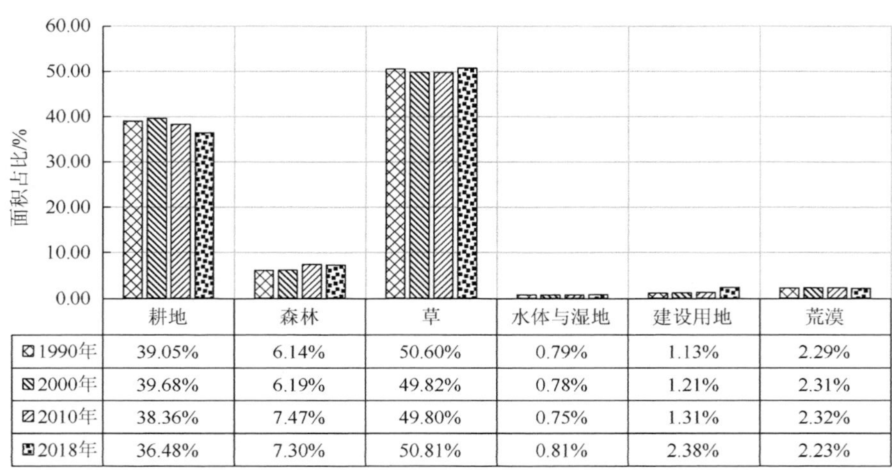

	耕地	森林	草	水体与湿地	建设用地	荒漠
1990年	39.05%	6.14%	50.60%	0.79%	1.13%	2.29%
2000年	39.68%	6.19%	49.82%	0.78%	1.21%	2.31%
2010年	38.36%	7.47%	49.80%	0.75%	1.31%	2.32%
2018年	36.48%	7.30%	50.81%	0.81%	2.38%	2.23%

图 4.25　黄土高原西部暖温带草耕亚区自然资源面积占比变化

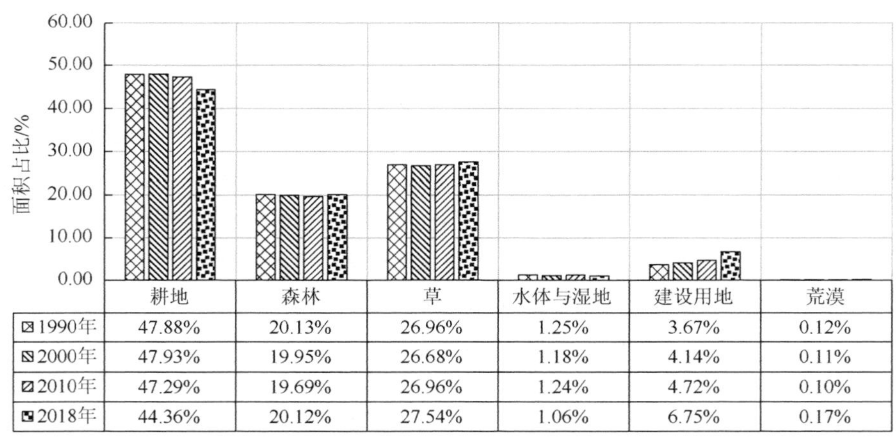

	耕地	森林	草	水体与湿地	建设用地	荒漠
1990年	47.88%	20.13%	26.96%	1.25%	3.67%	0.12%
2000年	47.93%	19.95%	26.68%	1.18%	4.14%	0.11%
2010年	47.29%	19.69%	26.96%	1.24%	4.72%	0.10%
2018年	44.36%	20.12%	27.54%	1.06%	6.75%	0.17%

图 4.26　晋南关中盆地暖温带草耕亚区自然资源面积占比变化

3. 三级分区特征描述

Ⅳ1 黄土平原东北部暖温带林耕亚区划分为 2 个自然资源地区，分别为Ⅳ11 黄土平原北部有林地旱地地区、Ⅳ12 黄土平原北部旱地地区，具体资源面积占比情况见表 4.10 及附图 7～附图 10。

表 4.10　黄土高原林草资源大区三级区划自然资源面积占比

二级区划		三级区划		资源类型及占比	资源类型及占比
代码	名称	代码	名称	（1990 年）	（2018 年）
Ⅳ1	黄土平原东北部暖温带林耕亚区	Ⅳ11	黄土平原北部有林地旱地地区	森林（35.72%）、耕地（33.81%）、草（27.56%）、建设用地（2.14%）、水体与湿地（0.76%）、荒漠（0.02%）	森林（35.33%）、耕地（32.30%）、草（25.78%）、建设用地（5.43%）、水体与湿地（1.12%）、荒漠（0.04%）
		Ⅳ12	黄土平原北部旱地地区	耕地（64.08%）、草（13.99%）、森林（12.37%）、建设用地（6.55%）、水体与湿地（2.97%）、荒漠（0.03%）	耕地（63.49%）、建设用地（13.72%）、草（10.94%）、森林（9.02%）、水体与湿地（2.83%）
Ⅳ2	晋中盆地暖温带林耕亚区	Ⅳ21	晋中盆地灌木林旱地地区	森林（41.99%）、耕地（29.35%）、草（25.74%）、建设用地（1.85%）、水体与湿地（1.04%）、荒漠（0.03%）	森林（41.91%）、耕地（27.60%）、草（24.79%）、建设用地（4.75%）、水体与湿地（0.91%）、荒漠（0.05%）
Ⅳ3	黄土高原西部暖温带草耕亚区	Ⅳ31	黄土高原西部中覆盖草原旱地地区	草（48.01%）、耕地（42.26%）、森林（6.59%）、荒漠（1.29%）、建设用地（1.08%）、水体与湿地（0.77%）	草（49.05%）、耕地（38.98%）、森林（7.84%）、建设用地（2.16%）、荒漠（1.20%）、水体与湿地（0.77%）
		Ⅳ32	黄土高原西部低覆盖草原旱地地区	草（62.43%）、耕地（24.33%）、荒漠（6.89%）、森林（4.09%）、建设用地（1.37%）、水体与湿地（0.89%）	草（58.66%）、耕地（25.46%）、荒漠（6.73%）、森林（4.92%）、建设用地（3.30%）、水体与湿地（0.92%）
Ⅳ4	晋南关中盆地暖温带草耕亚区	Ⅳ41	晋南关中盆地中覆盖草原地地区	草（37.31%）、耕地（31.66%）、森林（29.60%）、建设用地（1.02%）、水体与湿地（0.41%）、荒漠（0.0016%）	草（38.49%）、森林（29.60%）、耕地（29.50%）、建设用地（1.93%）、水体与湿地（0.40%）、荒漠（0.08%）
		Ⅳ42	晋南关中盆地旱地地区	耕地（72.47%）、草（11.29%）、建设用地（7.68%）、森林（5.76%）、水体与湿地（2.51%）、荒漠（0.29%）	耕地（67.16%）、建设用地（14.15%）、草（10.80%）、森林（5.50%）、水体与湿地（2.09%）、荒漠（0.31%）

Ⅳ11 黄土平原北部有林地旱地地区主要位于山西省长治市、晋城市和晋中市。2018 年，该地区总面积约为 6.66 万 km^2，主导资源为森林资源、耕地资源和草资源，面积分别约为 2.35 万 km^2、2.15 万 km^2、1.72 万 km^2。在 1990～2018 年，森林资源在该地区的面积占比为 35.72%到 35.33%，减少了 0.39%；耕地资源在该地区的面积占比为 33.81%到 32.30%，减少了 1.51%；草资源在该地区的面积占比为 27.56%到 25.78%，减少了 1.78%。另外，水体与湿地、建设用地和荒漠资源在 1990～2018 年占该地区的面积比重较小，分别为 0.76%到 1.12%、2.14%到 5.43%和 0.02%到 0.04%。

Ⅳ12 黄土平原北部旱地地区主要位于河南省洛阳市北部、平顶山市北部和郑州市西部。2018 年，该地区总面积约为 1.69 万 km^2，主导资源为耕地资源，面积约为 1.07 万 km^2。在 1990～2018 年，耕地资源在该地区的面积占比为 64.08%到 63.49%，减少了 0.59%；建设用地资源在该地区的面积占比为 6.55%到 13.72%，增加了 7.17%；草资源在该地区的面积占比为 13.99%到 10.94%，减少了 3.05%；森林资源在该地区的面积占比为 12.37%～9.02%，减少了 3.35%。另外，水体与湿地、建设用地资源在 1990～2018 年占该地区的面积比重较小，分别为 2.97%到 2.83%和 6.55%到 13.72%。

Ⅳ2 晋中盆地暖温带林耕亚区含 1 个Ⅳ21 晋中盆地灌木林旱地地区，具体资源面积占比情况见表 4.10。该地区主要位于山西省忻州市中部、太原市西部和吕梁市东部。2018 年，该地区总面积约为 2.55 万 km^2，主导资源为森林资源、耕地资源和草资源，面积分别约为 1.07 万 km^2、0.70 万 km^2、0.63 万 km^2。在 1990～2018 年，森林资源在该地区的面积占比为 41.99%到 41.91%，减少了 0.08%；耕地资源在该地区的面积占比为 29.35%到 27.60%，减少了 1.75%；草资源在该地区的面积占比为 25.74%到 24.79%，减少了 0.95%。另外，水体与湿地、建设用地和荒漠资源在 1990～2018 年占该地区的面积比重较小，分别为 1.04%到 0.91%、1.85%到 4.75%和 0.03%到 0.05%。

Ⅳ3 黄土高原西部暖温带草耕亚区分为 2 个自然资源地区，分别为Ⅳ31 黄土高原西部中覆盖草原旱地地区、Ⅳ32 黄土高原西部低覆盖草原旱地地区，具体资源面积占比情况见表 4.10。

Ⅳ31 黄土高原西部中覆盖草原旱地地区主要位于陕西省北部、山西省西部和甘肃省宁夏回族自治区南部。2018 年，该地区总面积约为 16.27 万 km^2，主导资源为草资源和耕地资源，面积分别约为 49.05 万 km^2 和 38.98 万 km^2。在 1990～2018 年，草资源在该地区的面积占比为 48.01%到 49.05%，增加了 1.04%；耕地资源在该地区的面积占比为 42.26%到 38.98%，减少了 3.28%；森林资源在该地区的面积占比为 6.59%到 7.84%，增加了 1.25%。另外，水体与湿地、建设用地和荒漠资源在 1990～2018 年占该地区的面积比重较小，分别为 0.77%到 0.77%、1.08%到 2.16%和 1.29%到 1.20%。

Ⅳ32 黄土高原西部低覆盖草原旱地地区主要位于甘肃省和宁夏回族自治区中部。2018 年，该地区总面积约为 3.70 万 km^2，主导资源为草资源和耕地资源，面积分别约为 2.17 万 km^2 和 0.94 万 km^2。在 1990～2018 年，草资源在该地区的面积占比为 62.43%到 58.66%，减少了 3.77%；耕地资源在该地区的面积占比为 24.33%到 25.46%，增加了 1.13%。另外，森林、水体与湿地、建设用地和荒漠资源在 1990～2018 年占该地区的面积比重较小，分别为 4.09%到 4.92%、0.89%到 0.92%、1.37%到 3.30%和 6.89%到 6.73%。

Ⅳ4 晋南关中盆地暖温带草耕亚区分为 2 个自然资源地区，分别为Ⅳ41 晋南关中盆地中覆盖草原旱地地区、Ⅳ42 晋南关中盆地旱地地区，具体资源面积占比情况见表 4.10。

Ⅳ41 晋南关中盆地中覆盖草原旱地地区位于陕西省中部。2018 年，该地区总面积约为 6.10 万 km^2，主导资源为草资源、森林资源和耕地资源，面积分别约为 2.34 万 km^2、1.80 万 km^2 和 1.80 万 km^2。在 1990～2018 年，草资源在该地区的面积占比为 37.31%到 38.49%，增加了 1.18%；森林资源在该地区的面积占比为 29.60%到 29.60%，资源基本没有变化；耕地资源在该地区的面积占比为 31.66%到 29.50%，减少了 2.16%。另外，水体与湿地、建设用地和荒漠资源在 1990～2018 年占该地区的面积比重较小，分别为 0.41%到 0.40%、1.02%到 1.93%和 0.0016%到 0.08%。

Ⅳ42 晋南关中盆地旱地地区主要位于陕西省中部、山西省西南部。2018 年，该地区总面积约为 6.10 万 km^2，主导资源为耕地资源，面积约为 3.98 万 km^2。在 1990～2018 年，耕地资源在该地区的面积占比为 72.47%到 67.16%，减少了 5.31%；建设用地在该地区的面积占比为 7.68%到 14.15%，增加了 6.47%；草资源在该地区的面积占比为 11.29%到 10.80%，减少了 0.49%。另外，森林、水体与湿地和荒漠资源在 1990～2018 年占该地区的面积比重较小，分别为 5.76%到 5.50%、2.51%到 2.09%和 0.29%到 0.31%。

4.2.5　长江中下游平原耕地区

1. 一级分区特征描述

长江中下游平原耕地资源大区位于长江流域，所在的区域主要包括湖北省、安徽省、江苏省、上海市以及湖南省的部分区域。该大区的地形地貌主要是冲积平原和低海拔丘陵。该大区年平均降水量约为 1137.3mm，年均积温为 4822.3℃。属于亚热带季风气候区，土壤类型以黄棕壤和水稻土为主，是我国水稻水田作物的生产地之一。该大区主要的植被类型为一年两熟的水旱粮食作物和亚热带常绿阔叶灌丛等植被，植被归一化指数的平均值为 0.741，植被净初级生产力的值为 254.32 g·C/m^2。

2018 年统计数据（表 4.11）显示，全区耕地资源面积为 17.74 万 km^2，占该大区总面积的 52.59%；森林资源面积为 7.81 万 km^2，占该大区总面积的 23.14%；建设用地资源面积为 3.69 万 km^2，占该大区总面积的 10.96%；水体与湿地资源面积为 3.41 万 km^2，占该大区总面积的 10.54%；草资源面积为 0.92 万 km^2，占该大区总面积的 2.74%；荒漠资源面积为 0.15 万 km^2，占该大区总面积的 0.04%。

表 4.11　长江中下游平原耕地资源大区 1990～2018 年自然资源动态变化转移矩阵　（单位：km^2）

1990 年	2018 年						合计
	耕地	森林	草	水体与湿地	建设用地	荒漠	
耕地	146490	12417	1336	9781	26913	189	197126
森林	11508	62100	2039	1204	1295	53	78199
草	1672	2268	5485	444	196	13	10078
水体与湿地	6422	897	294	21404	1362	639	31018
建设用地	11180	396	61	880	7163	15	19695
荒漠	148	22	3	365	15	565	1118
合计	177420	78100	9218	34078	36944	1474	337234

由表 4.11 和图 4.27 可知，在 1990～2018 年，耕地资源面积占比逐年减少，面积减少约 1.97 万 km^2，面积占比减少了 4.93%，主要转化为森林资源和建设用地资源；建设用地资源面积占比逐年增加，面积增加约为 2.13 万 km^2，面积占比增加了 5.33%，主要由耕地资源转化而来。另外，其他各类资源在 1990～2018 年转入和转出保持动态平衡。

2. 二级分区特征描述

Ⅴ长江中下游平原耕地资源大区划分为 2 个自然资源亚区：Ⅴ1 长江下游暖温带耕地亚区和Ⅴ2 长江中下游平原亚热带林耕亚区（附图 3～附图 6）。

Ⅴ1 长江下游暖温带耕地亚区主要包括江苏省东南部、安徽省东部和上海市。2018 年，该亚区总面积约为 10.31 万 km^2，主导资源为耕地资源，面积约为 6.33 万 km^2。在 1990～2018 年，耕地资源在该亚区的面积占比为 73.20%到 61.38%，在 1990～2010 年，面积占比逐年减少，减少了 11.82%；建设用地资源在该亚区的面积占比为 9.14%到 20.01%，面积占比逐年增加，增加了 10.87%；水体与湿地资源在该亚区的面积占比为 11.70%到 12.78%，面积占比基本稳定。另外，森林、草和荒漠资源在 1990～2018 年占该地区的面积比重较小且基本稳定，分别为 3.79%到 3.89%、2.16%到 1.88%和 0.01%到 0.06%（图 4.28）。

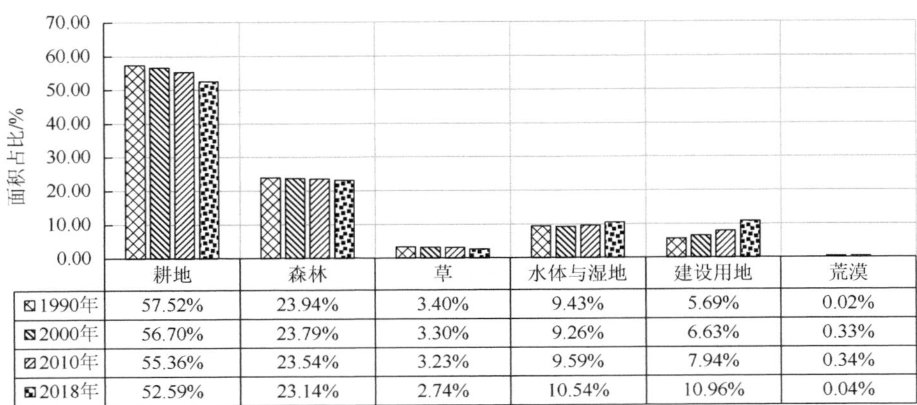

	耕地	森林	草	水体与湿地	建设用地	荒漠
1990年	57.52%	23.94%	3.40%	9.43%	5.69%	0.02%
2000年	56.70%	23.79%	3.30%	9.26%	6.63%	0.33%
2010年	55.36%	23.54%	3.23%	9.59%	7.94%	0.34%
2018年	52.59%	23.14%	2.74%	10.54%	10.96%	0.04%

图 4.27　长江中下游平原耕地资源大区自然资源面积占比变化

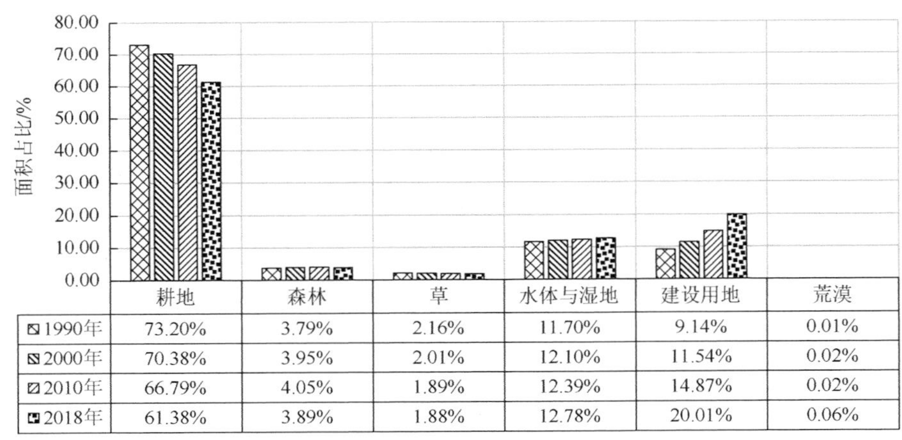

	耕地	森林	草	水体与湿地	建设用地	荒漠
1990年	73.20%	3.79%	2.16%	11.70%	9.14%	0.01%
2000年	70.38%	3.95%	2.01%	12.10%	11.54%	0.02%
2010年	66.79%	4.05%	1.89%	12.39%	14.87%	0.02%
2018年	61.38%	3.89%	1.88%	12.78%	20.01%	0.06%

图 4.28　长江下游暖温带耕地亚区自然资源面积占比变化

Ⅴ2 长江中下游平原亚热带林耕亚区主要位于湖北省和安徽省西南，还包括河南省南部和湖南省北部的部分区域。2018 年，该亚区总面积约为 23.44 万 km^2，主导资源为耕地资源和森林资源，面积分别约为 11.43 万 km^2、7.40 万 km^2。在 1990～2018 年，耕地资源在该亚区的面积占比为 50.97%到 48.76%，面积占比逐年减少，减少了 2.21%；森林资源在该亚区的面积占比为 32.41%到 31.59%，面积占比保持稳定；水体与湿地资源在该亚区的面积占比为 8.42%到 9.52%，面积占比基本稳定；建设用地资源在该亚区的面积占比逐年增加，在 2010～2018 年增加显著，增加了 2.75%。另外，草和荒漠资源在 1990～2018 年占该地区的面积比重较小且基本稳定，分别为 3.92%到 3.11%和 0.02%到 0.03%（图 4.29）。

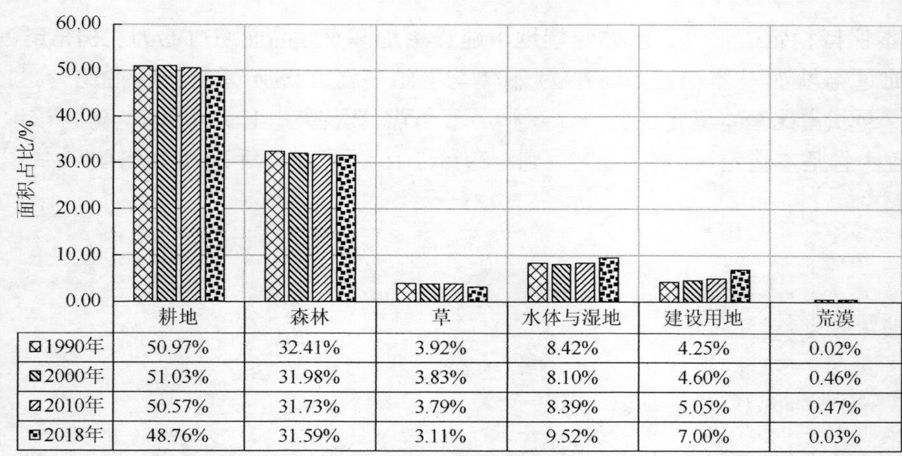

图 4.29 长江中下游平原亚热带林耕亚区自然资源面积占比变化

3. 三级分区特征描述

V1 长江下游暖温带耕地亚区分为 2 个自然资源地区，分别为V11 长江下游平原水田地区和V12 长江下游平原耕地地区，具体资源面积占比情况见表 4.12 及附图 7～附图 10。

表 4.12 黄土高原林草资源大区三级区划自然资源面积占比

二级区划		三级区划		资源类型及占比	资源类型及占比
代码	名称	代码	名称	（1990 年）	（2018 年）
V1	长江下游暖温带耕地亚区	V11	长江下游平原水田地区	耕地（74.68%）、水体与湿地（10.03%）、建设用地（8.25%）、森林（4.12%）、草（2.92%）、荒漠（0.0069%）	耕地(67.38%)、建设用地(15.01%)、水体与湿地（11.45%）、森林（3.57%）、草（2.56%）、荒漠（0.03%）
		V12	长江下游平原耕地地区	耕地（69.06%）、水体与湿地（16.44%）、建设用地（11.26%）、森林（2.94%）、草（2.77%）、荒漠（0.03%）	耕地(48.80%)、建设用地(30.40%)、水体与湿地（15.69%）、森林（4.55%）、草（0.43%）、荒漠（0.13%）
V2	长江中下游平原亚热带林耕亚区	V21	长江中下游平原有林地灌木林地区	森林（64.55%）、耕地（26.23%）、草（5.90%）、水体与湿地（2.45%）、建设用地（0.87%）、荒漠（0.0048%）	森林（64.46%）、耕地（25.73%）、草（4.67%）、水体与湿地（2.69%）、建设用地（2.40%）、荒漠（0.04%）
		V22	长江中下游平原有林地旱地地区	耕地（68.91%）、水体与湿地（15.17%）、森林（7.76%）、建设用地（6.69%）、草（1.45%）、荒漠（0.01%）	耕地（64.87%）、水体与湿地（17.16%）、建设用地（10.52%）、森林（6.16%）、草（1.26%）、荒漠（0.02%）
		V23	长江中下游平原湖泊水田地区	耕地（73.87%）、森林（8.58%）、建设用地（7.44%）、草（6.59%）、水体与湿地（3.38%）、荒漠（0.14%）	耕地(73.60%)、建设用地(10.46%)、森林（7.54%）、草（5.01%）、水体与湿地（3.39%）

V11 长江下游平原水田地区主要位于江苏省中部和安徽省西部。2018 年，该地区总面积约为 6.96 万 km^2，主导资源为耕地资源，面积约为 4.70 万 km^2。在 1990～2018 年，耕地资源在该地区的面积占比为 74.68%到 67.38%，减少了 7.3%；建设用地资源在该

地区的面积占比为 8.25%到 15.01%，增加了 6.76%；水体与湿地资源在该地区的面积占比为 10.03%到 11.45%，增加了 1.42%。另外，森林、草和荒漠资源在 1990～2018 年占该地区的面积比重较小，分别为 4.12%到 3.57%、2.92%到 2.56%和 0.0069%到 0.03%。

Ⅴ12 长江下游平原耕地地区主要位于江苏省南部、浙江省北部和上海市。2018 年，该地区总面积约为 3.34 万 km^2，主导资源为耕地资源和建设用地，面积分别约为 1.63 万 km^2、1.02 万 km^2。在 1990～2018 年，耕地资源在该地区的面积占比为 69.06%到 48.08%，减少了 20.98%；建设用地资源在该地区的面积占比为 11.26%到 30.40%，增加了 19.14%；水体与湿地资源在该地区的面积占比为 16.44%到 15.69%，减少了 0.75%。另外，森林、草和荒漠资源在 1990～2018 年占该地区的面积比重较小，分别为 2.94%到 4.55%、2.77%到 0.43%和 0.03%到 0.13%。

Ⅴ2 长江中下游平原亚热带林耕亚区分为 3 个自然资源地区，分别为Ⅴ21 长江中下游平原有林地灌木林地区、Ⅴ22 长江中下游平原有林地旱地地区和Ⅴ23 长江中下游平原湖泊水田地区，具体资源面积占比情况见表 4.12。

Ⅴ21 长江中下游平原有林地灌木林地区主要位于湖北省北部和安徽省西部。2018 年，该地区总面积约为 10.17 万 km^2，主导资源为森林资源和耕地资源，面积分别约为 6.55 万 km^2、2.62 万 km^2。在 1990～2018 年，森林资源在该地区的面积占比为 64.55%到 64.46%，减少了 0.09%；耕地资源在该地区的面积占比为 26.23%到 25.73%，减少了 0.50%。另外，草、水体与湿地、建设用地和荒漠资源在 1990～2018 年占该地区的面积比重较小，分别为 5.90%到 4.67%、2.45%到 2.69%、0.87%到 2.40%和 0.0048%到 0.04%。

Ⅴ22 长江中下游平原湖泊水田地区主要位于湖北省西南部、湖南省北部、安徽省中部和河南省南部。2018 年，该地区总面积约为 10.93 万 km^2，主导资源为耕地资源，面积约为 7.09 万 km^2。在 1990～2018 年，耕地资源在该地区的面积占比为 68.91%到 64.87%，减少了 4.04%；水体与湿地资源在该地区的面积占比为 15.17%到 17.16%，增加了 1.99%；建设用地资源在该地区的面积占比为 6.69%到 10.52%，增加了 3.83%。另外，森林、草和荒漠资源在 1990～2018 年占该地区的面积比重较小，分别为 7.76%到 6.16%、1.45%到 1.26%和 0.01%到 0.02%。

Ⅴ23 长江中下游平原有林地旱地地区主要位于河南省南阳市。2018 年，该地区总面积约为 2.34 万 km^2，主导资源为耕地资源，面积约为 1.72 万 km^2。在 1990～2018 年，耕地资源在该地区的面积占比为 73.87%到 73.60%，减少了 0.27%；建设用地在该地区的面积占比为 7.44%到 10.46%，增加了 3.02%；森林资源在该地区的面积占比为 8.58%到 7.54%，减少了 1.04%。另外，草和水体与湿地资源在 1990～2018 年占该地区的面积比重较小，分别为 6.59%到 5.0%和 3.38%到 3.39%。

4.2.6 四川盆地草耕区

1. 一级分区特征描述

四川盆地草耕资源大区主要包括四川省东部、重庆市中西部、甘肃省东南部、陕西省南部、河南省西部，以及山西省南部和湖北省西北部的少部分地区。四川盆地草耕资源大区包含有中亚热带气候和北亚热带气候，大巴山是四川盆地北部的天然屏障，阻滞或削弱了冬半年北方冷空气的南侵，对四川冬暖春早气候的形成影响重大。大巴山南面的四川盆地为中亚热带，而北面的汉中盆地则属于北亚热带。秦岭是亚热带与暖温带的分界线，秦岭山地对气流运行有明显阻滞作用。夏季使湿润的海洋气流不易深入西北，使北方气候干燥；冬季阻滞寒潮南侵，使汉中盆地、四川盆地少受冷空气侵袭。大区年均气温在 14～18℃，年平均气温呈南高北低趋势，盆底高而边缘低，等温线分布呈现同心圆状，10℃以上活动积温为 4500～6000℃，持续期为 8～9 个月。大区年降水量为 900～1300mm，冬干、春旱、夏涝、秋绵雨，年内分配不均，70%以上的雨量集中于 6～10 月。

四川盆地草耕资源大区地带性植被为亚热带常绿阔叶林。四川盆地中植物近万种，古老而特有种之多为中国其他地区所不及。在盆地边缘山地及盆东平行岭谷尚可见水杉、银杉、鹅掌楸、珙桐、红豆杉等珍稀孑遗植物与特有种；在湿热河谷可见桫椤、小羽桫椤、乌毛蕨、华南紫萁、里白等古热带孑遗植物；还有马尾松、杉木、柏木组成的亚热带针叶林及竹林。边缘山地从下而上是常绿阔叶林、常绿阔叶与落叶阔叶混交林，寒温带山地针叶林，局部有亚高山灌丛草甸。秦岭地区的秦巴山区跨越商洛、安康、汉中等地区，自然资源丰富，素有“南北植物荟萃、南北生物物种库”之美誉。特色产品繁多，如核桃、柿子、板栗、木耳产量居全省之首，核桃产量占全国的六分之一，它还是全国有名的“天然药库”。中草药种类有 1119 种，列入国家“中草药资源调查表”的达 286 种。

四川盆地草耕资源大区主要地形地貌概括起来为“一山一岭两盆地”，即大巴山、秦岭、四川盆地和汉中盆地。广义的大巴山系指绵延重庆市、四川省、陕西省、甘肃省和湖北省边境山地的总称，长 1000km，为四川盆地、汉中盆地的界山。秦岭由东向西逐渐升高，陕西境内岭脊海拔约为 2000m，高峰都在 2000～3000m，秦岭北坡山麓短急，地形陡峭，又多峡谷，南坡山麓缓长，坡势较缓，但是因河流多为横切背斜或向斜，故河流中上游也多峡谷。秦岭山脉入陇南境内后，其走向为西北-东南，主脉海拔均在 2000m 以上，丛山之间形成一些小的盆地。四川盆地四周被海拔为 2000～3000m 的山脉和高原所环绕，北面是大巴山、米仓山、龙门山，西面是青藏高原边缘的邛崃山、大凉山，南面是大娄山，东面是巫山，盆地内部丘陵、平原交错，地势北高南低。由于地表形态的不同，以华蓥山、龙泉山为界，盆底可分为华蓥山以东大致平行的川东岭谷、华蓥山与龙泉山之间的方山丘陵和龙泉山以西的成都平原。

汉中盆地位于陕西省西南部的汉中市，秦岭和大巴山之间，汉江上游，是断陷盆地，盆地包括平川、丘陵、河谷。

四川盆地草耕资源大区的主要土壤类型为黄棕壤、紫色土、黄壤等。主要农作物为水稻、小麦、油菜、玉米等，其中四川盆地的土地利用率高达 30%～40%，具有气候、土壤、地形与灌溉的有利条件，有“天府之国”的美称，是中国最大的水稻、油菜籽产区。汉中盆地耕地集中，灌溉便利，农业生产水平较高，是陕西省的稻、麦两熟地区，主要作物包括水稻、油菜、小麦及亚热带作物柑橘、枇杷、棕榈等。

四川盆地草耕资源大区的河流水系分属长江、黄河两大水系。包括黄河最大的一级支流——渭河。长江的分支包括汉江、嘉陵江、岷江等，其中汉江为长江最大的一级支流。大区内水系流量大，由于是亚热带季风气候，集中在夏季降水，季节变化大，无断流，含沙量小，无结冰期。

2018 年统计数据（表 4.13）显示，全区耕地资源面积约为 16.01 万 km^2，占该大区总面积的 46.43%；森林资源面积约为 10.87 万 km^2，占该大区总面积的 31.49%；草资源面积约为 6.19 万 km^2，占该大区总面积的 17.95%；建设用地面积约为 0.91 万 km^2，占该大区总面积的 2.65%；水体与湿地资源面积约为 0.50 万 km^2，占该大区总面积的 1.45%；荒漠面积约为 0.01 万 km^2，占该大区总面积的 0.03%。

表 4.13　四川盆地草耕资源大区 1990～2018 年自然资源动态变化转移矩阵　（单位：km^2）

1990 年	2018 年						合计
	耕地	森林	草	水体与湿地	建设用地	荒漠	
耕地	117869	22983	16061	2187	6508	32	165640
森林	21928	72923	12055	527	578	14	108025
草	16853	12271	33298	340	421	27	63210
水体与湿地	1640	321	211	1811	255	24	4262
建设用地	1795	164	240	134	1369	1	3703
荒漠	25	23	18	9	2	28	105
合计	160110	108685	61883	5008	9133	126	344945

由表 4.13 和图 4.30 可知，在 1990～2018 年，耕地资源面积占比逐年减少，面积减少约为 0.55 万 km^2，面积占比减少了 2.23%，主要转化为森林资源；建设用地资源面积占比逐年增加，面积增加约为 0.54 万 km^2，面积占比增加了 1.55%，主要由耕地资源转化而来。另外，其他各类资源在 1990～2018 年转入和转出保持动态平衡。

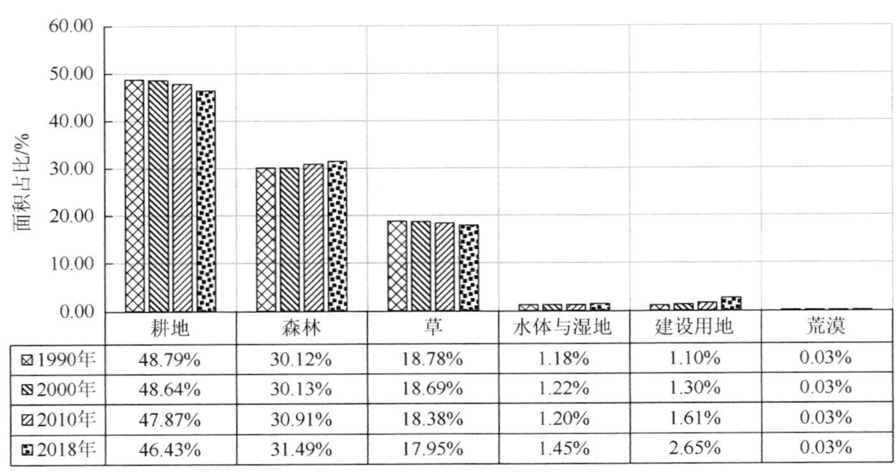

图 4.30　四川盆地草耕资源大区自然资源面积占比变化

2. 二级分区特征描述

Ⅵ四川盆地草耕资源大区划分为Ⅵ1 四川盆地亚热带耕地亚区和Ⅵ2 汉中盆地亚热带林草亚区 2 个自然资源亚区（附图 3～附图 6）。

Ⅵ1 四川盆地亚热带耕地亚区包含四川省东部和重庆市中西部。2018 年，该亚区总面积约为 18.90 万 km^2，主导资源为耕地资源和森林资源，面积约为 12.16 万 km^2、4.77 万 km^2。在 1990～2018 年，耕地资源在该亚区的面积占比为 69.26%到 64.34%，面积占比逐年减少，减少了 4.92%；森林资源在该亚区的面积占比为 22.50%到 25.22%，面积占比逐年增加，增加了 2.72%；草资源在该亚区的面积占比为 5.34%到 4.94%，面积占比基本稳定；建设用地资源在该亚区的面积占比逐年增加，在 2010～2018 年增加显著，增加了 1.57%。另外，水体与湿地和荒漠资源在 1990～2018 年占该地区的面积比重较小且基本稳定，分别为 1.58%到 1.75%和 0.03%到 0.02%（图 4.31）。

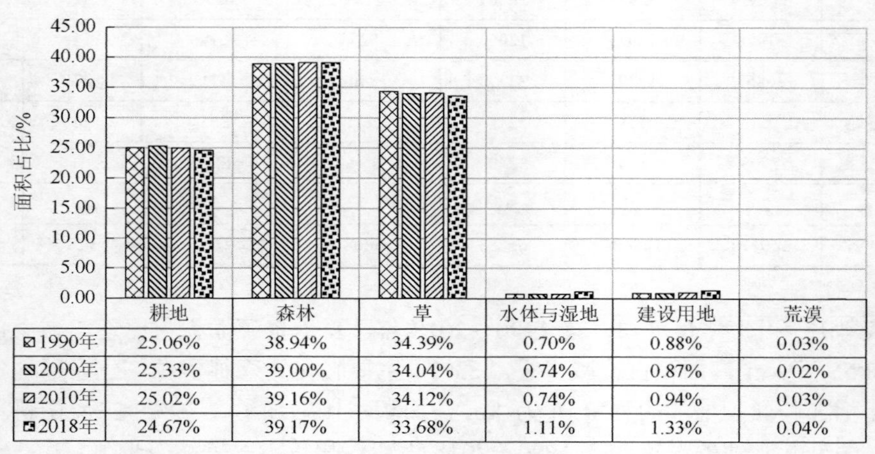

	耕地	森林	草	水体与湿地	建设用地	荒漠
1990年	25.06%	38.94%	34.39%	0.70%	0.88%	0.03%
2000年	25.33%	39.00%	34.04%	0.74%	0.87%	0.02%
2010年	25.02%	39.16%	34.12%	0.74%	0.94%	0.03%
2018年	24.67%	39.17%	33.68%	1.11%	1.33%	0.04%

图 4.31　四川盆地亚热带耕地亚区自然资源面积占比变化

Ⅵ2 汉中盆地亚热带林草亚区包含陕西省南部、甘肃省东南部、河南省西部，以及四川省北部和湖北省西北部的少部分地区。2018 年，该亚区总面积约为 15.60 万 km^2，主导资源为森林资源、草资源和耕地资源，面积分别约为 6.11 万 km^2、5.25 万 km^2、3.85 万 km^2。在 1990～2018 年，森林资源、耕地资源和草资源在该亚区的面积占比分别为 38.94%到 39.17%、34.39%到 33.68%、25.06%到 24.67%，面积占比基本稳定。另外，水体与湿地、建设用地和荒漠资源在 1990～2018 年占该地区的面积比重较小且基本稳定，分别为 0.70%到 1.11%、0.88%到 01.33%和 0.03%到 0.04%（图 4.32）。

3. 三级分区特征描述

Ⅵ1 四川盆地亚热带耕地亚区划分为 2 个自然资源地区，分别为Ⅵ11 四川盆地耕地地区和Ⅵ12 四川盆地东部耕地地区，具体资源面积占比情况见表 4.14 及附图 7～附图 10。

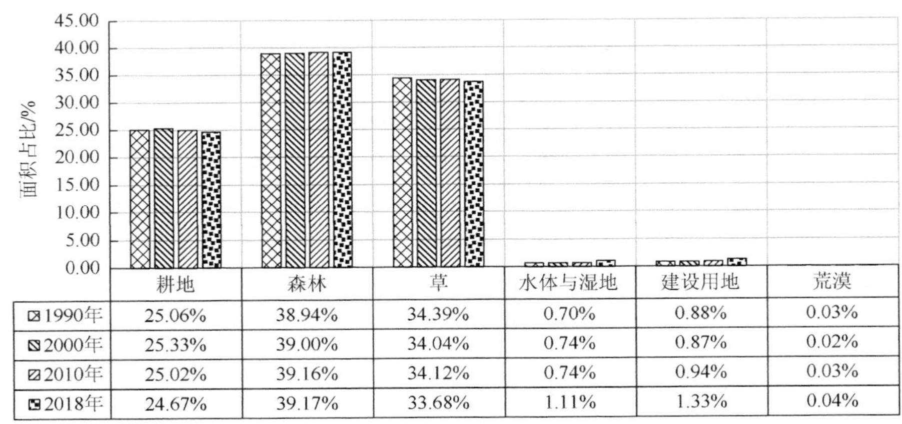

	耕地	森林	草	水体与湿地	建设用地	荒漠
1990年	25.06%	38.94%	34.39%	0.70%	0.88%	0.03%
2000年	25.33%	39.00%	34.04%	0.74%	0.87%	0.02%
2010年	25.02%	39.16%	34.12%	0.74%	0.94%	0.03%
2018年	24.67%	39.17%	33.68%	1.11%	1.33%	0.04%

图 4.32　汉中盆地亚热带林草亚区自然资源面积占比变化

表 4.14　四川盆地草耕资源大区三级区划自然资源面积占比

二级区划		三级区划		资源类型及占比	资源类型及占比
代码	名称	代码	名称	（1990 年）	（2018 年）
VI1	四川盆地亚热带耕地亚区	VI11	四川盆地耕地地区	耕地（81.61%）、森林（13.05%）、水体与湿地（1.91%）、建设用地（1.76%）、草（1.64%）、荒漠（0.04%）	耕地（74.89%）、森林（16.39%）、建设用地（4.39%）、草（2.33%）、水体与湿地（1.97%）、荒漠（0.03%）
		VI12	四川盆地东部耕地地区	耕地（50.35%）、森林（36.95%）、草（11.04%）、水体与湿地（1.05%）、建设用地（0.06%）、荒漠（0.02%）	耕地（47.37%）、森林（39.42%）、草（9.17%）、建设用地（2.67%）、水体与湿地（1.37%）、荒漠（0.01%）
VI2	汉中盆地亚热带林草亚区	VI21	汉中盆地南部中覆盖草原地区	草（42.41%）、耕地（32.87%）、森林（23.09%）、建设用地（0.98%）、水体与湿地（0.63%）、荒漠（0.02%）	草（43.36%）、耕地（32.77%）、森林（21.50%）、建设用地（1.53%）、水体与湿地（0.77%）、荒漠（0.06%）
		VI22	汉中盆地北部有林地地区	森林（51.66%）、草（27.90%）、耕地（18.84%）、建设用地（0.81%）、水体与湿地（0.75%）、荒漠（0.04%）	森林（51.05%）、草（27.06%）、耕地（19.31%）、水体与湿地（1.34%）、建设用地（1.22%）、荒漠（0.03%）

VI11 四川盆地耕地地区包含四川省东部，以及重庆市西南部的少部分地区。2018 年，该地区总面积约为 11.66 万 km^2，主导资源为耕地资源和森林资源，面积分别约为 8.74 万 km^2、1.91 万 km^2。在 1990～2018 年，耕地资源在该地区的面积占比为 81.61%到 74.89%，减少了 6.72%；森林资源在该地区的面积占比为 13.05%到 16.39%，增加了 3.34%。另外，草、水体与湿地、建设用地和荒漠资源在 1990～2018 年占该地区的面积比重较小，分别为 1.64%到 2.33%、1.91%到 1.97%、1.76%到 4.39%和 0.04%到 0.03%。

VI12 四川盆地东部耕地地区包含重庆市西部和四川省东北部。2018 年，该地区总面积约为 7.24 万 km^2，主导资源为耕地资源和森林资源，面积分别约为 3.43 万 km^2 和 2.85 万 km^2。在 1990～2018 年，耕地资源在该地区的面积占比为 50.35%到 47.37%，减少了 2.98%；森林资源在该地区的面积占比为 36.95%到 39.42%，增加了 2.47%；草资源在该地区的面积占比为 11.04%到 9.17%，减少了 1.87%。另外，水体与湿地、建设用地和荒漠资源在 1990～2018 年占该地区的面积比重较小，分别为 1.05%到 1.37%、0.06%到 2.67%和 0.02%到 0.01%。

Ⅵ2 汉中盆地亚热带林草亚区划分为 2 个自然资源地区，分别为Ⅵ21 汉中盆地南部中覆盖草原地区和Ⅵ22 汉中盆地北部有林地地区，具体资源面积占比情况见表 4.14。

Ⅵ21 汉中盆地南部中覆盖草原地区包含陕西省南部、甘肃省东南部，以及四川省北部的少部分地区。2018 年，该地区总面积约为 6.32 万 km^2，主导资源为草资源、耕地资源和森林资源，面积分别约为 2.74 万 km^2、2.07 万 km^2 和 1.36 万 km^2。在 1990～2018 年，草资源在该地区的面积占比为 42.41%到 43.36%，增加了 0.95%；耕地资源在该地区的面积占比为 32.87%到 32.77%，减少了 0.10%；森林资源在该地区的面积占比为 23.09%到 21.50%，减少了 1.59%。另外，水体与湿地、建设用地和荒漠资源在 1990～2018 年占该地区的面积比重较小，分别为 0.63%到 0.77%、0.98%到 1.53%和 0.02%到 0.06%。

Ⅵ22 汉中盆地北部有林地地区包含陕西省南部、河南省西部，以及甘肃省东南部和湖北省西北部的少部分地区。2018 年，该地区总面积约为 9.29 万 km^2，主导资源为森林资源和草资源，面积分别约为 4.74 万 km^2 和 2.51 万 km^2。在 1990～2018 年，森林资源在该地区的面积占比为 51.66%到 51.05%，减少了 0.51%；草资源在该地区的面积占比为 27.90%到 27.06%，减少了 0.84%；耕地资源在该地区的面积占比为 18.84%到 19.31%，增加了 0.47%。另外，水体与湿地、建设用地和荒漠资源在 1990～2018 年占该地区的面积比重较小，分别为 0.75%到 1.34%、0.81%到 1.22%和 0.04%到 0.03%。

4.2.7 江南山地丘陵森林资源大区

1. 一级分区特征描述

江南山地丘陵森林资源大区主要包括湖南省、江西省、浙江省和福建省西北部的大片区域，该区的地形以中海拔起伏山地为主。该大区年平均降水量约为 1598.79mm，年均积温为 5269.11℃，降水量充足，属于亚热带半湿润季风区。植被类型主要为亚热带针叶林植被和一年两熟的水旱轮作双季稻等。植被归一化指数全区均值为 0.784，植被净初级生产力为 338.58g·C/m^2。土壤类型主要为红壤和黄壤，红壤是发育于热带和亚热带雨林、季雨林或常绿阔叶林植被的土壤。其主要特征是缺乏碱金属和碱土金属而富含铁、铝氧化物，呈酸性红色。红壤是中亚热带生物在湿热气候常绿阔叶林植被条件下发生的生物富集和脱硅富铁铝化风化过程相互作用的产物，黄壤是发育于亚热带湿润山地或高原常绿阔叶林下的土壤。其主要特征是呈酸性，土层经常保持湿润。

2018 年，该大区面积约为 77.2 万 km^2。主导的资源是森林资源，其次是耕地资源，面积分别约为 49.3 万 km^2 和 17.0 万 km^2。在 1990～2018 年森林资源在该亚区的面积占比为 65.23%到 65.43%，变化基本稳定，耕地资源面积占比为 23.66%到 2.58%，总体上呈下降趋势，草资源面积占比为 7.83%到 6.77%，呈逐年下降趋势，1990～2018 年，主要的资源变化为草资源和耕地资源变为了森林资源（表 4.15）。另外，水体与湿地、建设用地和荒漠资源于 1990～2018 年在该大区的面积占比较小，分别为 1.99%到 2.23%、1.23%到 2.97%和 0.02%到 0.02%，水体与湿地和荒漠资源保持稳定，建设用地资源呈增加趋势，主要资源变化为耕地资源变化为建设用地资源（图 4.33）。

表 4.15　江南山地丘陵森林资源大区 1990～2018 年自然资源动态变化转移矩阵　（单位：km^2）

1990 年	2018 年						合计
	耕地	森林	草	水体与湿地	建设用地	荒漠	
耕地	92899	63233	6815	3902	11960	58	178867
森林	61403	400035	19738	3678	5786	89	490729
草	8013	25054	23825	431	775	17	58115
水体与湿地	3273	2972	362	7131	760	173	14671
建设用地	4249	1581	233	387	3019	3	9472
荒漠	68	108	22	539	17	350	1104
合计	169905	492983	50995	16068	22317	690	752958

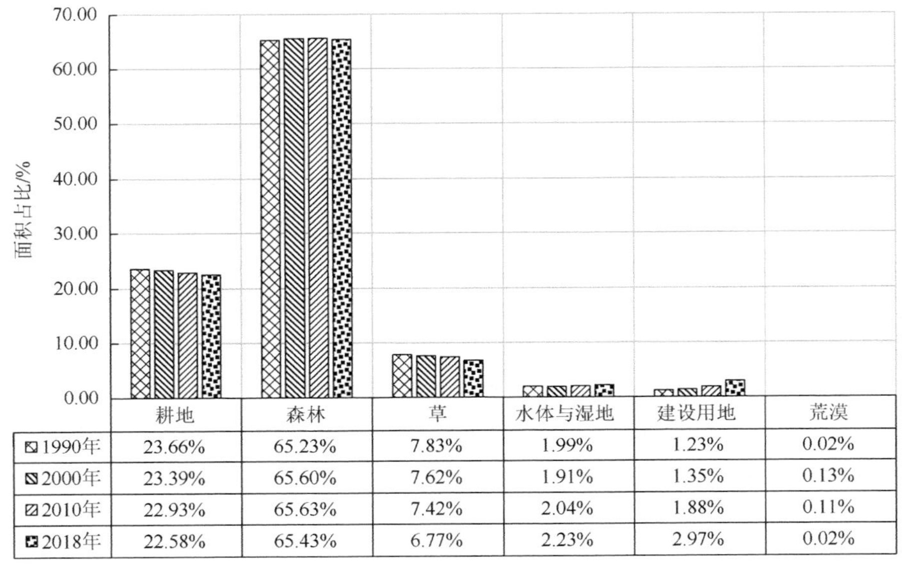

图 4.33　江南山地丘陵森林资源大区陆表资源面积占比变化

2. 二级分区特征描述

江南山地丘陵森林资源大区一共分为江南丘陵东部亚热带森林亚区、江南丘陵西部亚热带森林亚区、南岭山地亚热带森林亚区、东南丘陵亚热带森林亚区（附图 3～附图 6）。

Ⅶ1 江南丘陵东部亚热带森林亚区位于安徽省东南部，江西省东北部和浙江省西北部，地形地貌以中海拔起伏山地为主。该亚区主要的植被类型为亚热带针叶林植被和一年两熟或三熟的水旱轮作植被。该亚区面积约为 7.92 万 km^2。主导的资源是森林资源，其次是耕地资源，面积分别约为 6.46 万 km^2 和 1.83 万 km^2。在 1990～2018 年，森林资源在该亚区的面积占比为 64.84%到 64.62%，变化基本稳定，耕地资源面积占比为 25.43%到 23.16%，总体上呈下降趋势，建设用地资源占比为 1.63%到 3.76%，呈逐年上升趋势。另外，草资源和水体与湿地资源于 1990～2018 年在该亚区的面积占比较小，并且基本稳定，分别为 5.58%到 5.80%和 2.50%到 2.65%（图 4.34）。

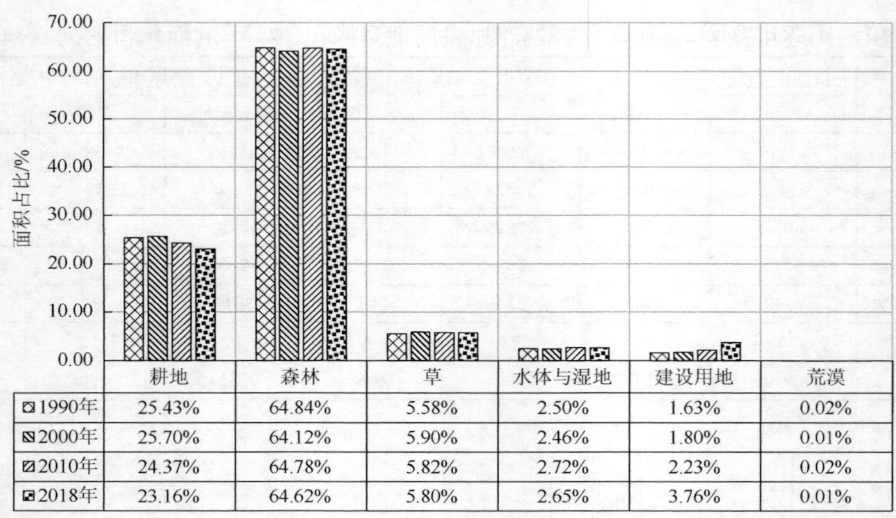

	耕地	森林	草	水体与湿地	建设用地	荒漠
1990年	25.43%	64.84%	5.58%	2.50%	1.63%	0.02%
2000年	25.70%	64.12%	5.90%	2.46%	1.80%	0.01%
2010年	24.37%	64.78%	5.82%	2.72%	2.23%	0.02%
2018年	23.16%	64.62%	5.80%	2.65%	3.76%	0.01%

图 4.34　江南丘陵东部亚热带森林亚区陆表资源面积占比变化

Ⅶ2 江南丘陵西部亚热带森林亚区位于湖北省东南部、江西省西北部和河南省东北部，地形地貌以中海拔起伏山地为主。2018 年，该亚区面积约为 8.33 万 km^2，主导的资源是森林资源，其次是耕地资源，面积分别约为 4.29 万 km^2 和 1.83 万 km^2。在 1990～2018 年，森林资源在该亚区的面积占比为 53.05%到 52.14%，变化基本稳定，略微降低，耕地资源面积占比为 33.34%到 31.67%，总体上呈下降趋势，建设用地资源面积占比为 2.17%到 4.84%，呈逐年上升趋势。另外，水体与湿地、草资源和荒漠资源在 1990～2018 年在该亚区的面积占比较小，并且基本稳定，分别为 8.20%到 8.19%、3.23%到 3.15%和 0.01%到 1.13%（图 4.35）。

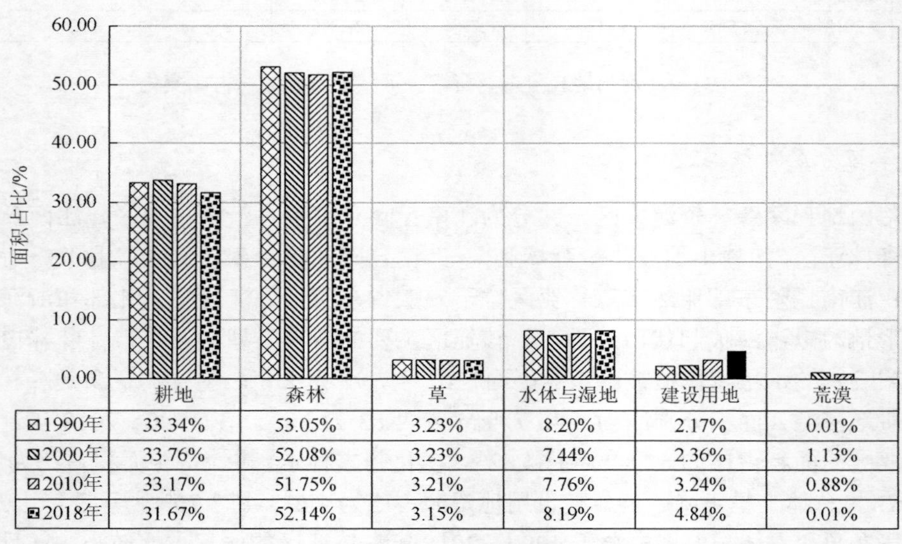

	耕地	森林	草	水体与湿地	建设用地	荒漠
1990年	33.34%	53.05%	3.23%	8.20%	2.17%	0.01%
2000年	33.76%	52.08%	3.23%	7.44%	2.36%	1.13%
2010年	33.17%	51.75%	3.21%	7.76%	3.24%	0.88%
2018年	31.67%	52.14%	3.15%	8.19%	4.84%	0.01%

图 4.35　江南丘陵西部亚热带森林亚区陆表资源面积占比变化

Ⅶ3 南岭山地亚热带森林亚区所在区域主要包括重庆市东南部、湖南省西部和贵州省东北部，地形地貌以中海拔起伏山地为主。该亚区主要的植被类型为亚热带针叶林植被和一年两熟或三熟水旱轮作。2018 年，该亚区面积约为 27.37 万 km^2，主导的资源是森林资源，其次是耕地资源，面积分别约为 17.64 万 km^2 和 6.14 万 km^2。在 1990～2018 年，森林资源在该亚区的面积占比为 64.70%到 66.17%，变化基本稳定，略微上升，耕地资源面积占比为 23.58%到 23.03%，基本稳定，呈略微下降趋势，草资源面积占比为 9.89%到 7.72%，总体呈下降趋势。另外，水体与湿地、建设用地和荒漠资源在 1990～2018 年在该亚区的面积占比较小，分别 1.02%到 1.28%、0.80%到 1.79%和 0.01%到 0.01%，其中建设用地资源呈略微上升趋势，水体与湿地和荒漠资源保持稳定（图 4.36）。

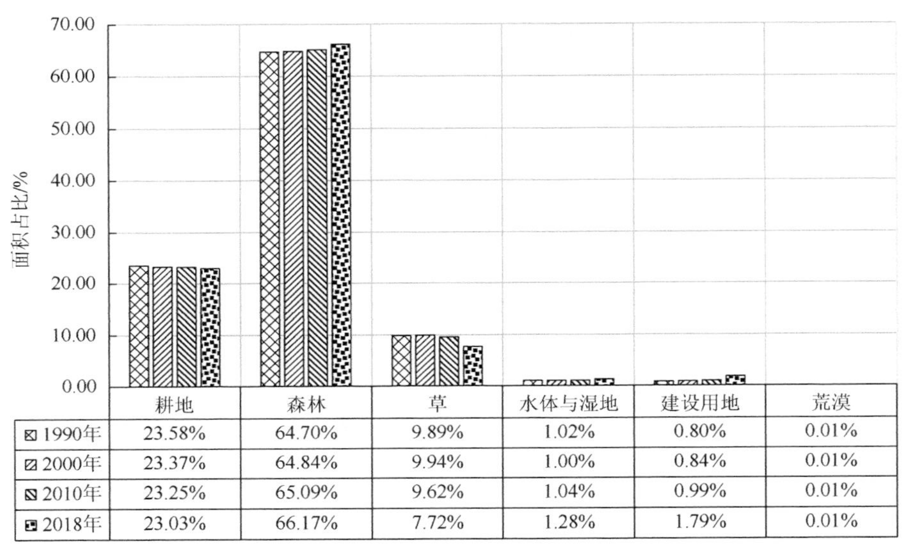

	耕地	森林	草	水体与湿地	建设用地	荒漠
1990年	23.58%	64.70%	9.89%	1.02%	0.80%	0.01%
2000年	23.37%	64.84%	9.94%	1.00%	0.84%	0.01%
2010年	23.25%	65.09%	9.62%	1.04%	0.99%	0.01%
2018年	23.03%	66.17%	7.72%	1.28%	1.79%	0.01%

图 4.36　南岭山地亚热带森林亚区陆表资源面积占比变化

Ⅶ4 东南丘陵亚热带森林亚区所在区域主要包括湖南省东南部、广东省北部、福建省西北部和浙江省东南部，地形地貌以中海拔起伏山地为主。该亚区主要的植被类型为亚热带针叶林植被和一年两熟或三熟的水旱轮作。2018 年，该亚区面积约为 33.60 万 km^2，主导的资源是森林资源，其次是耕地资源，面积分别约为 22.25 万 km^2 和 6.42 万 km^2。在 1990～2018 年，森林资源在该亚区的面积占比为 68.70%到 68.44%，变化基本稳定，耕地资源面积占比为 21.05%到 19.74%，呈逐年下降趋势，草资源面积占比为 7.74%到 7.14%，变化基本稳定。另外，水体与湿地、建设用地和荒漠资源在 1990～2018 年在该亚区的面积占比较小，分别为 1.20%到 1.37%、1.27%到 3.28%和 0.04%到 0.03%，其中建设用地资源呈逐年上升趋势，水体与湿地和荒漠资源保持稳定（图 4.37）。

3. 三级分区特征描述

江南山地丘陵森林资源大区，分为四个亚区，同时又分为八个地区，分别命名为江南丘陵东部有林地水田地区、江南丘陵西部有林地水田地区、江南丘陵西部水田地区、南岭山地北部有林地疏林地地区、南岭山地南部有林地疏林地地区、东南山地西部有林地水田地区、闽江平原有林地疏林地地区和浙江沿海山地有林地水田地区，具体资源面积占比情况见表 4.16 及附图 7～附图 10。

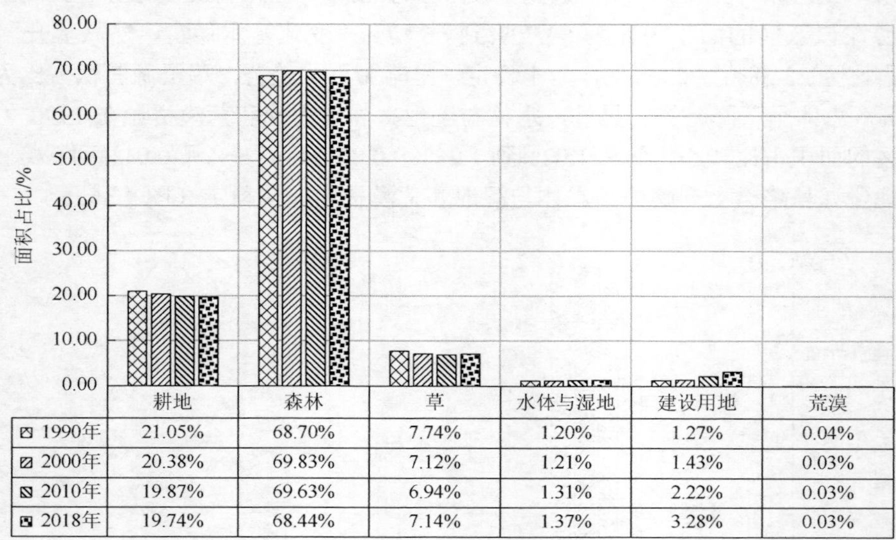

	耕地	森林	草	水体与湿地	建设用地	荒漠
1990年	21.05%	68.70%	7.74%	1.20%	1.27%	0.04%
2000年	20.38%	69.83%	7.12%	1.21%	1.43%	0.03%
2010年	19.87%	69.63%	6.94%	1.31%	2.22%	0.03%
2018年	19.74%	68.44%	7.14%	1.37%	3.28%	0.03%

图 4.37　东南丘陵亚热带森林亚区陆表资源面积占比变化

表 4.16　江南丘陵森林资源大区三级区划陆表资源面积占比

二级区划		三级区划		所辖省（区）	资源类型及占比	资源类型及占比
代码	名称	代码	名称		（1990 年）	（2018 年）
Ⅶ1	江南丘陵东部亚热带森林亚区	Ⅶ11	江南丘陵东部有林地水田地区	浙江省西北部、安徽省东南部、江西省东北部	森林（64.84%）、耕地（25.43%）、草（5.58%）、水体与湿地（2.50%）、建设用地（1.63%）、荒漠（0.01%）	森林（64.62%）、耕地（23.16%）、草（5.80%）、建设用地（3.76%）、水体与湿地（2.65%）、荒漠（0.02%）
Ⅶ2	江南丘陵西部亚热带森林亚区	Ⅶ21	江南丘陵西部有林地水田地区	江西省西北部、湖北省东南部	森林（65.96%）、耕地（26.45%）、草（3.18%）、水体与湿地（2.80%）、建设用地（1.60%）、荒漠（0.01%）	森林（64.76%）、耕地（25.29%）、建设用地（3.81%）、草（3.14%）、水体与湿地（2.99%）、荒漠（0.01%）
		Ⅶ22	江南丘陵西部水田地区	江西省北部	耕地（52.58%）、水体与湿地（23.51%）、森林（16.80%）、建设用地（3.74%）、草（3.36%）、荒漠（0.01%）	耕地（48.98%）、水体与湿地（22.10%）、森林（18.08%）、建设用地（7.67%）、草（3.15%）、荒漠（0.01%）
Ⅶ3	南岭山地亚热带森林亚区	Ⅶ31	南岭山地北部有林地疏林地地区	湖南省西北部、重庆市东南部和湖北省西南部	森林（64.49%）、耕地（24.49%）、草（9.48%）、水体与湿地（0.95%）、建设用地（0.58%）	森林（66.77%）、耕地（24.03%）、草（6.24%）、建设用地（1.65%）、水体与湿地（1.29%）
		Ⅶ32	南岭山地南部有林地疏林地地区	湖南省西南部、广西壮族自治区东北部	森林（65.15%）、耕地（21.68%）、草（10.8%）、建设用地（1.25%）、水体与湿地（1.11%）	森林（66.77%）、耕地（24.04%）、草（6.24%）、建设用地（1.65%）、水体与湿地（1.29%）

续表

二级区划		三级区划		所辖省（区）	资源类型及占比	资源类型及占比
代码	名称	代码	名称		（1990 年）	（2018 年）
Ⅶ4	东南丘陵亚热带森林亚区	Ⅶ41	东南山地西部有林地水田地区	湖南省东南部、江西省西南部、广西壮族自治区北部	森林（70.72%）、耕地（21.83%）、草（4.89%）、水体与湿地（1.39%）、建设用地（2.20%）	森林（70.34%）、耕地（21.17%）、草（4.89%）、建设用地（2.20%）、水体与湿地（1.39%）
		Ⅶ42	闽江平原有林地疏林地地区	福建省西北部	森林（65.05%）、草（17.83%）、耕地（15.19%）、建设用地（0.98%）、水体与湿地（0.87%）	森林（66.78%）、草（15.26%）、耕地（14.86%）、建设用地（2.07%）、水体与湿地（0.95%）
		Ⅶ43	浙江沿海山地有林地水田地区	浙江省东南部	森林（67.94%）、耕地（26.40%）、草（2.08%）、建设用地（2.07%）、水体与湿地（1.44%）、荒漠（0.06%）	森林（66.40%）、耕地（22.21%）、建设用地（7.17%）、草（2.40%）、水体与湿地（1.78%）、荒漠（0.04%）

Ⅶ1 江南丘陵东部亚热带森林亚区仅有Ⅶ11 江南丘陵东部有林地水田地区一个地区具体资源面积占比见表 4.16。

Ⅶ11 江南丘陵东部有林地水田地区主要位于安徽省东南部、浙江省西北部以及江西省东北部。2018 年，该地区面积约为 7.92 万 km^2，主导资源类型为森林资源，面积约为 5.11 万 km^2。在 1990～2018 年，森林资源在该地区的面积占比为 64.84%到 64.62%，耕地资源面积占比为 25.43%到 23.16%，草资源面积占比为 5.58%到 5.80%。另外，建设用地、水体与湿地和荒漠资源面积占比较小，分别为 1.63%到 3.76%、2.50%到 2.65%和 0.02%到 0.01%。

Ⅶ2 江南丘陵西部亚热带森林亚区分为Ⅶ21 江南丘陵西部有林地水田地区和Ⅶ22 江南丘陵西部水田地区，具体资源面积占比见表 4.16。

Ⅶ21 江南丘陵西部有林地水田地区主要位于湖北省东南部、江西省西北部以及湖南省东北部。2018 年，该地区面积约为 6.09 万 km^2，主导资源类型为森林资源，面积约为 3.89 万 km^2。在 1990～2018 年，森林资源在该地区的面积占比为 65.96%到 64.76%，耕地资源面积占比为 26.45%到 25.29%。另外，草、建设用地、水体与湿地和荒漠资源占比较小，分别为 3.18%到 3.14%、1.60%到 3.81%、2.80%到 2.99%、0.01%到 0.01%。

Ⅶ22 江南丘陵西部水田地区主要位于江西省北部。2018 年，该地区面积约为 2.24 万 km^2，主导资源类型为耕地资源，面积约为 1.08 万 km^2。在 1990～2018 年，耕地资源在该地区的面积占比为 52.58%到 48.98%，水体与湿地资源面积占比为 23.51%到 22.10%，森林资源面积占比为 16.80%到 18.08%。另外，建设用地、草和荒漠资源面积占比较小，分别为 3.74%到 7.67%、3.36%到 3.15%和 0.01%到 0.01%。

Ⅶ3 南岭山地亚热带森林亚区分为Ⅶ31 南岭山地北部有林地疏林地地区和Ⅶ32 南岭山地南部有林地疏林地地区，具体资源面积占比见表 4.16。

Ⅶ31 南岭山地北部有林地疏林地地区主要位于湖南省西北部、重庆市东南部和湖北省西南部。2018 年，该地区面积约为 17.42 万 km^2，主导资源类型为森林资源，面积约为 11.49 万 km^2。在 1990～2018 年，森林资源在该地区的面积占比为 64.49%到 66.77%，耕地资源面积占比为24.49%到24.03%，草资源面积占比为9.48%到6.24%。另外，建设用地和水体与湿地资源面积占比较小，分别为0.58%到1.65%和0.95%到1.29%。

Ⅶ32 南岭山地南部有林地疏林地地区主要位于湖南省西南部、广西壮族自治区东北部。2018年，该地区面积约为9.94万km^2，主导资源类型为森林资源，面积约为6.64万km^2。在1990～2018年，森林资源在该地区的面积占比分别为65.15%到66.77%，耕地资源面积占比为21.68%到24.04%，草资源面积占比为10.8%到6.24%。另外，建设用地和水体与湿地资源占比较小，分别为1.25%到1.65%、1.11%到1.29%。

Ⅶ4 东南丘陵亚热带森林亚区分为Ⅶ41 东南山地西部有林地水田地区、Ⅶ42 闽江平原有林地疏林地地区和Ⅶ43 浙江沿海山地有林地水田地区，具体资源面积占比见表4.16。

Ⅶ41 东南山地西部有林地水田地区主要位于湖南省西南部、广西壮族自治区东北部。2018年，该地区面积约为9.94万km^2，主导资源类型为森林资源，面积约为6.15万km^2。在1990～2018年，森林资源在该地区的面积占比为70.72%到70.34%，耕地资源面积占比为21.83%到21.17%，草资源面积占比为4.89%到4.89%。另外，建设用地和水体与湿地资源占比较小，分别为2.20%到2.20%、1.39%到1.39%。

Ⅶ42 闽江平原有林地疏林地地区主要位于湖南省东南部、江西省西南部、广西壮族自治区北部。2018年，该地区面积约为17.27万km^2，主导资源类型为森林资源，面积约为11.68万km^2。在1990～2018年，森林资源在该地区的面积占比为65.05%到66.78%，耕地资源面积占比为 15.19%到14.86%，草资源面积占比为17.83%到15.26%。另外，建设用地和水体与湿地资源占比较小，分别为0.98%到2.07%、0.87%到0.95%。

Ⅶ43 浙江沿海山地有林地水田地区主要位于浙江省东南部。2018年，该地区面积约为7.25万km^2，主导资源类型为森林资源，面积约为4.75万km^2。在1990～2018年，森林资源在该地区的面积占比为67.94%到66.40%，耕地资源面积占比为26.40%到22.41%，建设用地资源面积占比2.07%到7.17%。另外，草、水体与湿地和荒漠资源面积占比较小，分别为2.08%到2.40%、1.44%到1.78%和0.06%到0.04%。

4.2.8 东南沿海及岛屿森林区

1. 一级分区特征描述

东南沿海及岛屿森林资源大区主要包括台湾、海南、广东中南部、广西东南部以及福建东南部。大区绝大部分地区处于25°N以南的中低纬度，属于湿润的热带、亚热带季风气候，热量丰富，冬短夏长，台风频繁，雨量较充沛，是一个高温多雨、四季常绿的热带-南亚热带区域。年均温为16～23℃，且由北向南、由山地向平原地区年平均气温略有提升。≥10℃积温为5000～8300℃，年降水量为1000～2800mm，年内降水有两个高峰期：一是5～6月的前汛期，二是8～9月的后汛期，一年中有半年左右是雨日，暴雨是常见的降水形式。雨热同季，降雨量与热量资源分布大体上是由北向南增多。受热带季风和热带气旋的影响，本区灾害性天气频繁发生。广西地区旱、涝灾害和“两寒”（倒春寒和寒露风）、冰雹等灾害性天气出现频率大；粤闽地区则是我国受热带气旋影响最多的区域。在我国大陆登陆的台风和强台风中，在广东省登陆的最多，年均2次左右。盛夏秋初的 7～9 月是台风盛季，这段时间内粤闽地区沿海的降水量 40%～70%是台风雨。

东南沿海及岛屿森林资源大区的植物资源丰富，种类繁多，有热带雨林、季雨林和南亚热带季风常绿阔叶林等地带性植被，南部为热带雨林与南部热带季雨林，北部属于中亚热常绿阔叶林。自然林中具有多层结构，使得生态系统具有较强稳定性和有较高的物种多样性。除地带性植被外，在山地和丘陵上还广泛分布次生的草丛和灌草丛植被。这一地区是中国南药资源的重点分布地区，大量的热带、亚热带森林和灌草成为重要的中药资源。

东南沿海及岛屿森林资源大区多山地，山地丘陵占土地面积的 60%以上。山地以低山丘陵为主，且以 500m 以下的丘陵分布最普遍，1000m 以上的山地主要分布在闽西、粤北、海南岛南部和台湾岛中部。受区域地质构造的控制，大部分山脉呈北东-南西走向，地势由西北向东南递降。主要山脉有福建境内的鹫峰山、戴云山、博平岭，广东境内的莲花山、罗浮山、九连山、云雾山、罗山等，广西境内的云开大山、十万大山等，海南岛的五指山，以及台湾岛的台湾山。较大的平原有珠江三角洲平原、韩江三角洲、福州平原、漳州平原。除此之外，本区还发育有喀斯特地貌、丹霞地貌。

东南沿海及岛屿森林资源大区广大平原地带多为稻田或城镇景观，在珠江三角洲呈现出“桑基鱼塘”的景观特色。森林茂密，砖红壤、赤红壤分布在南部雷州半岛、闽南、粤桂沿海的地上丘陵区，红壤和黄壤广泛发育在北部。该大区内地表侵蚀切割强烈，同时在长期的高温多雨的气候条件下，丘陵台地上发育深厚的红色风化壳，在进行迅速的生物积累过程的同时，还进行着强烈的脱硅富铝化过程，所以该大区也是我国砖红壤、赤红壤的集中分布区域。土壤大多发育在花岗岩、玄武岩、石灰岩和红色风化壳之上。在湿热气候条件下的母岩风化过程中，硅酸盐矿物强烈分解，硅和盐基遭到淋失，铁铝等氧化物明显聚积，黏粒与次生矿物不断形成。虽然元素的淋失和富铝化过程很强烈，但由于 NPP 高，生物富集过程处于优势地位，极大地丰富了土壤养分物质的来源，土壤中的生物自肥作用十分强烈。因此，构成了这一地区的土壤养分周转快、生物积累迅速的特点，使其土地自然生产能力大大超过全国其他地区。

东南沿海及岛屿森林资源大区包含福建省戴云山、广东省丹霞山、福建省漳江口红树林等多个国家级自然保护区，其中福建戴云山国家级自然保护区坐落于福建省德化县境内，总面积达 13472.4km^2，主要保护对象是大面积天然分布的原生性黄山松林、东南沿海典型的山地森林生态系统、昆虫和植物模式标本产地、野生兰科植物资源、生物多样性和濒危动植物物种。广东省丹霞山国家级自然保护区位于广东省仁化县境内，总面积约为 21900km^2，主要保护对象为丹霞地层、丹霞地貌与珍稀动植物资源，特别是黄腹角雉和白颈长尾雉。漳江口红树林国家级自然保护区位于福建省漳州市云霄县漳江入海口，保护区总面积约为 2360km^2，主要保护对象包括红树林湿地生态系统、濒危野生动植物物种、东南沿海水产种质资源。

东南沿海及岛屿森林资源大区河网稠密，纵横交错，流量丰富。由西江、北江和东江组成的珠江是区内最大的水系，水量丰富，年均径流量达 340 亿 m^3，仅次于长江，相当于黄河的 7 倍。由于雨季长，河流的汛期长，一般 4 月涨水，9 月降落，并呈双峰形，同时流量变化大。本区年产水模数和人均水量、地均水量均居全国的前列，优势突出的水资源对当地的发展起到了重要的保障作用。

2018 年，该大区面积约为 29.2 万 km^2。主导的资源是森林资源，其次是耕地资源，面积分别约为 17.5 万 km^2 和 7.2 万 km^2。在 1990～2018 年，森林资源在该亚区的面积占比为 59.98%到 59.65%，总体上呈上升趋势，耕地资源面积占比为 27.20%到 24.65%，总体上呈下降趋势，草资源面积占比为 5.21%到 4.82%，总体上呈下降趋势，该大区主要的资源变化为耕地资源和草资源变为了森林资源（表 4.17）。另外，水体与湿地、建设用地和荒漠资源在 1990～2018 年在该大区的面积占比较小，分别为 3.55%到 3.74%、3.99%到 7.04%、0.11%到 0.07%，水体与湿地和荒漠资源面积保持稳定，建设用地资源呈增加趋势，主要变化原因为耕地资源变化为建设用地资源（图 4.38）。

表 4.17 东南沿海及岛屿森林资源大区 1990～2018 年自然资源动态变化转移矩阵 （单位：km^2）

1990 年	2018 年						合计
	耕地	森林	草	水体与湿地	建设用地	荒漠	
耕地	44788	18917	2004	3180	9569	52	78510
森林	18856	146213	5749	2346	4123	61	177348
草	2178	6180	5913	308	671	20	15270
水体与湿地	2207	1952	205	4207	1269	15	9855
建设用地	4047	1338	189	711	4789	9	11083
荒漠	87	65	32	34	45	70	333
合计	72163	174665	14092	10786	20466	227	292399

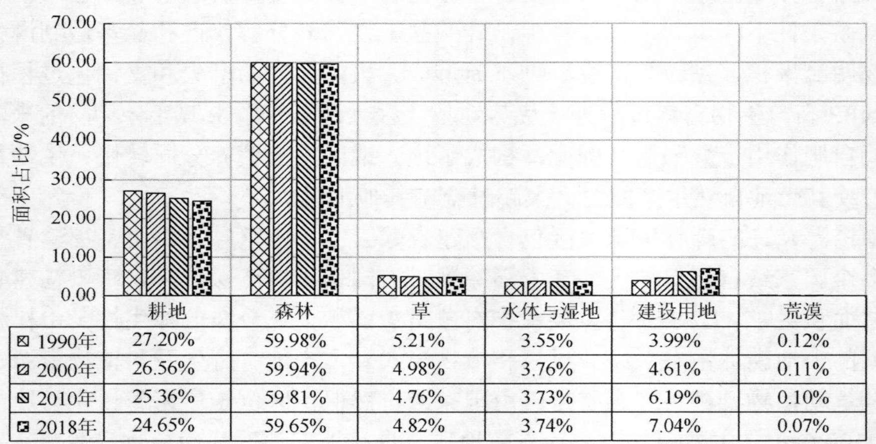

图 4.38 东南沿海及岛屿森林资源大区陆表资源面积占比变化

2. 二级分区特征描述

东南沿海及岛屿森林资源大区划分为 4 个自然资源亚区，分别为东南沿海丘陵亚热带林耕亚区、海南山地丘陵热带雨林亚区、台湾西部平原亚热带耕地亚区和台湾东部山地亚热带森林亚区（附图 3～附图 6）。

Ⅷ1 东南沿海丘陵亚热带林耕亚区包含广东省中南部、广西壮族自治区东南部和福建省东南部。2018 年，该亚区面积约为 24.26 万 km^2，主导资源为森林资源，其次为耕地资源。面积分别约为 12.97 万 km^2 和 5.70 万 km^2。在 1990～2018 年，森林资源在该亚区的面积占比为 57.77%到 57.81%，基本保持稳定，耕地资源面积占比为 28.62%到 25.41%，呈逐年下降趋势，建设用地资源面积占比为 4.17%到 7.31%，呈逐年上升趋势。另外，草、水体与湿地和荒漠资源在 1990～2018 年在该亚区的面积占比较小，且基本保持稳定，分别为 5.70%到 5.32%、3.60%到 3.65%和 0.08%到 0.06%（图 4.39）。

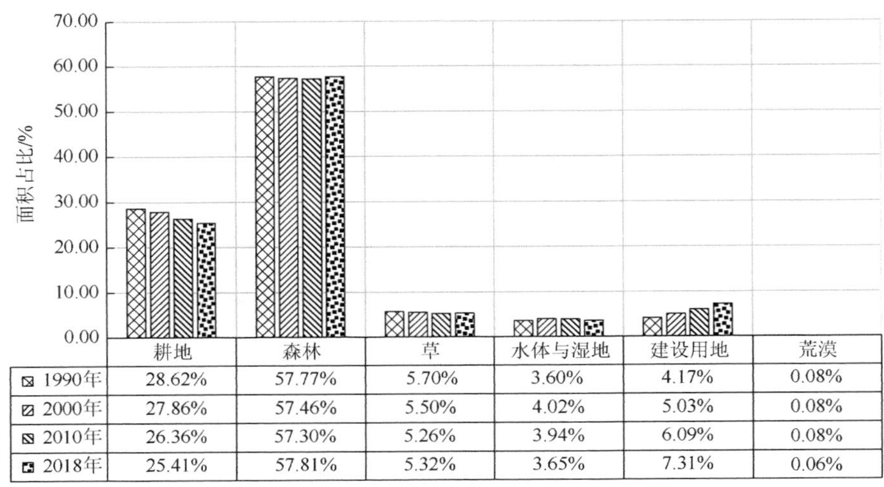

	耕地	森林	草	水体与湿地	建设用地	荒漠
1990年	28.62%	57.77%	5.70%	3.60%	4.17%	0.08%
2000年	27.86%	57.46%	5.50%	4.02%	5.03%	0.08%
2010年	26.36%	57.30%	5.26%	3.94%	6.09%	0.08%
2018年	25.41%	57.81%	5.32%	3.65%	7.31%	0.06%

图 4.39　东南沿海丘陵亚热带林耕亚区陆表资源面积占比变化

Ⅷ2 海南山地丘陵热带雨林亚区包含海南岛全岛范围。2018 年，该亚区面积约为 3.85 万 km^2，主导资源为森林资源，其次为耕地资源。面积分别约为 2.12 万 km^2 和 0.85 万 km^2。在 1990～2018 年，森林资源在该亚区的面积占比为 63.85%到 63.28%，基本保持稳定，耕地资源面积占比为 26.86%到 25.45%，呈逐年下降趋势，建设用地资源面积占比为 1.79%到 3.85%，总体呈上升趋势。另外，草、水体与湿地和荒漠资源在 1990～2018 年在该亚区的面积占比较小，且基本保持稳定，分别为 4.23%到 3.42%、2.88%到 3.80%和 0.39%到 0.15%（图 4.40）。

Ⅷ3 台湾西部平原亚热带耕地亚区包含台湾西部平原地区。2018 年，该亚区面积约为 0.80 万 km^2，主导资源为耕地资源，其次为森林资源。面积分别约为 0.40 万 km^2 和 0.13 万 km^2。在 1990～2018 年，耕地资源在该亚区的面积占比为 56.93%到 54.63%，呈逐年下降趋势，森林资源面积占比为 20.89%到 18.09%，总体呈下降趋势，在 2010～2018 年变化显著，建设用地资源面积占比为 12.20%到 15.32%，总体呈上升趋势，水体与湿地资源面积占比为 8.49%到 10.92%，在 2010～2018 年显著上升。另外，草和荒漠资源在 1990～2018 年在该亚区的面积占比较小，且基本保持稳定，分别为 1.36%到 1.04%和 0.12%到 0.00%（图 4.41）。

Ⅷ4 台湾东部山地亚热带森林亚区包含台湾东部的大部分地区。2018 年，该亚区面积约为 2.82 万 km^2，主导资源为森林资源，其次为耕地资源。面积分别约为 2.31 万 km^2 和 0.26 万 km^2。在 1990～2018 年，森林资源在该亚区的面积占比为 82.44%到 81.68%，基本保持稳定，耕地资源面积占比为 9.19%到 9.40%，基本保持稳定。另外，草、水体与湿地、建设用地和荒漠资源在 1990～2018 年在该亚区的面积占比较小，且基本保持稳定，分别为 3.74%到 3.56%、2.02%到 2.15%、2.54%到 3.13%和 0.07%到 0.08%（图 4.42）。

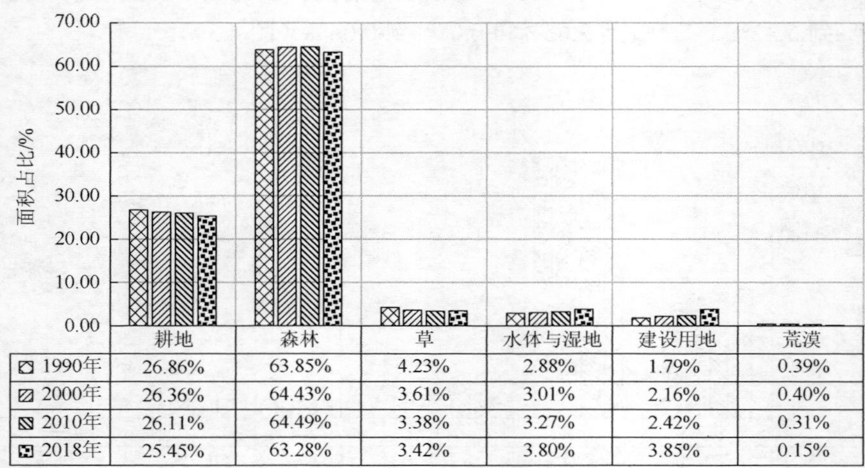

	耕地	森林	草	水体与湿地	建设用地	荒漠
1990年	26.86%	63.85%	4.23%	2.88%	1.79%	0.39%
2000年	26.36%	64.43%	3.61%	3.01%	2.16%	0.40%
2010年	26.11%	64.49%	3.38%	3.27%	2.42%	0.31%
2018年	25.45%	63.28%	3.42%	3.80%	3.85%	0.15%

图 4.40　海南山地丘陵热带雨林亚区表资源面积占比变化

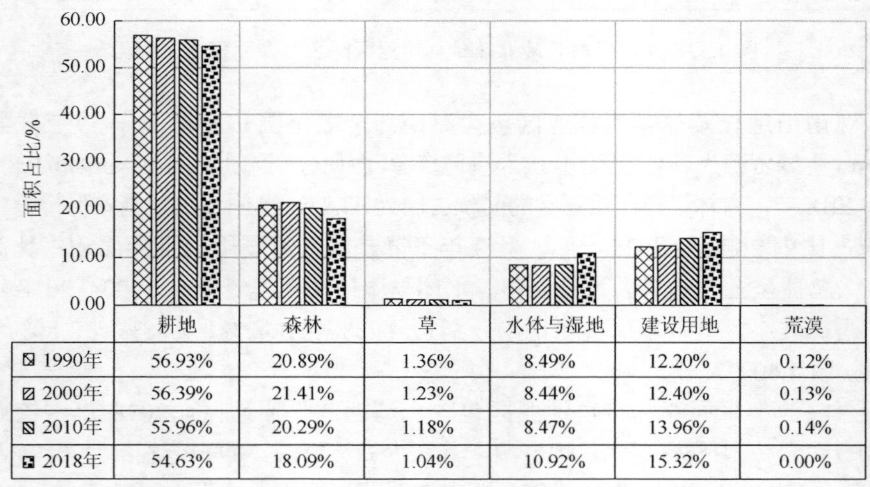

	耕地	森林	草	水体与湿地	建设用地	荒漠
1990年	56.93%	20.89%	1.36%	8.49%	12.20%	0.12%
2000年	56.39%	21.41%	1.23%	8.44%	12.40%	0.13%
2010年	55.96%	20.29%	1.18%	8.47%	13.96%	0.14%
2018年	54.63%	18.09%	1.04%	10.92%	15.32%	0.00%

图 4.41　台湾西部平原亚热带耕地亚区陆表资源面积占比变化

3. 三级分区特征描述

东南沿海丘陵亚热带林耕亚区划分为闽粤沿海丘陵有林地地区、珠江三角洲平原有林地地区和岭南沿海丘陵有林地地区等 3 个自然资源地区，具体资源面积占比见表 4.18 及附图 7～附图 10。

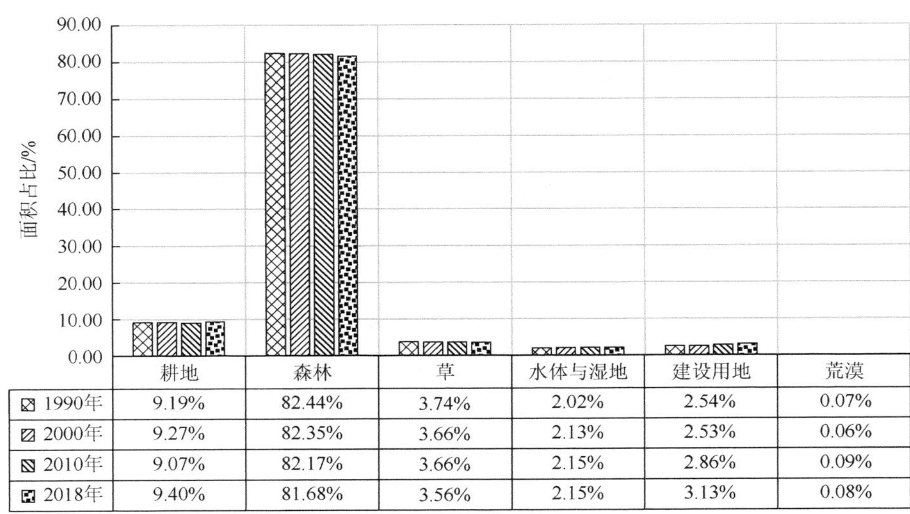

	耕地	森林	草	水体与湿地	建设用地	荒漠
1990年	9.19%	82.44%	3.74%	2.02%	2.54%	0.07%
2000年	9.27%	82.35%	3.66%	2.13%	2.53%	0.06%
2010年	9.07%	82.17%	3.66%	2.15%	2.86%	0.09%
2018年	9.40%	81.68%	3.56%	2.15%	3.13%	0.08%

图 4.42　台湾东部山地亚热带森林亚区陆表资源面积占比变化

表 4.18　东南沿海及岛屿森林资源大区三级区划自然资源面积占比

二级区划		三级区划		资源类型及占比	资源类型及占比
代码	名称	代码	名称	（1990 年）	（2018 年）
Ⅷ1	东南沿海丘陵亚热带林耕亚区	Ⅷ11	闽粤沿海丘陵有林地地区	森林（56.08%）、耕地（26.10%）、草（11.52%）、建设用地（3.78%）、水体与湿地（2.41%）、荒漠（0.11%）	森林（57.50%）、耕地（22.73%）、草（10.32%）、建设用地（6.55%）、水体与湿地（1.36%）、荒漠（0.09%）
		Ⅷ12	珠江三角洲平原有林地地区	森林（57.13%）、耕地（29.01%）、水体与湿地（5.62%）、建设用地（5.33%）、草（2.85%）、荒漠（0.05%）	森林（56.56%）、耕地（24.07%）、建设用地（11.20%）、水体与湿地（5.04%）、草（3.10%）、荒漠（0.02%）
		Ⅷ13	岭南沿海丘陵有林地地区	森林（59.80%）、耕地（30.45%）、草（3.45%）、建设用地（3.30%）、水体与湿地（2.91%）、荒漠（0.08%）	森林（59.10%）、耕地（29.67%）、建设用地（4.76%）、水体与湿地（3.25）、草（3.03%）、荒漠（0.07%）
Ⅷ2	海南山地丘陵热带雨林亚区	Ⅷ21	海南北部丘陵旱地地区	森林（49.82%）、耕地（40.18%）、草（3.91%）、水体与湿地（3.21%）、建设用地（2.52%）、荒漠（0.37%）	森林（43.26%）、耕地（38.63%）、建设用地（5.74%）、水体与湿地（4.17%）、草（2.88%）、荒漠（0.22%）
		Ⅷ22	海南南部山地有林地地区	森林（76.96%）、耕地（14.49%）、草（4.52%）、水体与湿地（2.50%）、建设用地（1.10%）、荒漠（0.43%）	森林（75.83%）、耕地（14.57%）、草（3.88%）、水体与湿地（3.47%）、建设用地（2.17%）、荒漠（0.07%）
Ⅷ3	台湾西部平原亚热带耕地亚区	Ⅷ31	台湾西部平原水田地区	耕地（56.93%）、森林（20.89%）、建设用地（12.20%）、水体与湿地（8.49%）、草（1.36%）	耕地（54.63%）、森林（18.09%）、建设用地（15.33%）、水体与湿地（10.92%）、草（1.04%）
Ⅷ4	台湾东部山地亚热带森林亚区	Ⅷ41	台湾东部山地有林地地区	森林（82.44%）、耕地（9.19%）、草（3.74%）、建设用地（2.54%）、水体与湿地（2.02%）、荒漠*（0.07%）	森林（81.67%）、耕地（9.40%）、草（3.56%）、建设用地（3.13%）、水体与湿地（2.15%）、荒漠*（0.08%）

Ⅷ11 闽粤沿海丘陵有林地地区包含广东省东北部和福建省东南部。2018 年，该地区面积约为 7.44 万 km^2，主导资源类型为森林资源，其次为耕地资源，面积分别约为 3.98 万 km^2 和 1.57 万 km^2。在 1990～2018 年，森林资源在该地区的面积占比为 56.08%到 57.50%，耕地资源面积占比为 26.10%到 22.73%，草资源面积占比为 11.52%到 10.32%。另外，水体与湿地、建设用地和荒漠资源面积占比较小，分别为 2.41%到 1.36%、3.78%到 6.55%和 0.11%到 0.09%。

Ⅷ12 珠江三角洲平原有林地地区包含广东省中部和南部。2018 年，该地区面积约为 9.09 万 km^2，主导资源类型为森林资源，其次为耕地资源，面积分别约为 4.75 万 km^2 和 2.02 万 km^2。在 1990～2018 年，森林资源在该地区的面积占比为 57.13%到 56.56%，耕地资源面积占比为 29.01%到 24.07%，建设用地资源面积占比为 5.33%到 11.20%。另外，水体与湿地、草资源和荒漠资源面积占比较小，分别为 5.62%到 5.04%、2.85%到 3.10%和 0.05%到 0.02%。

Ⅷ13 岭南沿海丘陵有林地地区包含广西壮族自治区东南部、广东省西部和雷州半岛。2018 年，该地区面积约为 7.72 万 km^2，主导资源类型为森林资源，其次为耕地资源，面积分别约为 4.17 万 km^2 和 2.09 万 km^2。在 1990～2018 年，森林资源在该地区的面积占比为 59.80%到 59.10%，耕地资源面积占比为 30.45%到 29.67%，建设用地资源面积占比为 3.30%到 4.67%。另外，草、水体与湿地和荒漠资源面积占比较小，分别为 3.45%到 3.03%、2.91%到 3.25%和 0.08%到 0.07%。

海南山地丘陵热带雨林亚区划分为 2 个自然资源地区，分别为海南北部丘陵旱地地区和海南南部山地有林地地区，具体资源面积占比见表 4.18。

Ⅷ21 海南北部丘陵旱地地区包含海南岛北部地区。2018 年，该地区面积约为 1.72 万 km^2，主导资源类型为森林资源，其次为耕地资源，面积分别约为 0.73 万 km^2 和 0.58 万 km^2。在 1990～2018 年，森林资源在该地区的面积占比为 49.82%到 43.26%，耕地资源面积占比为 40.18%到 38.63%，建设用地资源面积占比为 2.52%到 5.74%。另外，草、水体与湿地和荒漠资源面积占比较小，分别为 3.91%到 2.88%、3.21%到 4.17%和 0.37%到 0.22%。

Ⅷ22 海南南部山地有林地地区包含海南岛南部山地地区。2018 年，该地区面积约为 2.12 万 km^2，主导资源类型为森林资源，其次为耕地资源，面积分别约为 1.39 万 km^2 和 0.27 万 km^2。在 1990～2018 年，森林资源在该地区的面积占比为 76.96%到 75.83%，耕地资源面积占比为 14.49%到 14.57%，草资源面积占比为 4.52%到 3.88%。另外，水体与湿地、建设用地和荒漠资源面积占比较小，分别为 2.50%到 3.47%、1.10%到 2.17%和 0.43%到 0.07%。

台湾西部平原亚热带耕地亚区包含一个自然资源地区，区域范围没有变化，为台湾西部平原水田地区，资源状况不再赘述。

台湾东部山地亚热带森林亚区包含一个自然资源地区，区域范围没有变化，为台湾东部山地有林地地区，资源状况不再赘述。

4.2.9 云贵高原林草耕区

1. 一级分区特征描述

云贵高原林草资源大区主要包括云南省、贵州省、四川省南部、广西壮族自治区西部，以及湖南省西部的少部分地区。云贵高原是低纬高原，为中南亚热带季风气候，低纬高原是产生四季如春气候的绝佳温床，四季如春气候的代表城市主要有昆明、大理等，该气候区主要为高山寒带气候与立体气候分布区，也是主要的牧业区。此外，大区南端还分布有少部分热带季雨林气候区。大区年平均气温为 5～24℃，年平均气温呈现出南高北低、西南最高、西北最低的分布。云贵高原热量垂直分布差异明显，从河谷至山顶分别出现热带、亚热带、温带、寒带的热量条件。热量资源的地区分布为南多北少，日平均气温≥10℃的积温，元江、河口地区在 8000℃以上，滇西北、滇东北的高海拔地区在 1400℃以下，金沙江干热河谷出现南亚热带的“飞地”，为 7000～8000℃。热量资源年内各月分配相对均匀，冬季温暖，夏无酷暑。由北向南年平均气温为 3.0～24.0℃，最冷月 1 月的平均气温为–6.0～16.6℃，最热月 7 月的平均气温为 16.0～28.0℃，日平均气温≥10℃的积温一般为 4500～7500℃。受西南季风以及地形起伏的影响，形成冬干夏湿、干湿季节分明的特征，降水在季节和地域上分布极不均匀。4～10 月的雨季降水量占全年总降水量的 85%以上，常出现山洪暴发，发生洪涝灾害；旱季时间长，季节性干旱，特别是春旱十分严重。贵州东部因受东南季风影响，各季节均较湿润。大区年降水量一般为 600～2000mm，大部分地区年降水量在 1000mm 以上。

云贵高原林草资源大区是中国森林植被类型最为丰富的区域，分布着包括雨林、季雨林的热带森林，以及包括季风常绿阔叶林、半湿润常绿阔叶林、暖热性针叶林、暖性针叶林的亚热带森林。随着海拔升高，还分布着温性针叶林、寒温针叶林、灌丛草甸和高山苔原植被。据统计，云南省的植物以 426 科、2597 属与 13278 种居各中国各省市区之首，被称为“植物王国”，药用植物、香料植物、观赏植物等品种在全省范围内均有分布，故云南有“药物宝库”“香料之乡”“天然花园”之称。贵州的植物有 284 科、1543 属及 5593 种；广西的植物有 280 科、1670 属及 6000 余种，亦居全国前列，大多数植物的科属种为热带、亚热带区系成分，滇黔中部、横断山地则有不少温带与热带亚热带的植物混杂。除各类药材和经济作物外，云贵高原盛产樟木、高山栎、杉木、松木、柏木等珍贵木材和各种竹类。

云贵高原林草资源大区包含整个云贵高原地区，处在青藏高原向湖南、广西丘陵山地的过渡地带，北面有四川盆地，地势从西北向东南呈现出阶梯式的下降，乌蒙山为界可将整个云贵高原进一步分为西部的云南高原和东部的贵州高原。云南高原总的地势趋势为北高、南低、西北最高、东南最低，由北向南呈阶梯式下降。其西北部为云贵高原地势最高带，海拔一般在 3000～4000m，有许多终年积雪的高山，如玉龙雪山、哈巴雪山等，整个高原地势由北向南大致可分为 3 个梯层，第一级梯层为西北部德钦、中甸一带，海拔一般在 3000～4000m；第二梯层为中部高原主体，海拔一般在 2300～2600m，有 3000～3500m 的高海拔山峰；第三梯层则为西南部、南部和东南部边缘地区，分布着海拔为 1200～1400m 的山地、丘陵和海拔小于 1000m 的盆地和河谷。以元江河谷和云岭山脉东侧宽谷盆地一线为界，东部高原绵延、西部山川纵横，地貌形态差异很大。这里的山脉河流主要呈现出南北走向，自西向东由高黎贡山、怒山、云岭、无量山、哀牢山等南北走向的山脉和怒江、元江等南北走向的河流相间排列，自北向南，山脉的高度逐渐降低，山脉及河流间的间距在拉大，峡谷深度也在加大，形成了著名的纵向峰谷区。贵州高原地势自西向东、自中部向南部和北部南面倾斜，境内的主要山脉有 4 条，山脉大体上呈现出东北-西南走向，西北部的乌蒙山与云南相邻，呈现出南北走向，海拔一般在 2000～2400m，北部的大娄山呈现出东北-西南走向，海拔一般为 1000～1500m，东北部的武陵山脉是乌江和沅江的分水岭，呈现东北-西南走向，中部的苗岭山脉是长江水系和珠江水系的分水岭，西部与乌蒙山脉相连，呈现东西走向。云贵高原林草资源大区东南部位于广西壮族自治区，是云贵高原的东南边缘，两广丘陵的西部，地势自西北向东南倾斜，西北与东南之间呈盆地状。此外，云贵高原有连片的喀斯特山地分布，较集中的地区为滇、黔、桂毗邻地带。

云贵高原林草资源大区包含贵州省梵净山、云南省西双版纳、云南省苍山洱海等大量国家级自然保护区，其中贵州梵净山国家级自然保护区位于贵州省东北部的江口、松桃、印江三县交界处，保护区总面积约为 4.19 万 km^2，保护对象主要为亚热带森林生态系统及黔金丝猴、珙桐等珍稀动植物。西双版纳国家级自然保护区位于云南省西双版纳傣族自治州，面积约为 24.18 万 km^2，主要保护对象为热带森林生态系统和珍稀动植物。苍山洱海国家级自然保护区位于云南大理白族自治州境内，总面积约为 7.97 万 km^2，保护对象主要为冰川遗迹、高原湖泊自然景观、弓鱼等特有鱼类及苍山冷山林。

云贵高原是长江的金沙江，珠江的南、北盘江，红河的元江，湄公河的澜沧江，萨尔温江的怒江，伊洛瓦底江的独龙江等六大水系的分水岭。广西的西部和西北部山地主要河流有红水河、驮娘江与乐里河。四川盆地南缘川西南大河有由北贯南的雅砻江。红河和南盘江发源于云南境内，其余为过境河流。除金沙江、南盘江外，均为跨国河流，这些河流分别流入中国南海和印度洋。多数河流具有落差大、水流湍急、水流量变化大的特点。

2018 年，该大区面积约为 7.46 万 km^2。主导的资源是森林资源，其次是耕地资源，面积分别约为 4.05 万 km^2 和 1.55 万 km^2。在 1990～2018 年，森林资源在该亚区的面积占比为 56.85%到 57.06%，总体上呈上升趋势，耕地资源面积占比为 23.66%到 21.58%，总体上呈下降趋势，草资源面积占比为 18.94%到 18.70%，总体上呈下降趋势，主要自然资源变化为耕地资源和草资源变为了森林资源（表 4.19）。另外，水体与湿地、建设用地和荒漠资源在 1990～2018 年在该大区的面积占比较小，分别为 0.74%到 0.98%、0.62%到 1.36%和 0.01%到 0.05%，水体与湿地和荒漠资源面积保持稳定，建设用地资源呈增加趋势，主要变化原因为耕地资源变化为建设用地资源（图 4.43）。

表 4.19　云贵高原林草资源大区 1990～2018 年自然资源动态变化转移矩阵　（单位：km^2）

1990 年	2018 年						合计
	耕地	森林	草	水体与湿地	建设用地	荒漠	
耕地	83785	48082	20321	1530	4867	45	158630
森林	46901	319565	35435	1821	1686	59	405467
草	21370	35770	75837	1212	1254	89	135532
水体与湿地	1071	957	747	2266	158	8	5207
建设用地	1813	504	233	96	1654	3	4303
荒漠	67	88	145	12	3	176	491
合计	155007	404966	132718	6937	9622	380	709630

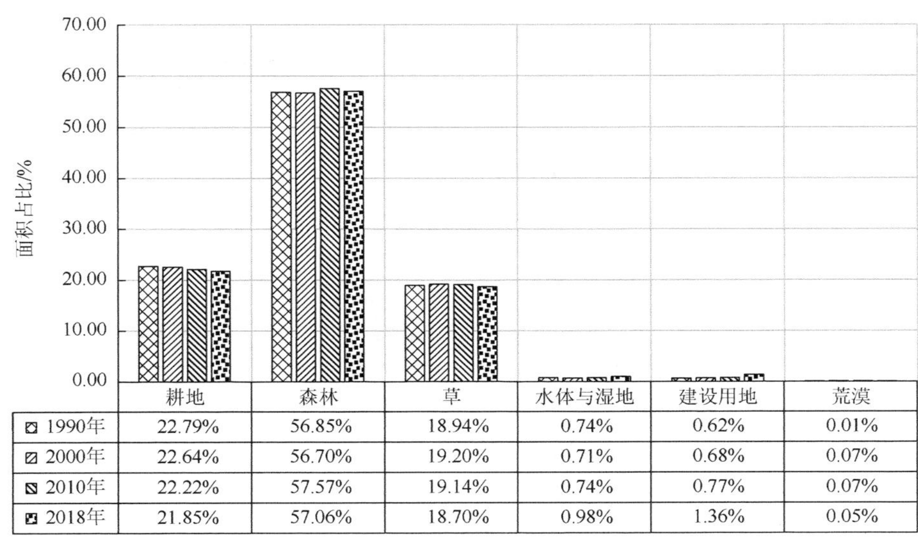

	耕地	森林	草	水体与湿地	建设用地	荒漠
1990年	22.79%	56.85%	18.94%	0.74%	0.62%	0.01%
2000年	22.64%	56.70%	19.20%	0.71%	0.68%	0.07%
2010年	22.22%	57.57%	19.14%	0.74%	0.77%	0.07%
2018年	21.85%	57.06%	18.70%	0.98%	1.36%	0.05%

图 4.43　云贵高原林草资源大区陆表资源面积占比变化

2. 二级分区特征描述

云贵高原林草资源大区划分为 4 个自然资源亚区，分别为贵州高原亚热带森林亚区、云贵高原亚热带森林亚区、澜沧江流域山地亚热带森林亚区和岭南西部山地亚热带森林亚区（附图 3～附图 6）。

Ⅸ1 贵州高原亚热带森林亚区包含贵州省中部和东部的大部分地区，以及四川省东南部、重庆市南部、湖南省西部和广西壮族自治区北部的少部分地区。2018 年，该亚区面积约为 14.25 万 km^2。主导的资源是森林资源，其次是耕地资源，面积分别约为 8.12 万 km^2 和 3.84 万 km^2。在 1990～2018 年，森林资源在该亚区的面积占比为 55.10%到 58.67%，变化逐年上升，耕地资源面积占比为 31.66%到 27.73%，总体上呈下降趋势，草资源面积占比为 12.63%到 11.80%，呈逐年下降趋势。另外，建设用地和水体与湿地资源在 1990～2018 年在该亚区的面积占比较小，略微有所增加，分别为 0.25%到 0.59%和 0.38%到 0.20%（图 4.44）。

Ⅸ2 云贵高原亚热带森林亚区位于云南省、四川省南部和贵州省西部。2018 年，该亚区面积约为 31.23 万 km^2。主导的资源是森林资源，其次是草资源，面积分别约为 14.98 万 km^2 和 7.90 万 km^2。在 1990～2018 年，森林资源在该亚区的面积占比为 50.02%到 49.93%，基本保持不变，草资源面积占比为 26.41%到 26.43%，总体上呈下降趋势，耕地资源面积占比为 21.75%到 21.06%，呈逐年下降趋势。另外，水体与湿地和建设用地资源在 1990～2018 年在该亚区的面积占比较小，基本保持稳定，略微有所增加，分别为 1.06%到 1.16%和 0.68%到 1.44%（图 4.45）。

Ⅸ3 澜沧江流域山地亚热带森林亚区包含云南省的西部和西南地区。2018 年，该亚区面积约为 13.69 万 km^2。主导的资源是森林资源，其次是耕地资源，面积分别约为 8.12 万 km^2 和 2.30 万 km^2。在 1990～2018 年，森林资源在该亚区的面积占比为 63.50%

到 63.72%，基本保持不变，耕地资源面积占比为 17.23%到 18.06%，草资源面积占比为 18.75%到 16.88%，总体呈下降趋势。另外，水体与湿地和建设用地资源在 1990～2018 年，在该亚区的面积占比较小，基本保持稳定，略微有所增加，分别为 0.28%到 0.68%和 0.22%到 0.65%（图 4.46）。

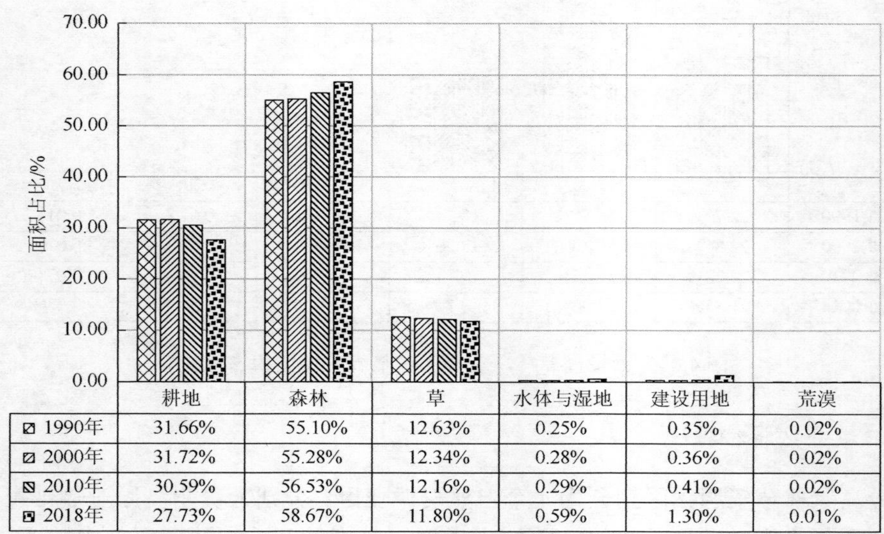

	耕地	森林	草	水体与湿地	建设用地	荒漠
1990年	31.66%	55.10%	12.63%	0.25%	0.35%	0.02%
2000年	31.72%	55.28%	12.34%	0.28%	0.36%	0.02%
2010年	30.59%	56.53%	12.16%	0.29%	0.41%	0.02%
2018年	27.73%	58.67%	11.80%	0.59%	1.30%	0.01%

图 4.44 贵州高原亚热带森林亚区陆表资源面积占比变化

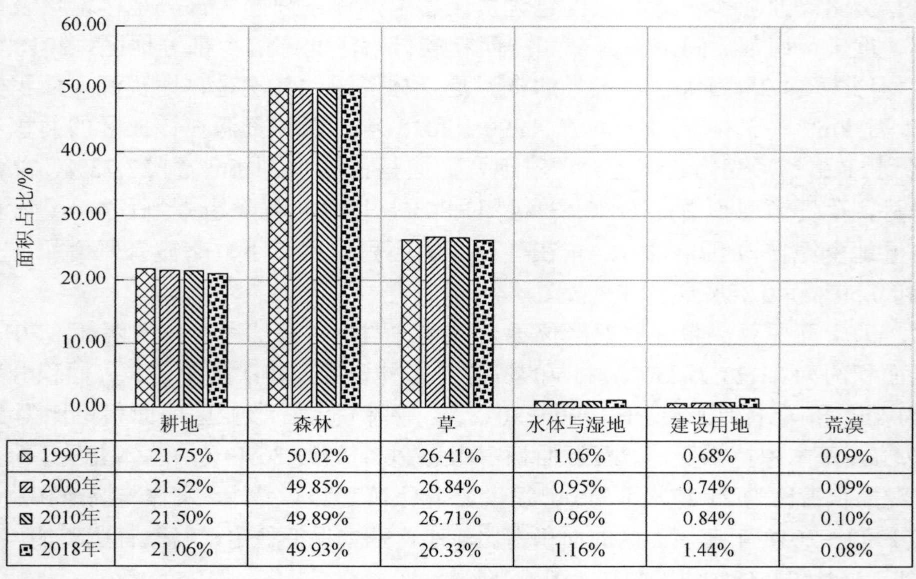

	耕地	森林	草	水体与湿地	建设用地	荒漠
1990年	21.75%	50.02%	26.41%	1.06%	0.68%	0.09%
2000年	21.52%	49.85%	26.84%	0.95%	0.74%	0.09%
2010年	21.50%	49.89%	26.71%	0.96%	0.84%	0.10%
2018年	21.06%	49.93%	26.33%	1.16%	1.44%	0.08%

图 4.45 云贵高原亚热带森林亚区陆表资源面积占比变化

Ⅸ4 岭南西部山地亚热带森林亚区包含广西壮族自治区西部，以及云南省东南部和贵州南部的少部分地区。2018 年，该亚区面积约为 15.39 万 km^2。主导的资源是森林资源，其次是耕地资源，面积分别约为 9.26 万 km^2 和 3.04 万 km^2。在 1990～2018 年，森林资源在该亚区的面积占比为64.81%到64.49%，基本保持不变，耕地资源面积占比为21.60%到 21.15%，总体呈下降趋势，草资源面积占比为 11.33%到 11.07%，总体呈下降趋势。另外，水体与湿地和建设用地资源在 1990～2018 年在该亚区的面积占比较小，略微有所增加，分别为 1.03%到 1.28%和 1.12%到 1.95%（图 4.47）。

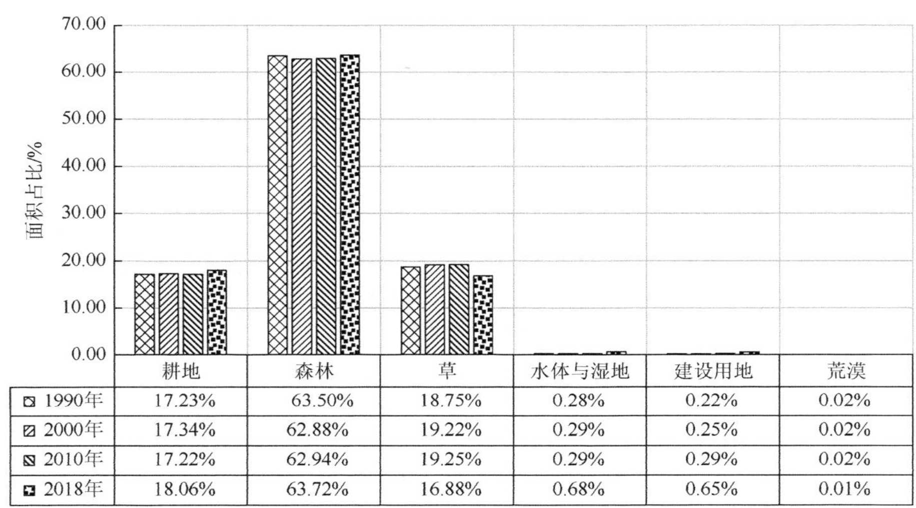

	耕地	森林	草	水体与湿地	建设用地	荒漠
1990年	17.23%	63.50%	18.75%	0.28%	0.22%	0.02%
2000年	17.34%	62.88%	19.22%	0.29%	0.25%	0.02%
2010年	17.22%	62.94%	19.25%	0.29%	0.29%	0.02%
2018年	18.06%	63.72%	16.88%	0.68%	0.65%	0.01%

图 4.46 澜沧江流域山地亚热带森林亚区陆表资源面积占比变化

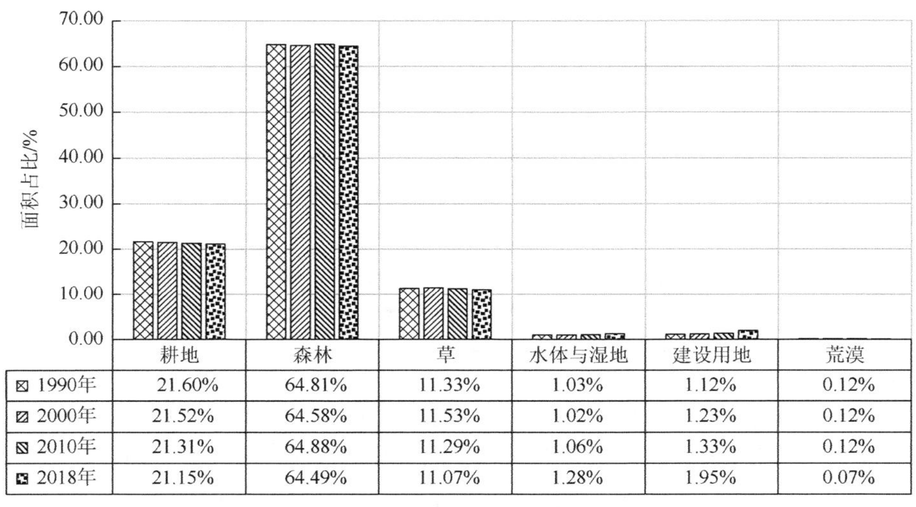

	耕地	森林	草	水体与湿地	建设用地	荒漠
1990年	21.60%	64.81%	11.33%	1.03%	1.12%	0.12%
2000年	21.52%	64.58%	11.53%	1.02%	1.23%	0.12%
2010年	21.31%	64.88%	11.29%	1.06%	1.33%	0.12%
2018年	21.15%	64.49%	11.07%	1.28%	1.95%	0.07%

图 4.47 岭南西部山地亚热带森林亚区陆表资源面积占比变化

3. 三级分区特征描述

贵州高原亚热带森林亚区包含一个自然资源地区，其区域范围没有变化，为Ⅸ11 贵州高原灌木林地区，具体资源面积占比见表 4.20 及附图 7～附图 10。

表 4.20　东云贵高原林草资源大区三级区划自然资源面积占比

二级区划		三级区划		所辖省（区）	资源类型及占比	资源类型及占比
代码	名称	代码	名称		（1990 年）	（2018 年）
Ⅸ1	贵州高原亚热带森林亚区	Ⅸ11	贵州高原灌木林地区	贵州省，四川省东南部	森林（55.10%）、耕地（31.66%）、草（12.63%）、建设用地（0.35%）、水体与湿地（0.25%）	森林（58.67%）、耕地（27.73%）、草（11.80%）、建设用地（1.20%）、水体与湿地（0.59%）
Ⅸ2	云贵高原亚热带森林亚区	Ⅸ21	云贵高原灌木林中覆盖草原地区	云南省东部、贵州省西部	森林（37.25%）、草（35.87%）、耕地（25.15%）、水体与湿地（0.95%）、建设用地（0.61%）、荒漠（0.17%）	森林（38.23%）、草（34.03%）、耕地（25.30%）、建设用地（1.45%）、水体与湿地（0.85%）、荒漠（0.12%）
		Ⅸ22	滇中高原灌木林地区	云南省	森林（55.78%）、草（20.92%）、耕地（20.72%）、水体与湿地（1.46%）、建设用地（1.11%）、荒漠（0.01%）	森林（56.13%）、草（20.92%）、耕地（18.74%）、建设用地（2.39%）、水体与湿地（1.50%）、荒漠（0.01%）
		Ⅸ23	云贵高原西北部有林地地区	云南省西北部、四川省南部	森林（59.61%）、草（20.26%）、耕地（18.70%）、水体与湿地（0.91%）、建设用地（0.46%）、荒漠（0.05%）	森林（60.66%）、草（19.86%）、耕地（17.26%）、水体与湿地（1.33%）、建设用地（0.82%）、荒漠（0.06%）
Ⅸ3	澜沧江流域山地亚热带森林亚区	Ⅸ31	澜沧江中下游山地有林地灌木林地区	云南省南部	森林（70.32%）、耕地（15.12%）、草（14.20%）、水体与湿地（0.19%）、建设用地（0.14%）	森林（69.04%）、耕地（15.97%）、草（13.95%）、水体与湿地（0.59%）、建设用地（0.45%）
		Ⅸ32	滇西南山地有林地旱地地区	云南省西南部	森林（50.27%）、草（29.22%））、耕地（19.94%）、水体与湿地（0.36%）、建设用地（0.22%）	森林（46.05%）、草（29.13%）、耕地（23.20%）、水体与湿地（0.86%）、建设用地（0.75%）
		Ⅸ33	滇西山地有林地地区	云南省西南部	森林（62.38%）、耕地（20.30%）、草（16.27%）、建设用地（0.53%）、水体与湿地（0.46%）、荒漠（0.05%）	森林（60.97%）、耕地（21.44%）、草（15.34%）、建设用地（1.40%）、水体与湿地（0.80%）、荒漠（0.05%）
Ⅸ4	岭南西部山地亚热带森林亚区	Ⅸ41	云南高原东南部有林地灌木林地区	广西壮族自治区西北部、云南省东部	森林（71.24%）、耕地（14.43%）、草（13.55%）、水体与湿地（0.44%）、建设用地（0.14%）、荒漠（0.19%）	森林（71.31%）、耕地（13.61%）、草（13.59%）、水体与湿地（0.85%）、建设用地（0.54%）、荒漠（0.09%）
		Ⅸ42	岭南西部有林地灌木林地区	广西壮族自治区西南部	森林（55.26%）、耕地（32.21%）、草（8.06%）、建设用地（2.55%）、水体与湿地（1.90%）	森林（55.25%）、耕地（31.40%）、草（7.64%）、建设用地（3.86%）、水体与湿地（1.84%）

云贵高原亚热带森林亚区划分为 3 个自然资源地区，分别为云贵高原灌木林中覆盖草原地区、滇中高原灌木林地区和云贵高原西北部有林地地区，具体资源面积占比见表 4.20。

Ⅸ21 云贵高原灌木林中覆盖草原地区位于贵州省西部、云南省东部，以及四川省南部的少部分地区。2018 年，该地区面积约为 13.53 万 km^2，主导资源类型为森林资源，其次为草资源，面积分别约为 4.96 万 km^2 和 4.42 万 km^2。在 1990～2018 年，森林资源在该地区的面积占比为 37.28%到 38.23%，草资源面积占比为 35.87%到 34.03%，耕地资源面积占比为 25.15%到 25.30%。另外，水体与湿地、建设用地和荒漠资源面积占比较小，分别为 0.95%到 0.85%、0.61%到 1.45%和 0.17%到 0.12%。

Ⅸ22 滇中高原灌木林地区位于云南省中部。2018 年，该地区面积约为 7.09 万 km^2，主导资源类型为森林资源，其次为草资源，面积分别约为 3.76 万 km^2 和 1.42 万 km^2。在 1990～2018 年，森林资源在该地区的面积占比为 55.78%到 56.13%，草资源面积占比为 20.92%到 20.92%，耕地资源面积占比为 20.72%到 18.74%。另外，水体与湿地、建设用地和荒漠资源面积占比较小，分别为 1.46%到 1.50%、1.11%到 2.39%和 0.01%到 0.01%。

Ⅸ23 云贵高原西北部有林地地区位于云南省西北部和四川省南部。2018 年，该地区面积约为 10.61 万 km^2，主导资源类型为森林资源，其次为草资源，面积分别约 6.24 万 km^2 和 2.04 万 km^2。在 1990～2018 年，森林资源在该地区的面积占比为 59.61%到 60.66%，草资源面积占比为 20.26%到 19.86%，耕地资源面积占比为 18.70%到 17.26%。另外，水体与湿地、建设用地和荒漠资源面积占比较小，分别为 0.91%到 1.33%、0.46%到 0.82%和 0.05%到 0.06%。

澜沧江流域山地亚热带森林亚区划分为 3 个自然资源地区，分别为澜沧江中下游山地有林地灌木林地区、滇西南山地有林地旱地地区和滇西山地有林地地区，具体资源面积占比见表 4.20。

Ⅸ31 澜沧江中下游山地有林地灌木林地区位于云南省西南部。2018 年，该地区面积约为 9.26 万 km^2，主导资源类型为森林资源，其次为耕地资源，面积分别约为 5.91 万 km^2 和 1.37 万 km^2。在 1990～2018 年，森林资源在该地区的面积占比为 70.32%到 69.04%，耕地资源面积占比为 15.12%到 15.97%，草资源面积占比为 14.20%到 13.95%。另外，水体与湿地和荒漠资源面积占比较小，分别为 0.19%到 0.59%和 0.14%到 0.45%。

Ⅸ32 滇西南山地有林地高覆盖草原地区位于云南省西南部。2018 年，该地区面积约为 2.45 万 km^2，主导资源类型为森林资源，其次为草资源，面积分别约为 1.06 万 km^2 和 0.67 万 km^2。在 1990～2018 年，森林资源在该地区的面积占比为 50.27%到 46.05%，草资源面积占比为 29.22%到 29.13%，耕地资源面积占比为 19.94%到 23.20%。另外，水体与湿地和建设用地资源面积占比较小，分别为 0.36%到 0.86%和 0.22%到 1.75%。

Ⅸ33 滇西山地有林地地区位于云南省西部。2018 年，该地区面积约为 1.89 万 km^2，主导资源类型为森林资源，其次为耕地资源，面积分别约为 1.15 万 km^2 和 0.40 万 km^2。在 1990～2018 年，森林资源在该地区的面积占比为 62.38%到 60.97%，耕地资源面积占比为 20.30%到 21.44%，草资源面积占比为 16.27%到 15.34%。另外，水体与湿地、建设用地和荒漠资源面积占比较小，分别为 0.46%到 0.80%、0.53%到 1.40%和 0.05%到 0.05%。

岭南西部山地亚热带森林亚区划分为 2 个自然资源地区，分别为云南高原东南部有林地灌木林地区和岭南西部有林地灌木林地区，具体资源面积占比见表 4.20。

Ⅸ41 云南高原东南部有林地灌木林地区位于云南省东南部、广西壮族自治区西部，以及贵州省西南部的少部分地区。2018 年，该地区面积约为 8.28 万 km^2，主导资源类型为森林资源，其次为耕地资源，面积分别约为 5.90 万 km^2 和 1.13 万 km^2。在 1990～2018 年，森林资源在该地区的面积占比为 71.24%到 71.31%，耕地资源面积占比为 14.43%到 13.61%，草资源面积占比为 13.55%到 13.59%。另外，水体与湿地、建设用地和荒漠资源面积占比较小，分别为 0.44%到 0.85%、0.14%到 0.54%和 0.19%到 0.09%。

Ⅸ42 岭南西部有林地灌木林地区位于广西壮族自治区中部。2018 年，该地区面积约为 6.58 万 km^2，主导资源类型为森林资源，其次为耕地资源，面积分别约为 3.36 万 km^2 和 1.91 万 km^2。在 1990～2018 年，森林资源在该地区的面积占比为 55.26%到 55.25%，耕地资源面积占比为 32.31%到 31.40%，草资源面积占比为 8.06%到 7.64%。另外，水体与湿地和建设用地资源面积占比较小，分别为 1.90%到 1.84%和 2.55%到 3.86%。

4.2.10 西北内陆荒漠区

1. 一级分区特征描述

西北内陆荒漠资源大区深居内陆，距海遥远，加上高原、山地地形较高对湿润气流的阻挡，导致本区降水稀少，气候干旱，自然景观以广袤沙漠和戈壁沙滩为主。全区大部分属中温带和暖温带大陆性半干旱、干旱气候，局部属于高寒气候。该大区冬季严寒而干燥，夏季高温，降水稀少，年降水量从东部的 400mm 左右，往西减少到 200mm，甚至 50mm 以下。

西北内陆荒漠资源大区主要位于中国西北部内陆地区，主要包括新疆维吾尔自治区、甘肃省北部、内蒙古自治区东部和宁夏回族自治区北部，全区总面积为 178.93 万 km^2，占全国陆地总面积的 18.87%。

西北荒漠自然资源大区地形以高原、盆地和山地为主，其中新疆维吾尔自治区境内山脉和盆地相间阿尔泰山、准噶尔盆地、天山、塔里木盆地、昆仑山、阿尔金山、吐鲁番盆地、塔里木河、塔克拉玛干沙漠。大区内从东到西自然景观按照大类可分为戈壁沙滩、荒漠草原、戈壁荒漠。全区荒漠面积为 118.97 万 km^2，占该大区总面积的 66.80%。

2018 年统计数据（表 4.21）显示，全区荒漠面积约为 118.97 万 km^2，占该大区总面积的 66.80%；草原资源面积约为 41.33 万 km^2，占该大区总面积的 23.21%；耕地资源面积约为 11.00 万 km^2，占该大区总面积的 6.18%；森林资源面积约为 3.30 万 km^2，占该大区总面积的 1.85%；水体与湿地资源面积约为 2.28 万 km^2，占该大区总面积的 1.28%；建设用地资源面积约为 1.22 万 km^2，占该大区总面积的 0.68%。

表 4.21 西北内陆荒漠大区 1990～2018 年自然资源动态变化转移矩阵 （单位：km^2）

1990 年	2018 年						合计
	耕地	森林	草	水体与湿地	建设用地	荒漠	
耕地	51212	1448	10887	1644	4695	3544	73430
森林	3114	9663	23154	665	269	4555	41420
草	33496	17866	273600	5610	2347	118802	451721
水体与湿地	2188	639	8747	9125	300	12327	33326
建设用地	2797	125	598	115	1273	596	5504
荒漠	17221	3264	96361	5626	3311	1049843	1175626
合计	110028	33005	413347	22785	12195	1189667	1781027

由表 4.21 和图 4.48 可知，在 1990～2018 年，耕地资源面积增加约 3.67 万 km^2，面积占比增加了 2.09%，主要由草和荒漠资源转化而来；草资源面积减少约 3.84 万 km^2，面积占比减少了 2.18%，主要转化为耕地和荒漠资源；水体与湿地资源面积减少约 1.05 万 km^2，主要转化为荒漠资源；荒漠资源在 1990～2018 年转入和转出保持动态平衡。

	耕地	森林	草	水体与湿地	建设用地	荒漠
1990年	4.10%	2.31%	25.38%	1.95%	0.31%	65.96%
2000年	4.30%	2.44%	24.68%	1.76%	0.33%	66.48%
2010年	4.91%	2.41%	24.42%	1.75%	0.38%	66.13%
2018年	6.19%	1.85%	23.22%	1.28%	0.69%	66.77%

图 4.48　西北内陆荒漠资源大区自然资源面积占比变化

2. 二级分区特征描述

X 西北内陆荒漠资源大区划分为 7 个自然资源亚区，分别为 X1 阿尔泰山与塔城盆地温带草原亚区、X2 准噶尔盆地温带荒漠亚区、X3 伊犁盆地温带草原亚区、X4 塔里木盆地温带荒漠亚区、X5 吐鲁番盆地温带荒漠亚区、X6 南疆平原温带荒漠亚区和 X7 阿拉善高原温带荒漠亚区（附图 3～附图 6）。

X1 阿尔泰山与塔城盆地温带草原亚区主要分布在新疆维吾尔自治区塔城地区北部、阿勒泰地区北部和东北部。2018 年，该亚区总面积约为 10.37 万 km^2，主导资源为草资源，面积约为 6.05 万 km^2。在 1990～2018 年，草资源在该亚区的面积占比为 56.60%到 66.05%，在 2010～2018 年显著上升，增加了 7.74%；荒漠资源在该亚区的面积占比为 25.32%到 18.26%，这期间先保持稳定，后在 2010～2018 年显著下降，减少了 6.35%；森林资源在该亚区的面积占比为 10.53%到 6.76%，这期间先保持稳定，后在 2010～2018 年显著下降，减少了 3.06%。另外，耕地、水体与湿地和建设用地资源在 1990～2018 年占该地区的面积比重较小且基本稳定，分别为 6.42%到 7.67%、0.92%到 0.74%和 0.21%到 0.50%（图 4.49）。

X2 准噶尔盆地温带荒漠亚区主要位于新疆维吾尔自治区北部，包括伊犁哈萨克自治州北部、塔城地区南部和东北部、阿勒泰地区南部、昌吉回族自治州和乌鲁木齐市。2018 年，该亚区总面积约为 28.70 万 km^2，主导资源为荒漠和草资源，面积分别约为 15.67 万 km^2 和 9.00 万 km^2。在 1990～2018 年，荒漠资源在该亚区的面积占比为 58.81%到 54.59%，这期间逐年下降，减少了 4.22%；草资源在该亚区的面积占比基本保持稳定；耕地资源在该亚区的面积占比为 6.02%到 9.71%，这期间逐年上升，增加了 3.69%。另外，森林、水体与湿地和建设用地资源在 1990～2018 年占该地区的面积比重较小且基本稳定，分别为 2.48%到 1.32%、2.12%到 1.84%和 0.45%到 1.20%（图 4.50）。

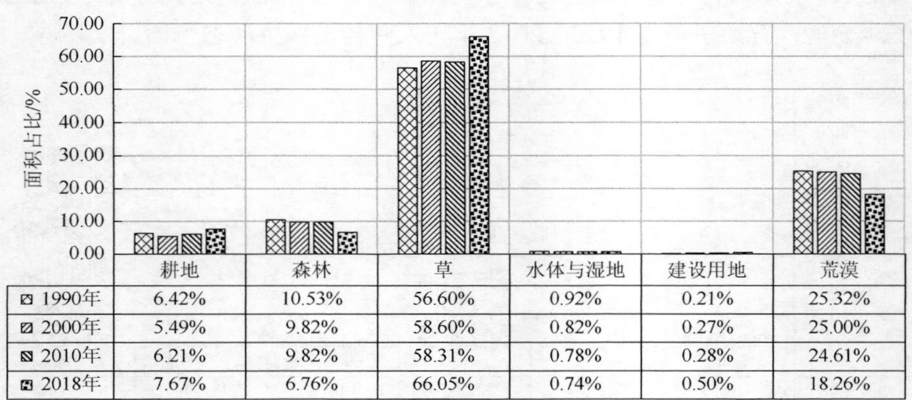

	耕地	森林	草	水体与湿地	建设用地	荒漠
1990年	6.42%	10.53%	56.60%	0.92%	0.21%	25.32%
2000年	5.49%	9.82%	58.60%	0.82%	0.27%	25.00%
2010年	6.21%	9.82%	58.31%	0.78%	0.28%	24.61%
2018年	7.67%	6.76%	66.05%	0.74%	0.50%	18.26%

图 4.49　阿尔泰山与塔城盆地温带草原亚区自然资源面积占比变化

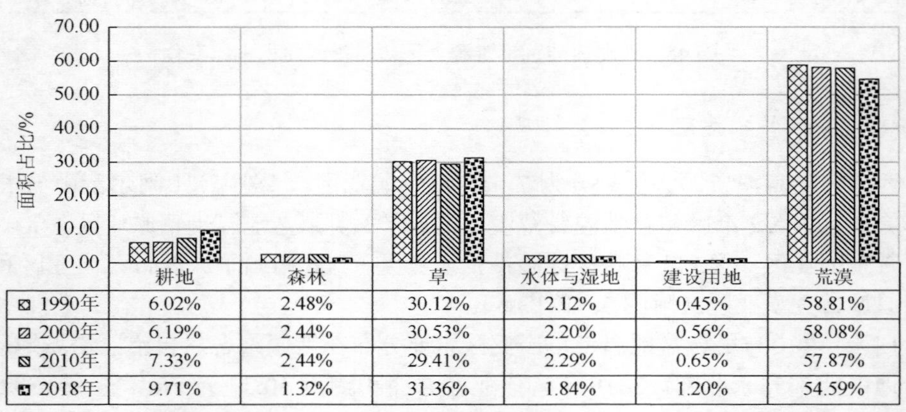

	耕地	森林	草	水体与湿地	建设用地	荒漠
1990年	6.02%	2.48%	30.12%	2.12%	0.45%	58.81%
2000年	6.19%	2.44%	30.53%	2.20%	0.56%	58.08%
2010年	7.33%	2.44%	29.41%	2.29%	0.65%	57.87%
2018年	9.71%	1.32%	31.36%	1.84%	1.20%	54.59%

图 4.50　准噶尔盆地温带荒漠亚区自然资源面积占比变化

X3 伊犁盆地温带草原亚区主要位于新疆维吾尔自治区伊犁哈萨克自治州。2018 年，该地区总面积约为 5.22 万 km^2，主导资源为草资源，面积约为 3.29 万 km^2。在 1990～2018 年，草资源在该亚区的面积占比先减少后增加，整体保持动态平衡；耕地资源在该亚区的面积占比为 14.01%到 17.59%，这期间逐年上升，增加了 3.58%；森林资源在该亚区的面积占比为 11.83%到 6.69%，在 2010～2018 年显著下降，减少了 4.02%。另外，水体与湿地、建设用地和荒漠资源在 1990～2018 年占该地区的面积比重较小且基本稳定，分别为 2.86%到 1.95%、1.31%到 1.71%和 7.43%到 8.95%（图 4.51）。

X4 塔里木盆地温带荒漠亚区主要位于在新疆维吾尔自治区中部和西部。2018 年，该地区总面积约为 62.37 万 km^2，主导资源为荒漠和草资源，面积分别约为 42.96 万 km^2 和 12.77 万 km^2。在 1990～2018 年，荒漠资源在该亚区的面积占比为 64.12%到 68.87%，增加了 4.75%；草资源在该亚区的面积占比为 27.04%到 20.48%，这期间逐年下降，减少了

6.56%。另外，耕地、森林、水体与湿地和建设用地资源在 1990～2018 年占该地区的面积比重较小且基本稳定，分别为 3.82%到 6.71%、1.66%到 1.99%、3.12%到 1.55%和 0.24%到 0.40%（图 4.52）。

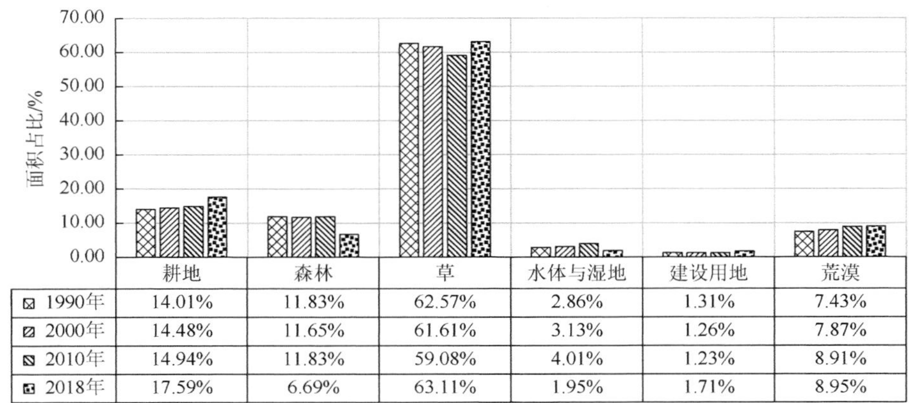

	耕地	森林	草	水体与湿地	建设用地	荒漠
1990年	14.01%	11.83%	62.57%	2.86%	1.31%	7.43%
2000年	14.48%	11.65%	61.61%	3.13%	1.26%	7.87%
2010年	14.94%	11.83%	59.08%	4.01%	1.23%	8.91%
2018年	17.59%	6.69%	63.11%	1.95%	1.71%	8.95%

图 4.51　伊犁盆地温带草原亚区自然资源面积占比变化

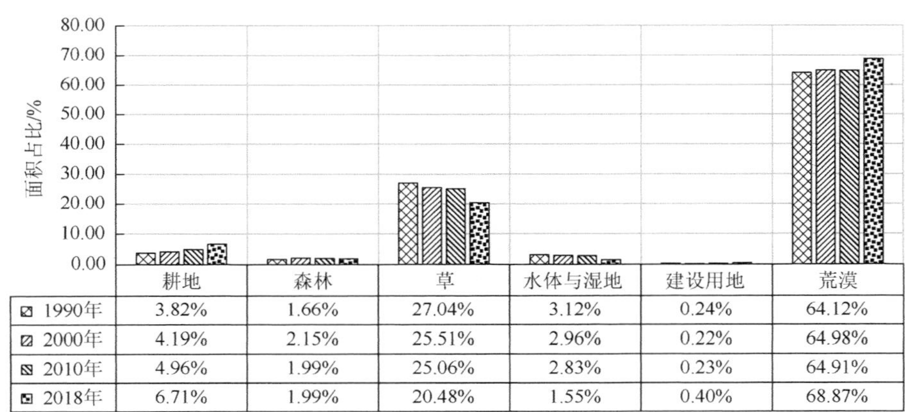

	耕地	森林	草	水体与湿地	建设用地	荒漠
1990年	3.82%	1.66%	27.04%	3.12%	0.24%	64.12%
2000年	4.19%	2.15%	25.51%	2.96%	0.22%	64.98%
2010年	4.96%	1.99%	25.06%	2.83%	0.23%	64.91%
2018年	6.71%	1.99%	20.48%	1.55%	0.40%	68.87%

图 4.52　塔里木盆地温带荒漠亚区自然资源面积占比变化

X5 吐鲁番盆地温带荒漠亚区主要位于新疆维吾尔自治区吐鲁番市、哈密市南部和巴音郭楞蒙古自治州东北部。2018 年，该地区总面积约为 21.92 万 km^2，主导资源为荒漠资源，面积约为 18.50 万 km^2。在 1990～2018 年，荒漠资源在该亚区的面积占比为 86.08%到 84.40%，这期间先增加后减少，整体保持动态平衡。另外，耕地、森林、草、水体与湿地和建设用地资源在 1990～2018 年占该地区的面积比重较小且基本稳定，分别为 0.64%到 1.35%、0.39%到 0.19%、12.14%到 12.79%、0.60%到 0.70%和 0.16%到 0.58%（图 4.53）。

X6 南疆平原温带荒漠亚区主要位于新疆维吾尔自治区巴音郭楞蒙古自治州西部和甘肃省酒泉市中部。2018 年，该地区总面积约为 9.78 万 km^2，主导资源为荒漠资源，面积约为 8.41 万 km^2。在 1990～2018 年，荒漠资源在该地区的面积占比为 79.74%到 85.96%，这期间先保持稳定，后在 2010～2018 年显著上升，增加了 5.01%；草资源在该地区的面积占比为 17.80%到 11.18%，这期间先保持稳定，后在 2010～2018 年显著下降，减少了 5.78%。另外，耕地、森林、水体与湿地和建设用地资源在 1990～2018 年占该地区的面积比重较小，分别为 1.13%到 1.53%、0.46%到 0.30%、0.73%到 0.84%和 0.14%到 0.19%（图 4.54）。

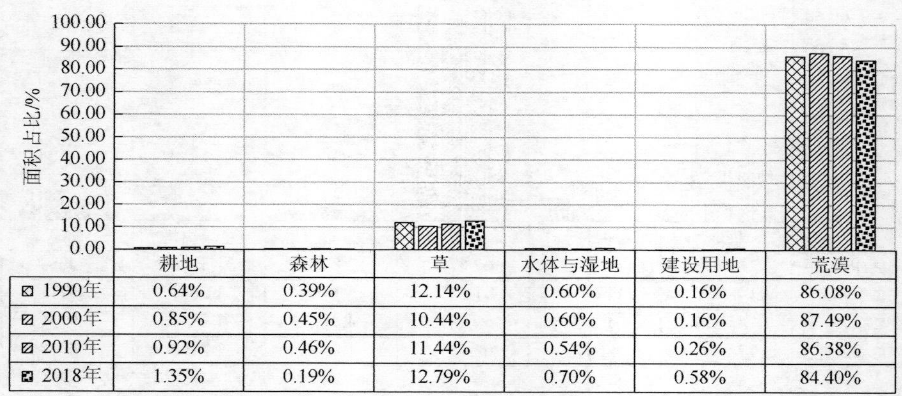

	耕地	森林	草	水体与湿地	建设用地	荒漠
1990年	0.64%	0.39%	12.14%	0.60%	0.16%	86.08%
2000年	0.85%	0.45%	10.44%	0.60%	0.16%	87.49%
2010年	0.92%	0.46%	11.44%	0.54%	0.26%	86.38%
2018年	1.35%	0.19%	12.79%	0.70%	0.58%	84.40%

图 4.53　吐鲁番盆地温带荒漠亚区自然资源面积占比变化

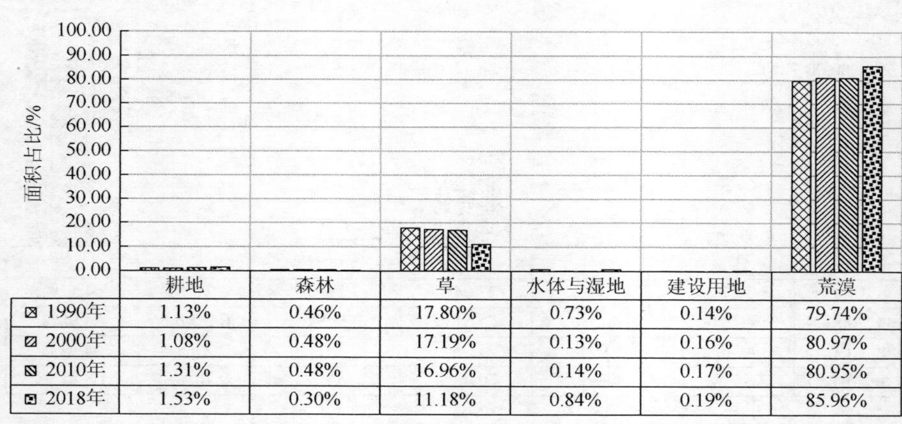

	耕地	森林	草	水体与湿地	建设用地	荒漠
1990年	1.13%	0.46%	17.80%	0.73%	0.14%	79.74%
2000年	1.08%	0.48%	17.19%	0.13%	0.16%	80.97%
2010年	1.31%	0.48%	16.96%	0.14%	0.17%	80.95%
2018年	1.53%	0.30%	11.18%	0.84%	0.19%	85.96%

图 4.54　南疆平原温带荒漠亚区自然资源面积占比变化

X7 阿拉善高原温带荒漠亚区主要位于内蒙古自治区西南部和甘肃省北部。2018 年，该地区总面积约为 40.04 万 km^2，主导资源为荒漠资源，面积约为 31.22 万 km^2。在 1990～2018 年，各类资源在该地区的面积占比基本保持稳定（图 4.55）。

3. 三级分区特征描述

X1 阿尔泰山与塔城盆地温带草原亚区划分为 3 个自然资源地区，分别为X11 阿尔泰山与塔城盆地北部高覆盖草原地区、X12 阿尔泰山与塔城盆地中部低覆盖草原地区和X13 阿尔泰山与塔城盆地南部低覆盖草原地区。具体资源面积占比情况见表 4.22 及附图 7～附图 10。

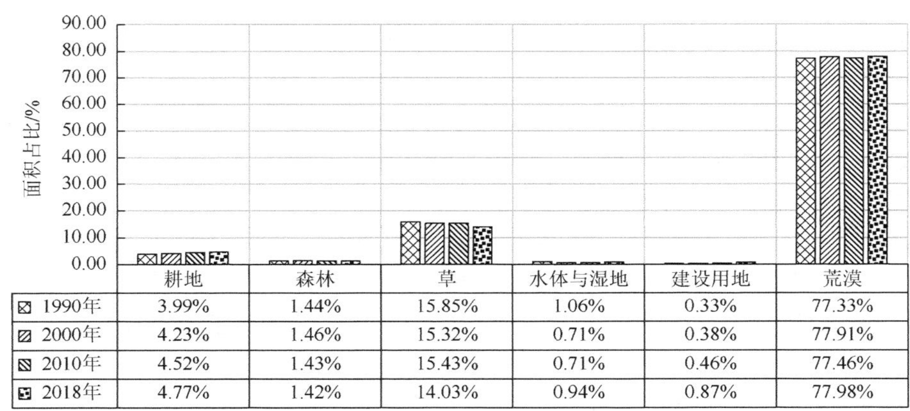

	耕地	森林	草	水体与湿地	建设用地	荒漠
1990年	3.99%	1.44%	15.85%	1.06%	0.33%	77.33%
2000年	4.23%	1.46%	15.32%	0.71%	0.38%	77.91%
2010年	4.52%	1.43%	15.43%	0.71%	0.46%	77.46%
2018年	4.77%	1.42%	14.03%	0.94%	0.87%	77.98%

图 4.55　阿拉善高原温带荒漠亚区自然资源面积占比变化

X11 阿尔泰山与塔城盆地北部高覆盖草原地区主要位于新疆维吾尔自治区阿勒泰地区东北部。2018 年，该地区总面积约为 3.01 万 km^2，主导资源为草资源，面积约为 1.97 万 km^2。在 1990～2018 年，草资源在该地区的面积占比为 70.34%到 65.67%，减少了 4.67%；森林资源在该地区的面积占比为 22.32%到 17.22%，减少了 5.10%；荒漠资源在该地区的面积占比为 5.19%到 14.78%，增加了 9.59%。另外，耕地、水体与湿地和建设用地资源在 1990～2018 年占该地区的面积比重较小，分别为 0.71%到 1.06%、1.36%到 1.11%和 0.06%到 0.15%。

X12 阿尔泰山与塔城盆地中部低覆盖草原地区主要位于新疆维吾尔自治区阿勒泰地区西北部和东南部。2018 年，该地区总面积约为 3.46 万 km^2，主导资源为草资源，面积约为 2.27 万 km^2。在 1990～2018 年，草资源在该地区的面积占比为 41.91%到 65.66%，增加了 23.75%；荒漠资源在该地区的面积占比为 43.93%到 23.42%，减少了 20.51%。另外，耕地、森林、水体与湿地和建设用地资源在 1990～2018 年占该地区的面积比重较小，分别为 4.94%到 7.41%、7.76%到 2.01%、1.30%到 1.02%和 0.16%到 0.48%。

X13 阿尔泰山与塔城盆地南部低覆盖草原地区主要位于新疆维吾尔自治区塔城地区西北部。2018 年，该地区总面积约为 3.91 万 km^2，主导资源为草资源，面积约为 2.60 万 km^2。在 1990～2018 年，草资源在该地区的面积占比为 59.10%到 66.54%，增加了 7.44%；荒漠资源在该地区的面积占比为 24.40%到 16.48%，减少了 7.92%。另外，耕地、森林、水体与湿地和建设用地资源在 1990～2018 年占该地区的面积比重较小，分别为 11.97%到 13.01%、3.92%到 2.96%、0.25%到 0.21%和 0.37%到 0.80%。

X2 准噶尔盆地温带荒漠亚区划分为 3 个自然资源地区，分别为X21 准噶尔盆地沙地地区、X22 准噶尔盆地高覆盖草原旱地地区和X23 准噶尔盆地戈壁地区。具体资源面积占比情况见表 4.22。

X21 准噶尔盆地沙地地区主要位于新疆维吾尔自治区塔城地区东部、阿勒泰地区南部和昌吉回族自治州北部。2018 年，该地区总面积约为 12.79 万 km^2，主导资源为荒漠资源，面积约为 10.46 万 km^2。在 1990～2018 年，荒漠资源在该地区的面积占比为 81.69%到 81.75%，基本保持稳定；草资源在该地区的面积占比为 14.85%到 12.26%，减少了 2.59%。

另外，耕地、森林、水体与湿地和建设用地资源在 1990～2018 年占该地区的面积比重较小，分别为 1.38%到 3.82%、0.80%到 0.22%、1.07%到 1.40%和 0.21%到 0.55%。

X22 准噶尔盆地高覆盖草原旱地地区主要位于新疆维吾尔自治区博尔塔拉蒙古自治州、塔城地区南部和昌吉回族自治州西部。2018 年，该地区总面积约为 10.29 万 km^2，主导资源为草资源，面积约为 5.41 万 km^2。在 1990～2018 年，草资源在该地区的面积占比为52.01%到52.55%，基本保持稳定；耕地资源在该地区的面积占比为14.43%到21.72%，增加了 7.29%；荒漠资源在该地区的面积占比为 22.49%到 16.91%，减少了 5.58%。另外，森林、水体与湿地和建设用地资源在 1990～2018 年占该地区的面积比重较小，分别为 5.66%到 3.06%、4.42%到 3.25%和 0.99%到 2.51%。

X23 准噶尔盆地戈壁地区主要位于新疆维吾尔自治区哈密市北部。2018 年，该地区总面积约为 5.63 万 km^2，主导资源为荒漠资源和草资源，面积分别约为 3.47 万 km^2 和 2.03 万 km^2。在 1990～2018 年，荒漠资源在该地区的面积占比为 72.79%～61.56%，减少了 11.24%；草资源在该地区的面积占比为 25.10%到 36.14%，增加了 11.04%。另外，耕地、森林、水体与湿地和建设用地资源在 1990～2018 年间占该地区的面积比重较小，分别为 1.23%到 1.15%、0.44%到 0.60%、0.42%到 0.29%和 0.02%到 0.26%。

X3 伊犁盆地温带草原亚区有 1 个自然资源地区，为X31 伊犁盆地高覆盖草原旱地地区。具体资源面积占比情况见表 4.22。

X31 伊犁盆地高覆盖草原旱地地区主要位于新疆维吾尔自治区伊犁哈萨克自治州。2018 年，该地区总面积约为 5.22 万 km^2，主导资源为草资源，面积约为 3.29 万 km^2。在 1990～2018 年，草资源在该地区的面积占比为 62.57%到 63.11%，基本保持稳定；耕地资源在该地区的面积占比为 14.01%到 17.59%，增加了 3.59%。另外，森林、水体与湿地、建设用地和荒漠资源在 1990～2018 年占该地区的面积比重较小，分别为 11.83%到 6.69%、2.86%到 1.95%、1.31%到 1.71%和 7.43%到 8.95%。

X4 塔里木盆地温带荒漠亚区划分为 2 个自然资源地区，分别为X41 塔克拉玛干沙漠荒漠地区和X42 塔里木平原高覆盖草原地区。具体资源面积占比情况见表 4.22。

X41 塔克拉玛干沙漠荒漠地区主要位于新疆维吾尔自治区和田地区北部、巴音郭楞蒙古自治州中部和阿克苏地区南部。2018 年，该地区总面积约为 38.19 万 km^2，主导资源为荒漠资源，面积约为 33.59 万 km^2。在 1990～2018 年，荒漠资源在该地区的面积占比为82.57%到87.96%，增加了5.39%；草资源在该地区的面积占比为14.87%到8.45%，减少了 6.41%。另外，耕地、森林、水体与湿地和建设用地资源在 1990～2018 年占该地区的面积比重较小，分别为 1.04%到 1.95%、0.82%到 0.94%、0.58%到 0.58%和 0.13%到 0.11%。

X42 塔里木平原高覆盖草原地区主要位于新疆维吾尔自治区克孜勒苏柯尔克孜自治州北部、喀什地区北部、阿克苏地区北部和巴音郭楞蒙古自治州北部。2018 年，该地区总面积约为 24.18 万 km^2，主导资源为草资源和荒漠资源，面积分别约为 9.56 万 km^2 和 9.33 万 km^2。在 1990～2018 年，草资源在该地区的面积占比为 45.77%到 39.55%，减少了 6.22%；荒漠资源在该地区的面积占比为 35.62%到 38.60%，增加了 2.98%；耕地资源在该地区的面积占比为 8.11%到 14.25%，增加了 6.14%。另外，森林、水体与湿地和建设用地资源在 1990～2018 年占该地区的面积比重较小，分别为 3.03%到 3.65%、7.07%到 3.08%和 0.42%到 0.87%。

X5 吐鲁番盆地温带荒漠亚区有 1 个自然资源地区，为X51 吐鲁番盆地沙地地区。具体资源面积占比情况见表 4.22。

X51 吐鲁番盆地沙地地区主要位于新疆维吾尔自治区吐鲁番市、哈密市南部和巴音郭楞蒙古自治州东北部。2018 年，该地区总面积约为 21.92 万 km^2，主导资源为荒漠资源，面积约为 18.50 万 km^2。在 1990～2018 年，荒漠资源在该地区的面积占比为 86.08%到 84.40%，基本保持稳定。另外，耕地、森林、草、水体与湿地和建设用地资源在 1990～2018 年占该地区的面积比重较小，分别为 0.64%到 1.35%、0.39%到 0.19%、12.14%到 12.79%、0.60%到 0.70%和 0.16%到 0.58%。

X6 南疆平原温带荒漠亚区有 1 个自然资源地区，为X61 南疆荒漠地区。具体资源面积占比情况见表 4.22。

X61 南疆荒漠地区主要位于新疆维吾尔自治区巴音郭楞蒙古自治州西部和甘肃省酒泉市中部。2018 年，该地区总面积约为 9.78 万 km^2，主导资源为荒漠资源，面积约为 8.41 万 km^2。在 1990～2018 年，荒漠资源在该地区的面积占比为 79.74%到 85.96%，增加了 6.21%；草资源在该地区的面积占比为 17.80%到 11.18%，减少了 6.62%。另外，耕地、森林、水体与湿地和建设用地资源在 1990～2018 年占该地区的面积比重较小，分别为 1.13%到 1.53%、0.46%到 0.30%、0.73%到 0.84%和 0.14%到 0.19%。

X7 阿拉善高原温带荒漠亚区划分为 3 个自然资源地区，分别为X71 巴丹吉林沙漠地区、X72 阿拉善高原西部戈壁地区和X73 青铜峡水库高覆盖草原旱地地区。具体资源面积占比情况见表 4.22。

X71 巴丹吉林沙漠地区主要位于内蒙古自治区阿拉善盟和巴彦淖尔市西部。2018 年，该地区总面积约为 20.92 万 km^2，主导资源为荒漠资源，面积约为 18.22 万 km^2。在 1990～2018 年，荒漠资源在该地区的面积占比为 85.02%到 87.10%，基本保持稳定；草资源在该地区的面积占比为 13.14%到 10.63%，减少了 2.52%。另外，耕地、森林、水体与湿地和建设用地资源在 1990～2018 年占该地区的面积比重较小，分别为 0.52%到 0.81%、0.24%到 0.44%、1.01%到 0.79%和 0.06%到 0.24%。

X72 阿拉善高原西部戈壁地区主要位于甘肃省北部和内蒙古自治区阿拉善盟西北部。2018 年，该地区总面积约为 18.16 万 km^2，主导资源为荒漠资源，面积约为 12.90 万 km^2。在 1990～2018 年，荒漠资源在该地区的面积占比为 72.10%到 71.00%，基本保持稳定；草资源在该地区的面积占比为 17.86%到 17.42%，基本保持稳定。另外，耕地、森林、水体与湿地和建设用地资源在 1990～2018 年占该地区的面积比重较小，分别为 6.30%到 7.47%、2.45%到 2.37%、0.86%到 0.81%和 0.43%到 0.94%。

X73 青铜峡水库高覆盖草原旱地地区主要位于宁夏回族自治区石嘴山市和银川市北部。2018 年，该地区总面积约为 0.96 万 km^2，主导资源为耕地资源和草资源，面积分别约为 0.39 万 km^2 和 0.23 万 km^2。在 1990～2018 年，耕地资源在该地区的面积占比为 29.81%到 40.35%，增加了 10.54%；草资源在该地区的面积占比为 32.94%到 24.24%，降低了 8.70%；建设用地资源在该地区的面积占比为 3.57%到 12.97%，增加了 9.40%；荒漠资源在该地区的面积占比为 21.20%到 10.90%，降低了 10.20%。另外，水体与湿地和森林资源在 1990～2018 年占该地区的面积比重较小，分别为 7.11%到 4.79%和 5.37%到 6.76%。

表 4.22　西北内陆荒漠大区三级区划自然资源面积占比

二级区划		三级区划		资源类型及占比	资源类型及占比
代码	名称	代码	名称	（1990 年）	（2018 年）
X1	阿尔泰山与塔城盆地温带草原亚区	X11	阿尔泰山与塔城盆地北部高覆盖草原地区	草（70.34%）、森林（22.32%）、荒漠（5.19%）、水体与湿地（1.36%）、耕地（0.71%）、建设用地（0.06%）	草（65.67%）、森林（17.22%）、荒漠（14.78%）、水体与湿地（1.11%）、耕地（1.06%）、建设用地（0.15%）
		X12	阿尔泰山与塔城盆地中部低覆盖草原地区	荒漠（43.93%）、草（41.91%）、森林（7.76%）、耕地（4.94%）、水体与湿地（1.30%）、建设用地（0.16%）	草（65.66%）、荒漠（23.42%）、耕地（7.41%）、森林（2.01%）、水体与湿地（1.02%）、建设用地（0.48%）
		X13	阿尔泰山与塔城盆地南部低覆盖草原地区	草（59.10%）、荒漠（24.40%）、耕地（11.97%）、森林（3.92%）、建设用地（0.37%）、水体与湿地（0.25%）	草（66.54%）、荒漠（16.48%）、耕地（13.01%）、森林（2.96%）、建设用地（0.80%）、水体与湿地（0.21%）
X2	准噶尔盆地温带荒漠亚区	X21	准噶尔盆地沙地地区	荒漠（81.69%）、草（14.85%）、耕地（1.38%）、水体与湿地（1.07%）、森林（0.80%）、建设用地（0.21%）	荒漠（81.75%）、草（12.26%）、耕地（3.82%）、水体与湿地（1.40%）、建设用地（0.55%）、森林（0.22%）
		X22	准噶尔盆地高覆盖草原旱地地区	草（52.01%）、荒漠（22.49%）、耕地（14.43%）、森林（5.66%）、水体与湿地（4.42%）、建设用地（0.99%）	草（52.55%）、耕地（21.72%）、荒漠（16.91%）、水体与湿地（3.25%）、森林（3.06%）、建设用地（2.51%）
		X23	准噶尔盆地戈壁地区	荒漠（72.79%）、草（25.10%）、耕地（1.23%）、森林（0.44%）、水体与湿地（0.42%）、建设用地（0.02%）	荒漠（61.56%）、草（36.14%）、耕地（1.15%）、森林（0.60%）、水体与湿地（0.29%）、建设用地（0.26%）
X3	伊犁盆地温带草原亚区	X31	伊犁盆地高覆盖草原旱地地区	草（62.57%）、耕地（14.01%）、森林（11.83%）、荒漠（7.43%）、水体与湿地（2.86%）、建设用地（1.31%）	草（63.11%）、耕地（17.59%）、荒漠（8.95%）、森林（6.69%）、水体与湿地（1.95%）、建设用地（1.71%）
X4	塔里木盆地温带荒漠亚区	X41	塔克拉玛干沙漠荒漠地区	荒漠（82.57%）、草（14.87%）、耕地（1.04%）、森林（0.82%）、水体与湿地（0.58%）、建设用地（0.13%）	荒漠（87.95%）、草（8.45%）、耕地（1.95%）、森林（0.94%）、水体与湿地（0.58%）、建设用地（0.11%）
		X42	塔里木平原高覆盖草原地区	草（45.77%）、荒漠（35.62%）、耕地（8.11%）、水体与湿地（7.07%）、森林（3.03%）、建设用地（0.42%）	草（39.55%）、荒漠（38.60%）、耕地（14.25%）、森林（3.65%）、水体与湿地（3.08%）、建设用地（0.87%）
X5	吐鲁番盆地温带荒漠亚区	X51	吐鲁番盆地沙地地区	荒漠（86.08%）、草（12.14%）、耕地（0.64%）、水体与湿地（0.60%）、森林（0.39%）、建设用地（0.16%）	荒漠（84.40%）、草（12.79%）、耕地（1.35%）、水体与湿地（0.70%）、建设用地（0.58%）、森林（0.19%）
X6	南疆平原温带荒漠亚区	X61	南疆荒漠地区	荒漠（79.74%）、草（17.80%）、耕地（1.13%）、水体与湿地（0.73%）、森林（0.46%）、建设用地（0.16%）	荒漠（85.96%）、草（11.18%）、耕地（1.53%）、水体与湿地（0.84%）、森林（0.30%）、建设用地（0.19%）

续表

二级区划		三级区划		资源类型及占比	资源类型及占比
代码	名称	代码	名称	（1990年）	（2018年）
X7	阿拉善高原温带荒漠亚区	X71	巴丹吉林沙漠地区	荒漠（85.02%）、草（13.14%）、水体与湿地（1.01%）、耕地（0.52%）、森林（0.24%）、建设用地（0.06%）	荒漠（87.10%）、草（10.63%）、耕地（0.81%）、水体与湿地（0.79%）、森林（0.44%）、建设用地（0.24%）
		X72	阿拉善高原西部戈壁地区	荒漠（72.10%）、草（17.86%）、耕地（6.30%）、森林（2.45%）、水体与湿地（0.86%）、建设用地（0.43%）	荒漠（71.00%）、草（17.42%）、耕地（7.47%）、森林（2.37%）、建设用地（0.94%）、水体与湿地（0.81%）
		X73	青铜峡水库高覆盖草原旱地地区	草（32.94%）、耕地（29.81%）、荒漠（21.20%）、森林（7.11%）、水体与湿地（5.37%）、建设用地（3.57%）	耕地（40.35%）、草（24.24%）、建设用地（12.97%）、荒漠（10.90%）、水体与湿地（6.76%）、森林（4.79%）

4.2.11　青藏高原草原区

1. 一级分区特征描述

青藏高原草原资源大区因地势高耸而成为一个独特的地区，由于本区海拔高，气候寒冷，“高”和“寒”成为本区最突出的区域地理特征，平均海拔为4490m。大区内冬季严寒夏季温暖，2018年，≥10℃年积温为240.2℃，全年干旱少雨，年降水量在407.07mm左右，大区内大部分地区降水较少，属于干旱、半干旱气候（黄莉等，2021），湿润指数约为−30.23。全区辐射强烈，是我国太阳能资源和地热资源丰富的地区。全区的NDVI均值为0.265，NPP均值为98.02g·C/m^2。

青藏高原草原资源大区主要包括青海省、西藏自治区西部，以及新疆维吾尔自治区、四川省、甘肃省的部分区域。全区总面积约为195.21万km^2，占全国陆地总面积的20.55%。大区内地形相对山区较为平坦，山峰之间高差不大，“远看是山，近看是川”。全区适于耕种的土地较少，草场广布，是我国重要的牧区。气温低也是制约本区农牧业的主导因素，本区的农牧业为一种特殊的高寒农牧业。全区草原资源面积为101.53万km^2，占该大区总面积的50.38%。

青藏高原草原资源大区包含青海三江源、西藏自治区珠穆朗玛峰、西藏自治区羌塘等多个国家级自然保护区，其中青海三江源国家级自然保护区位于青藏高原腹地，青海省南部，总面积约为3950万km^2，主要保护对象为国家重点保护的藏羚羊、雪豹、兰科植物等。珠穆朗玛峰国家级自然保护区位于西藏自治区的定日县、聂拉木县、吉隆县和定结县，总面积约为338.19万km^2，主要保护对象为混合山地森林生态系统、灌丛草原、草甸生态系统及珍稀物种。羌塘国家级自然保护区位于西藏自治区北部，总面积约为2471.2万km^2，主要保护对象为保存完整的、独特的高寒生态系统及多种大型有蹄类动物。

2018年统计数据（表4.23）显示，全区草资源面积约为101.49万km^2，占该大区总面积的50.53%；荒漠资源面积约为78.16万km^2，占该大区总面积的37.03%；水体与湿地资源面积约为 12.38 万 km^2，占该大区总面积的 7.80%；森林资源面积约为 7.69 万 km^2，占该大区总面积的 6.16%；耕地资源面积约为 1.43 万 km^2，占该大区总面积的 0.69%；建设用地资源面积约为 0.23 万 km^2，占该大区总面积的 0.11%。

由表 4.23 和图 4.56 可知，在 1990～2018 年，草资源在 1990～2010 年的面积占比基本保持稳定，后在 2010～2018 年显著下降，减少了 12.87%，面积减少约 25.49 万 km^2，主要转化为荒漠、森林和水体与湿地资源；荒漠资源在 1990～2010 年的面积占比基本保持稳定，后在 2010～2018 年显著上升，增加了 8.74%，面积增加约 18.05 万 km^2，主要由草资源转化而来；森林和水体与湿地资源面积分别增加约 3.15 万 km^2 和 4.07 万 km^2，主要由草资源转化而来；耕地资源在 1990～2018 年转入和转出保持动态平衡。

表 4.23　青藏高原草原资源大区 1990～2018 年自然资源动态变化转移矩阵　（单位：km^2）

1990 年	2018 年						合计
	耕地	森林	草	水体与湿地	建设用地	荒漠	
耕地	6957	781	4134	383	560	328	13143
森林	513	25006	17770	371	55	1816	45531
草	5609	44584	810939	38577	987	368818	1269514
水体与湿地	370	523	13302	62205	52	18777	95229
建设用地	403	59	313	69	358	90	1292
荒漠	414	5958	168412	22234	251	391819	589088
合计	14266	76911	1014870	123839	2263	781648	2013797

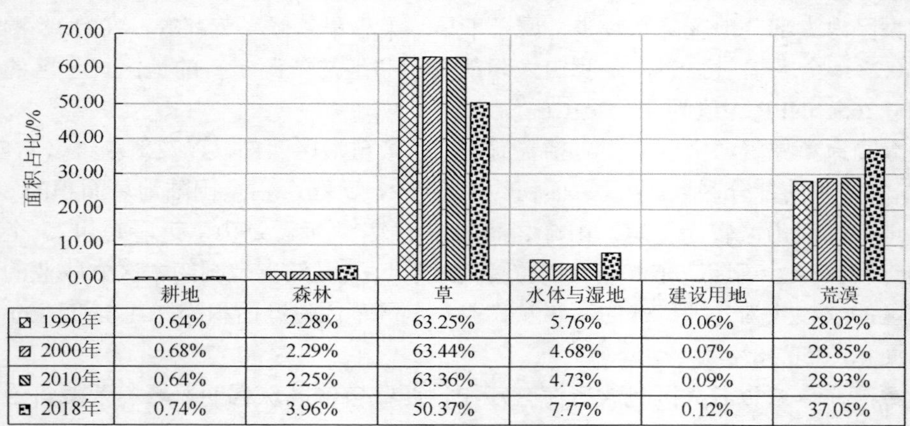

图 4.56　青藏高原草原自然资源大区自然资源面积占比变化

2. 二级分区特征描述

XI青藏高原草原自然资源大区划分为 6 个自然资源亚区，分别为XI1 昆仑山高山高寒带荒漠草原亚区、XI2 柴达木盆地高原温带荒漠亚区、XI3 青东祁连山地高寒温带林草亚区、XI4 羌塘高原湖盆高寒亚带草原亚区、XI5 果洛那曲高原高寒亚带草原亚区和XI6 藏南山地高原温带草原亚区（附图 3～附图 6）。

XI1 昆仑山高山高寒带荒漠草原亚区主要位于新疆维吾尔自治区西部和南部，包括克孜勒苏柯尔克孜自治州西南部、喀什地区西南部、和田地区西南部和巴音郭楞蒙古自治州南部。2018 年，该亚区总面积约为 30.97 万 km^2，主导资源为荒漠资源和草资源，面积分别约为 15.39 万 km^2 和 13.37 万 km^2。在 1990～2018 年，荒漠资源在该亚区的面积占比为 58.41%到 49.68%，在 2010～2018 年显著下降，减少了 7.3%；草资源在该亚区的面积占比为 33.30%到 43.17%，在 2010～2018 年显著上升，增加了 8.22%。另外，耕地、森林、水体与湿地和建设用地资源在 1990～2018 年占该地区的面积比重较小且基本稳定，分别为 0.03%到 0.08%、0.11%到 0.14%、8.14%到 6.93%和 0.02%到 0.01%（图 4.57）。

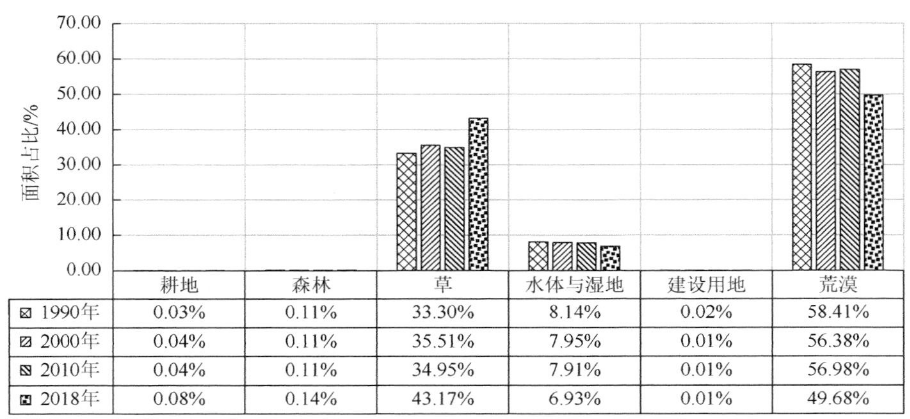

	耕地	森林	草	水体与湿地	建设用地	荒漠
1990年	0.03%	0.11%	33.30%	8.14%	0.02%	58.41%
2000年	0.04%	0.11%	35.51%	7.95%	0.01%	56.38%
2010年	0.04%	0.11%	34.95%	7.91%	0.01%	56.98%
2018年	0.08%	0.14%	43.17%	6.93%	0.01%	49.68%

图 4.57　昆仑山高山高寒带荒漠草原亚区自然资源面积占比变化

XI2 柴达木盆地高原温带荒漠亚区主要位于青海省西北部和甘肃省酒泉市南部。2018 年，该亚区总面积约为 32.44 万 km^2，主导资源为荒漠资源和草资源，面积分别约为 20.23 万 km^2 和 10.07 万 km^2。在 1990～2018 年，荒漠资源在该亚区的面积占比为 62.36%到 65.83%，这期间先增加后减少，保持动态平衡；草资源在该亚区的面积占比基本保持稳定。另外，耕地、森林、水体与湿地和建设用地资源在 1990～2018 年占该地区的面积比重较小且基本稳定，分别为 0.23%到 0.27%、0.92%到 0.90%、4.96%到 5.29%和 0.10%到 0.14%（图 4.58）。

XI3 青东祁连山地高寒温带林草亚区主要位于青海省东部。2018 年，该亚区总面积约为 24.37 万 km^2，主导资源为草资源，面积约为 15.65 万 km^2。在 1990～2018 年，草资源在该亚区的面积占比基本保持稳定；荒漠资源在该亚区的面积占比为 12.45%到 11.01%，这期间先增加后减少，整体呈下降趋势；水体与湿地资源在该亚区的面积占比为 6.66%到 7.31%，这期间先减少后增加，整体呈上升趋势。另外，耕地、森林和建设用地资源在 1990～2018 年占该地区的面积比重较小且基本稳定，分别为 3.78%到 3.97%、13.30%到 13.01%和 0.34%到 0.47%（图 4.59）。

XI4 羌塘高原湖盆高寒亚带草原亚区主要位于西藏自治区阿里地区、那曲市和青海省海西蒙古族藏族自治州。2018 年，该亚区总面积约为 71.36 万 km^2，主导资源为草资源和荒漠资源，面积分别约为 33.44 万 km^2 和 28.57 万 km^2。在 1990～2018 年，草资源在该亚区的面积占比为 81.63%到 46.86%，这期间先保持稳定，后在 2010～2018 年急剧下降，减少了 35.31%；荒漠资源在该亚区的面积占比为 12.65%到 40.04%，这期间先保持稳定，后在 2010～2018 年间急剧上升，增加了 27.81%；森林和水体与湿地资源在该亚区的面积占比在 2010～2018 年显著上升。另外，耕地和建设用地资源在 1990～2018 年占该地区的面积比重较小且基本稳定，分别为 0.00%到 0.01%和 0.00%到 0.01%（图 4.60）。

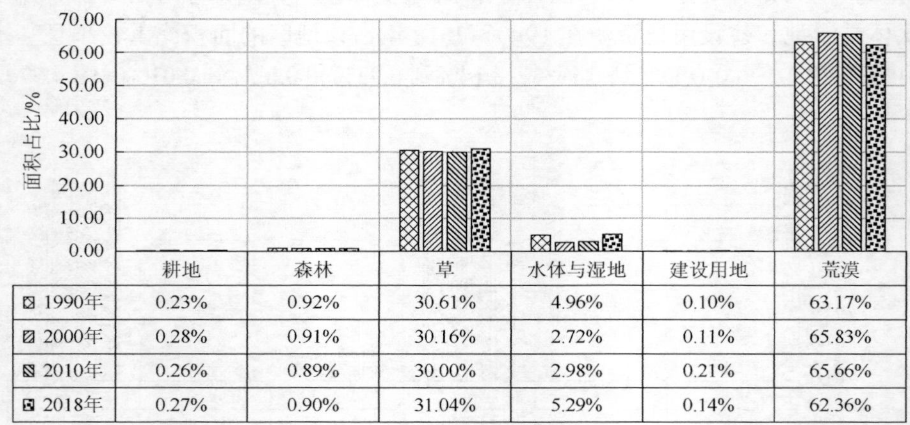

	耕地	森林	草	水体与湿地	建设用地	荒漠
1990年	0.23%	0.92%	30.61%	4.96%	0.10%	63.17%
2000年	0.28%	0.91%	30.16%	2.72%	0.11%	65.83%
2010年	0.26%	0.89%	30.00%	2.98%	0.21%	65.66%
2018年	0.27%	0.90%	31.04%	5.29%	0.14%	62.36%

图 4.58　柴达木盆地高原温带荒漠亚区自然资源面积占比变化

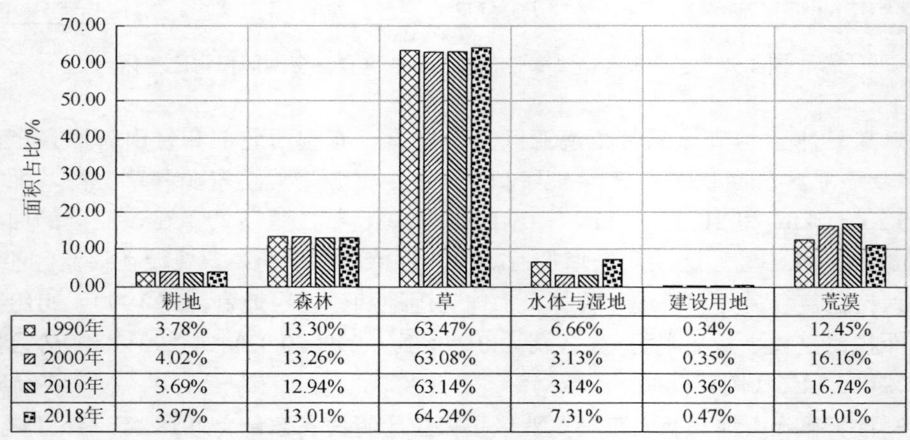

	耕地	森林	草	水体与湿地	建设用地	荒漠
1990年	3.78%	13.30%	63.47%	6.66%	0.34%	12.45%
2000年	4.02%	13.26%	63.08%	3.13%	0.35%	16.16%
2010年	3.69%	12.94%	63.14%	3.14%	0.36%	16.74%
2018年	3.97%	13.01%	64.24%	7.31%	0.47%	11.01%

图 4.59　青东祁连山地高寒温带林草亚区自然资源面积占比变化

XI5 果洛那曲高原高寒亚带草原亚区主要位于青海省南部。2018 年，该亚区总面积约为 21.30 万 km^2，主导资源为草资源，面积约为 17.48 万 km^2。在 1990～2018 年，草资源在该亚区的面积占比为 73.86%到 82.05%，这期间先保持稳定，后在 2010～2018 年显著上升，增加了 7.57%；荒漠资源在该亚区的面积占比为 18.83%到 10.40%，在 2010～2018 年显著下降，减少了 10.18%。另外，耕地、森林、水体与湿地和建设用地资源在 1990～2018 年占该地区的面积比重较小且基本稳定，分别为 0.16%到 0.13%、2.66%到 2.75%、4.47%到 4.63%和 0.02%到 0.04%（图 4.61）。

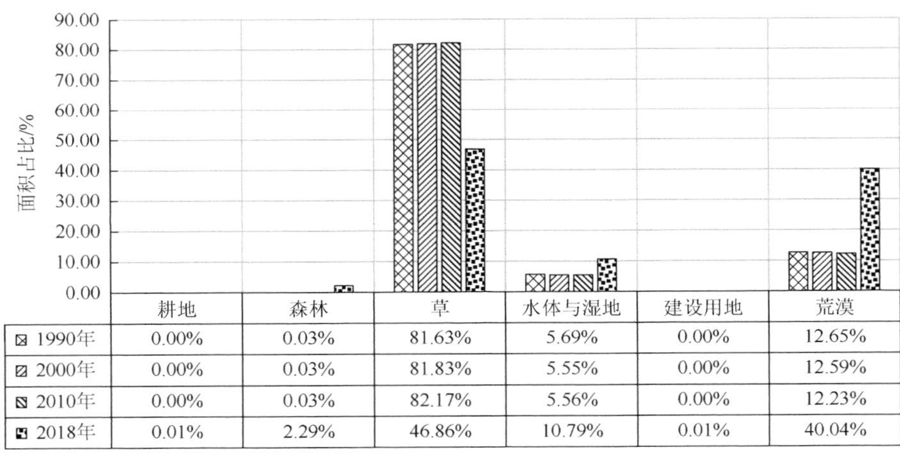

	耕地	森林	草	水体与湿地	建设用地	荒漠
1990年	0.00%	0.03%	81.63%	5.69%	0.00%	12.65%
2000年	0.00%	0.03%	81.83%	5.55%	0.00%	12.59%
2010年	0.00%	0.03%	82.17%	5.56%	0.00%	12.23%
2018年	0.01%	2.29%	46.86%	10.79%	0.01%	40.04%

图 4.60　羌塘高原湖盆高寒亚带草原亚区自然资源面积占比变化

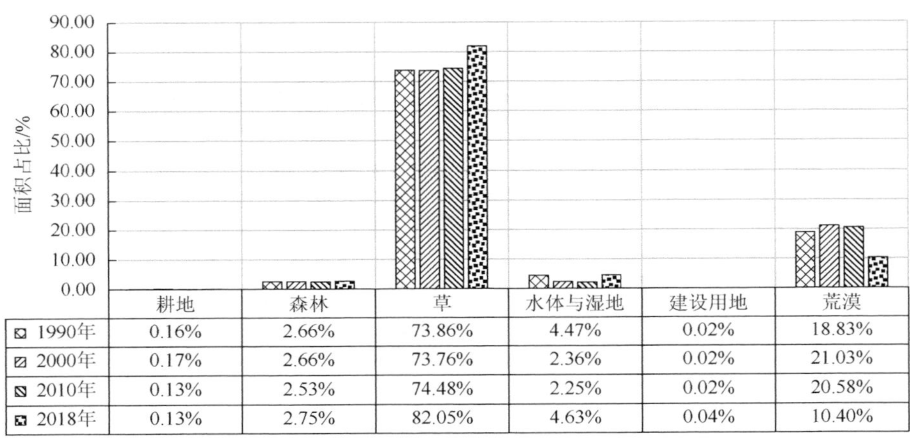

	耕地	森林	草	水体与湿地	建设用地	荒漠
1990年	0.16%	2.66%	73.86%	4.47%	0.02%	18.83%
2000年	0.17%	2.66%	73.76%	2.36%	0.02%	21.03%
2010年	0.13%	2.53%	74.48%	2.25%	0.02%	20.58%
2018年	0.13%	2.75%	82.05%	4.63%	0.04%	10.40%

图 4.61　果洛那曲高原高寒亚带草原亚区自然资源面积占比变化

Ⅺ6 藏南山地高原温带草原亚区主要位于西藏南部，包括日喀则市、拉萨市以及山南市北部地区。2018 年，该亚区总面积约为 21.35 万 km^2，主导资源为草资源和荒漠资源，面积分别约为 11.70 万 km^2 和 5.85 万 km^2。在 1990～2018 年，草资源在该亚区的面积占比为 79.49%到 54.79%，这期间先保持稳定，后在 2010～2018 年急剧下降，减少了 24.42%；荒漠资源在该亚区的面积占比为 12.11%到 27.38%，这期间先保持稳定，后在 2010～2018 年急剧上升，增加了 14.98%；森林资源在该亚区的面积占比为 2.68%到 9.57%，这期间先保持稳定，后在 2010～2018 年显著上升，增加了 6.84%。另外，耕地、水体与湿地和建设用地资源在 1990～2018 年占该地区的面积比重较小且基本稳定，分别为 1.39%到 1.54%、4.29%到 6.48%和 0.04%到 0.24%（图 4.62）。

3. 三级分区特征描述

Ⅺ1 昆仑高山高寒带荒漠草原亚区细划分为 2 个自然资地区，分别为Ⅺ11 昆仑高山西部中覆盖草原积雪地区和XI12 昆仑高山东部低覆盖草原戈壁地区。具体资源面积占比情况见表 4.24 及附图 7～附图 10。

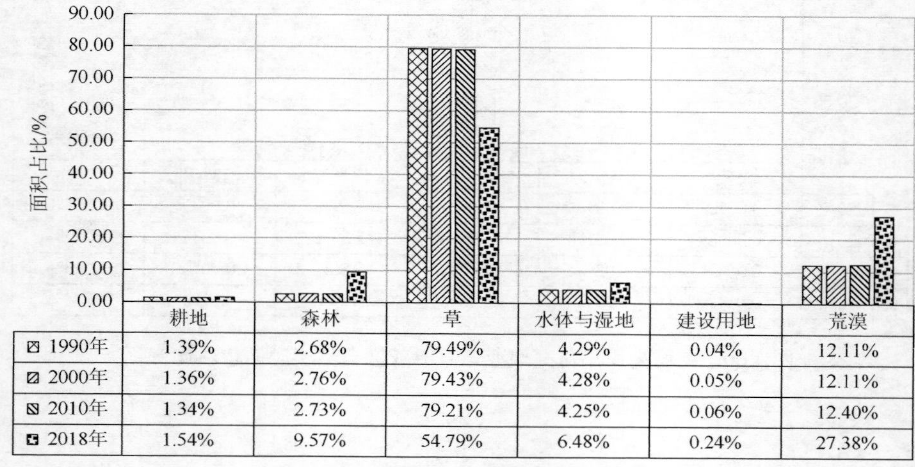

	耕地	森林	草	水体与湿地	建设用地	荒漠
1990年	1.39%	2.68%	79.49%	4.29%	0.04%	12.11%
2000年	1.36%	2.76%	79.43%	4.28%	0.05%	12.11%
2010年	1.34%	2.73%	79.21%	4.25%	0.06%	12.40%
2018年	1.54%	9.57%	54.79%	6.48%	0.24%	27.38%

图 4.62 藏南山地高原温带草原亚区自然资源面积占比变化

表 4.24 青藏高原草原资源大区三级区划自然资源面积占比

二级区划		三级区划		资源类型及占比	资源类型及占比
代码	名称	代码	名称	（1990 年）	（2018 年）
XI1	昆仑高山高寒带荒漠草原亚区	XI11	昆仑高山西部中覆盖草原积雪地区	荒漠（53.22%）、草（32.91%）、水体与湿地（13.59%）、森林（0.21%）、耕地（0.04%）、建设用地（0.03%）	草（45.40%）、荒漠（44.13%）、水体与湿地（10.09%）、森林（0.25%）、耕地（0.13%）、建设用地（0.01%）
		XI12	昆仑高山东部低覆盖草原戈壁地区	荒漠（63.69%）、草（33.68%）、水体与湿地（2.60%）、森林（0.01%）、耕地（0.01%）、建设用地（0.01%）	荒漠（54.53%）、草（41.23%）、水体与湿地（4.16%）、森林（0.04%）、耕地（0.04%）、建设用地（0.00%）
XI2	柴达木盆地高原温带荒漠亚区	XI21	柴达木盆地戈壁沙地湖泊地区	荒漠（68.62%）、草（25.17%）、水体与湿地（5.39%）、森林（0.70%）、建设用地（0.07%）、耕地（0.05%）	荒漠（66.60%）、草（26.66%）、水体与湿地（5.89%）、森林（0.70%）、建设用地（0.12%）、耕地（0.05%）
		XI22	柴达木盆地东部裸岩地区	荒漠（53.34%）、草（40.43%）、水体与湿地（4.19%）、森林（1.34%）、耕地（0.57%）、建设用地（0.14%）	荒漠（53.91%）、草（39.78%）、水体与湿地（4.09%）、森林（1.30%）、耕地（0.73%）、建设用地（0.20%）
XI3	青东祁连山地高寒温带林草亚区	XI31	青东祁连山灌木林中覆盖草原地区	草（57.29%）、荒漠（16.18%）、森林（13.54%）、水体与湿地（6.97%）、耕地（5.55%）、建设用地（0.48%）	草（59.62%）、荒漠（13.76%）、森林（12.66%）、水体与湿地（7.57%）、耕地（5.74%）、建设用地（0.62%）
		XI32	青东祁连山灌木林高覆盖草原地区	草（76.21%）、森林（12.78%）、水体与湿地（6.01%）、荒漠（4.80%）、耕地（0.15%）、建设用地（0.04%）	草（73.77%）、森林（13.79%）、水体与湿地（6.69%）、荒漠（5.20%）、耕地（0.14%）、建设用地（0.15%）

续表

二级区划		三级区划		资源类型及占比	资源类型及占比
代码	名称	代码	名称	（1990 年）	（2018 年）
XI4	羌塘高原湖盆高寒亚带草原亚区	XI41	羌塘高原高山中覆盖草原湖泊地区	草（80.48%）、荒漠（11.04%）、水体与湿地（8.47%）、森林（0.01%）、耕地（0.00%）、建设用地（0.00%）	草（52.27%）、荒漠（30.45%）、水体与湿地（14.67%）、森林（2.58%）、建设用地（0.02%）、耕地（0.01%）
		XI42	羌塘高原东部中覆盖草原戈壁地区	草（91.53%）、荒漠（5.09%）、水体与湿地（3.32%）、森林（0.05%）、耕地（0.00%）、建设用地（0.00%）	荒漠（45.22%）、草（43.63%）、水体与湿地（9.48%）、森林（1.66%）、耕地（0.00%）、建设用地（0.00%）
		XI43	阿里山地低覆盖草原裸岩地区	草（73.83%）、荒漠（22.65%）、水体与湿地（3.50%）、森林（0.02%）、耕地（0.00%）、建设用地（0.00%）	荒漠（49.29%）、草（40.10%）、水体与湿地（6.55%）、森林（4.03%）、耕地（0.02%）、建设用地（0.01%）
		XI44	羌塘高原高山低覆盖草原湖泊地区	草（64.17%）、荒漠（21.71%）、水体与湿地（14.11%）、森林（0.01%）、耕地（0.00%）、建设用地（0.00%）	草（64.72%）、荒漠（19.05%）、水体与湿地（16.22%）、森林（0.01%）、耕地（0.00%）、建设用地（0.00%）
XI5	果洛那曲高原高寒亚带草原亚区	XI51	果洛那曲高原西部低覆盖草原地区	草（72.73%）、荒漠（18.35%）、水体与湿地（5.12%）、森林（3.53%）、耕地（0.23%）、建设用地（0.03%）	草（78.53%）、荒漠（12.34%）、水体与湿地（4.94%）、森林（3.95%）、耕地（0.18%）、建设用地（0.06%）
		XI52	果洛那曲高原东部中覆盖草原地区	草（75.32%）、荒漠（19.48%）、水体与湿地（3.63%）、森林（1.50%）、耕地（0.06%）、建设用地（0.01%）	草（86.17%）、荒漠（8.06%）、水体与湿地（4.30%）、森林（1.36%）、耕地（0.08%）、建设用地（0.03%）
XI6	藏南山地高原温带草原亚区	XI61	藏南山地高原低覆盖草原戈壁地区	草（82.35%）、荒漠（11.18%）、水体与湿地（3.60%）、森林（1.69%）、耕地（1.16%）、建设用地（0.02%）	草（53.91%）、荒漠（29.66%）、森林（8.43%）、水体与湿地（6.74%）、耕地（1.01%）、建设用地（0.25%）
		XI62	雅鲁藏布河谷高覆盖草原地区	草（72.04%）、荒漠（14.51%）、水体与湿地（6.14%）、森林（5.24%）、耕地（1.98%）、建设用地（0.09%）	草（56.96%）、荒漠（21.62%）、森林（12.49%）、水体与湿地（5.84%）、耕地（2.88%）、建设用地（0.21%）

XI11 昆仑高山西部中覆盖草原积雪地区主要位于新疆维吾尔自治区克孜勒苏柯尔克孜自治州西部、喀什地区西部和和田地区西部。2018 年，该地区总面积约为 14.42 万 km^2，主导资源为草资源和荒漠资源，面积分别约为 6.54 万 km^2 和 6.36 万 km^2。在 1990～2018 年，草资源在该地区的面积占比为 32.91%到 45.40%，增加了 12.49%；荒漠资源在该地区的面积占比为 53.22%到 44.13%，减少了 9.09%。另外，耕地、森林、水体与湿地和建设用地资源在 1990～2018 年占该地区的面积比重较小，分别为 0.04%到 0.13%、0.21%到 0.25%、13.59%到 10.09%和 0.03%到 0.01%。

XI12 昆仑高山东部低覆盖草原戈壁地区主要位于新疆维吾尔自治区和田地区东南部和巴音郭楞蒙古自治州南部。2018 年，该地区总面积约为 16.56 万 km^2，主导资源为荒漠资源和草资源，面积分别约为 9.03 万 km^2 和 6.83 万 km^2。在 1990～2018 年，荒漠资源在该地区的面积占比为63.69%到54.53%，减少了9.16%；草资源在该地区的面积占比为33.68%到41.23%，增加了7.54%。另外，耕地、森林和水体与湿地资源在1990～2018年占该地区的面积比重较小，分别为0.01%到0.04%、0.01%到0.04%和2.60%到4.16%。

Ⅺ2 柴达木盆地高原温带荒漠亚区划分为2个自然资源地区，分别为Ⅺ21 柴达木盆地戈壁沙地湖泊地区和Ⅺ22 柴达木盆地东部裸岩地区。具体资源面积占比情况见表4.24。

Ⅺ21 柴达木盆地戈壁沙地湖泊地区位于青海省西北部。2018年，该地区总面积约为21.61万km^2，主导资源为荒漠资源和草资源，面积分别约为14.39万km^2和5.76万km^2。在1990～2018年，荒漠资源在该地区的面积占比为68.62%到66.60%，基本保持稳定；草资源在该地区的面积占比为25.17%到26.66%，基本保持稳定。另外，耕地、森林、水体与湿地和建设用地资源在1990～2018年占该地区的面积比重较小，分别为0.05%到0.05%、0.70%到0.70%、5.39%到5.89%和0.07%到0.12%。

Ⅺ22 柴达木盆地东部裸岩地区主要位于青海省海西蒙古族藏族自治州东部和甘肃省酒泉市南部。2018年，该地区总面积约为10.82万km^2，主导资源为荒漠资源和草资源，面积分别约为5.83万km^2和4.30万km^2。在1990～2018年，荒漠资源在该地区的面积占比为53.34%到53.91%，基本保持稳定；草资源在该地区的面积占比为40.43%到39.78%，基本保持稳定。另外，耕地、森林、水体与湿地和建设用地资源在1990～2018年占该地区的面积比重较小，分别为0.57%到0.73%、1.34%到1.30%、4.19%到4.09%和0.14%到0.20%。

Ⅺ3 青东祁连山地高寒温带林草亚区划分为2个自然资源地区，分别为Ⅺ31 青东祁连山灌木林中覆盖草原地区和Ⅺ32 青东祁连山灌木林高覆盖草原地区。具体资源面积占比情况见表4.24。

Ⅺ31 青东祁连山灌木林中覆盖草原地区主要位于青海省东部。2018年，该地区总面积约为16.39万km^2，主导资源为草资源，面积约为9.77万km^2。在1990～2018年，草资源在该地区的面积占比为57.29%到59.62%，基本保持稳定。另外，耕地、森林、水体与湿地、建设用地和荒漠资源在1990～2018年占该地区的面积比重较小，分别为5.55%到5.74%、13.54%到12.66%、6.97%到7.57%、0.48%到0.62%和16.18%到13.76%。

Ⅺ32 青东祁连山灌木林高覆盖草原地区主要位于青海省果洛藏族自治州东部、甘肃省甘南藏族自治州西南部和四川省阿坝藏族羌族自治州北部。2018年，该地区总面积约为8.12万km^2，主导资源为草资源，面积约为5.99万km^2。在1990～2018年，草资源在该地区的面积占比为76.21%到73.77%，基本保持稳定。另外，耕地、森林、水体与湿地、建设用地和荒漠资源在1990～2018年占该地区的面积比重较小，分别为0.15%到0.14%、12.78%到13.79%、6.01%到6.69%、0.04%到0.15%和4.80%到5.20%。

Ⅺ4 羌塘高原湖盆高寒亚带草原亚区划分为4个自然资源地区，分别为Ⅺ41 羌塘高原高山中覆盖草原湖泊地区、Ⅺ42 羌塘高原东部中覆盖草原戈壁地区、Ⅺ43 阿里山地低覆盖草原裸岩地区和Ⅺ44 羌塘高原高山低覆盖草原湖泊地区。具体资源面积占比情况见表4.24。

Ⅺ41 羌塘高原高山中覆盖草原湖泊地区主要位于西藏自治区那曲市南部、日喀则市北部和阿里地区东南部。2018年，该地区总面积约为19.63万km^2，主导资源为草资源和荒漠资源，面积分别约为 10.26 万 km^2 和 5.98 万 km^2。在 1990～2018 年，草资源在该地区的面积占比为 80.48%到 52.27%，减少了 28.20%；荒漠资源在该地区的面积占比为 11.04%到 30.45%，增加了 19.41%；水体与湿地资源在该地区的面积占比为 8.47%到 14.67%，增加了 6.20%。另外，耕地、森林和建设用地资源在 1990～2018 年占该地区的面积比重较小，分别为 0.00%到 0.01%、0.01%到 2.58%和 0.00%到 0.02%。

XI42 羌塘高原东部中覆盖草原戈壁地区主要位于西藏自治区那曲市北部和阿里地区东部。2018 年，该地区总面积约为 31.21 万 km^2，主导资源为荒漠资源和草资源，面积分别约为 14.11 万 km^2 和 13.62 万 km^2。在 1990～2018 年，荒漠资源在该地区的面积占比为 5.09%到 45.22%，增加了 40.13%；草资源在该地区的面积占比为 91.53%到 43.63%，减少了 47.90%；水体与湿地资源在该地区的面积占比为 3.32%到 9.48%，增加了 6.16%。另外，森林资源在 1990～2018 年占该地区的面积比重较小，为 0.05%到 1.66%。

XI43 阿里山地低覆盖草原裸岩地区主要位于西藏自治区阿里地区西部。2018 年，该地区总面积约为 15.13 万 km^2，主导资源为荒漠资源和草资源，面积分别约为 7.46 万 km^2 和 6.07 万 km^2。在 1990～2018 年，荒漠资源在该地区的面积占比为 22.65%到 49.29%，增加了 26.64%；草资源在该地区的面积占比为 73.83%到 40.10%，减少了 33.74%；森林资源在该地区的面积占比为 0.02%到 4.03%，增加了 4.01%。另外，耕地、水体与湿地和建设用地资源在 1990～2018 年占该地区的面积比重较小，分别为 0.00%到 0.02%、3.50%到 6.55%和 0.00%到 0.01%。

XI44 羌塘高原高山低覆盖草原湖泊地区主要位于青海省海西蒙古族藏族自治州。2018 年，该地区总面积约为 5.39 万 km^2，主导资源为草资源，面积约为 3.49 万 km^2。在 1990～2018 年，草资源在该地区的面积占比为 64.17%到 64.72%，基本保持稳定；荒漠资源在该地区的面积占比为 21.71%到 19.05%，减少了 2.66%；水体与湿地资源在该地区的面积占比为 14.11%到 16.22%，增加了 2.11%。另外，森林资源在 1990～2018 年占该地区的面积比重较小，为 0.01%到 0.01%。

XI5 果洛那曲高原高寒亚带草原亚区划分为 2 个自然资源地区，分别为XI51 果洛那曲高原西部低覆盖草原地区和XI52 果洛那曲高原东部中覆盖草原地区。具体资源面积占比情况见表 4.24。

XI51 果洛那曲高原西部低覆盖草原地区主要位于青海省玉树藏族自治州中南部。2018 年，该地区总面积约为 11.61 万 km^2，主导资源为草资源，面积约为 9.12 万 km^2。在 1990～2018 年，草资源在该地区的面积占比为 72.73%到 78.53%，增加了 5.80%；荒漠资源在该地区的面积占比为 18.35%到 12.34%，减少了 6.01%。另外，耕地、森林、水体与湿地和建设用地资源在 1990～2018 年占该地区的面积比重较小，分别为 0.23%到 0.18%、3.53%到 3.95%、5.12%到 4.94%和 0.03%到 0.06%。

XI52 果洛那曲高原东部中覆盖草原地区主要位于青海省玉树藏族自治州东部、果洛藏族自治州西部和四川省阿坝藏族羌族自治州西北部。2018 年，该地区总面积约为 9.69 万 km^2，主导资源为草资源，面积约为 8.35 万 km^2。在 1990～2018 年，草资源在该地区的面积占比为 75.32%到 86.17%，增加了 10.85%；荒漠资源在该地区的面积占比为 19.48%到 8.06%，减少了 11.42%。另外，耕地、森林、水体与湿地和建设用地资源在

1990～2018 年占该地区的面积比重较小，分别为 0.06%到 0.08%、1.50%到 1.36%和 3.63%到 4.30%和 0.01%到 0.03%。

Ⅺ6 藏南山地高原温带草原亚区划分为 2 个自然资源地区，分别为Ⅺ61 藏南山地高原低覆盖草原戈壁地区和Ⅺ62 雅鲁藏布河谷高覆盖草原地区两个地区。具体资源面积占比情况见表 4.24。

Ⅺ61 藏南山地高原低覆盖草原戈壁地区主要位于西藏自治区日喀则市。2018 年，该地区总面积约为 15.25 万 km^2，主导资源为草资源和荒漠资源，面积分别约为 8.22 万 km^2 和 4.52 万 km^2。在 1990～2018 年，草资源在该地区的面积占比为 82.35%到 53.91%，减少了 28.44%；荒漠资源在该地区的面积占比为 11.18%到 29.66%，增加了 18.48%；森林资源在该地区的面积占比为 1.69%到 8.43%，增加了 6.73%。另外，耕地、水体与湿地和建设用地资源在 1990～2018 年占该地区的面积比重较小，分别为 1.16%到 1.01%、3.60%到 6.74%和 0.02%到 0.25%。

Ⅺ62 雅鲁藏布河谷高覆盖草原地区主要位于西藏自治区拉萨市和山南市北部。2018 年，该地区总面积约为 6.10 万 km^2，主导资源为草资源，面积约为 3.47 万 km^2。在 1990～2018 年，草资源在该地区的面积占比为 72.04%到 56.96%，减少了 15.08%；荒漠资源在该地区的面积占比为 14.51%到 21.62%，增加了 7.11%；森林资源在该地区的面积占比为 5.24%到 12.49%，增加了 7.25%。另外，耕地、水体与湿地和建设用地资源在 1990～2018 年占该地区的面积比重较小，分别为 1.98%到 2.88%、6.14%到 5.84%和 0.09%到 0.21%。

4.2.12　横断山林草区

1. 一级分区特征描述

横断山脉是位于四川省、云南省西部和西藏自治区东部的一系列南北走向的平行山脉的总称，因横隔东西交通，故名横断山。横断山林草大区境内地势高耸，山川密集，南北纵贯，山高谷深，山间盆地、湖泊众多，古冰川侵蚀与堆积地貌广布。从亚热带到永久积雪带都有分布，是世界上比较特殊的地区。横断山脉平均海拔为 3815m，总长近 900km。横断山脉高山深谷相间，岭谷的高差一般在 1000m 以上，山脉地势北高南低，北部的玉龙雪山海拔为 5596m，是中国纬度最南的现代冰川分布区，横断山脉的最高峰是贡嘎山，海拔为 7556m。2018 年，≥10℃年积温为 1072.1℃，横断山脉气候上受高空西风环流、印度洋和太平洋季风环流的影响，冬干夏雨，干湿季非常明显，年降水量均值在 843.54mm 左右，最高可达 1689.17mm，湿润度约为 28.94。全区的植被资源丰富，NDVI 均值为 0.641，NPP 均值为 261.34g·C/m^2。

横断山林草大区主要包括四川省西部、西藏自治区东部，以及云南省、甘肃省的部分区域，位于青藏高原的东南边缘，西起雅鲁藏布江的中下游，东连怒江、澜沧江、金沙江及其支流雅砻江和大渡河的中上游。全区总面积约为 60.31 万 km^2，占全国陆地总面积的 6.35%。区内条件对动植物的生存发展极为有利。植被具有古北植物区系、中亚区系、喜马拉雅区系和印度-马来亚区系多种成分，是中国乃至全世界生物多样性最丰富、最集中的地区之一，素有“植物王国”“动物王国”之美誉。多古植物的孑遗种属，如乔杉、铁杉、连香树、水青树、珙桐等，特别是古近纪—新近纪的古老植物种类，如云杉属和冷杉属种类占全国一半以上。森林资源富饶而广布，是中国第二大林区——西南林区的主体部分。森林种类极为复杂，经济林木和果木丰富。盛产贝母、冬虫夏草、天麻、大黄、三七、麻黄等各种中药材。花卉种类更为繁多，尤以多种杜鹃花、报春花和山茶花为著。全区草原资源面积为 26.48 万 km^2，占该大区总面积的 43.83%；森林资源面积为 25.71 万 km^2，占该大区总面积的 42.55%。

2018 年统计数据（表 4.25）显示，全区草资源面积约为 26.11 万 km^2，占该大区总面积的 43.70%；森林资源面积约为 25.55 万 km^2，占该大区总面积的 42.78%；荒漠资源面积约为 5.59 万 km^2，占该大区总面积的 9.36%；耕地资源面积约为 1.37 万 km^2，占该大区总面积的 2.29%；水体与湿地资源面积约为 1.07 万 km^2，占该大区总面积的 1.79%；建设用地资源面积约为 0.05 万 km^2，占该大区总面积的 0.07%。

表 4.25　横断山谷林草资源大区 1990～2018 年自然资源动态变化转移矩阵　（单位：km^2）

1990 年	2018 年						合计
	耕地	森林	草	水体与湿地	建设用地	荒漠	
耕地	4661	3542	2526	243	135	31	11138
森林	4334	182785	54214	1334	92	3658	246417
草	4377	56889	166185	3465	165	13347	244428
水体与湿地	183	1354	4698	3176	15	4735	14161
建设用地	65	27	43	12	51	1	199
荒漠	73	10933	33412	2467	1	34159	81045
合计	13693	255530	261078	10697	459	55931	597388

由表 4.25 和图 4.63 可知，在 1990～2018 年，森林资源和草资源在该亚区的面积占比分别增加了 1.27%和 2.81%，增加的部分主要由荒漠资源转化而来；荒漠资源在该亚区的面积占比为 13.54%到 9.42%，这期间先保持稳定，后在 2010～2018 年显著下降，减少了 4.34%，主要转化为森林资源和草资源。另外，其他各类资源在 1990～2018 年转入和转出保持动态平衡。

2. 二级分区特征描述

Ⅻ横断山林草大区划分为 3 个自然资源亚区，分别为Ⅻ1 川西藏横断山高原温带林草亚区、Ⅻ2 念青唐古拉山高原温带林草亚区和Ⅻ3 藏东南高原山地亚热带森林亚区（附图 3～附图 6）。

Ⅻ1 川西藏横断山高原温带林草亚区主要位于四川省西部、西藏自治区东南地区和云南省西北部。2018 年，该地区总面积约为 34.66 万 km^2，主导资源为草资源和森林资源，面积分别约为 16.18 万 km^2 和 15.29 万 km^2。在 1990～2018 年，各类资源在该地区的面积占比基本保持稳定（图 4.64）。

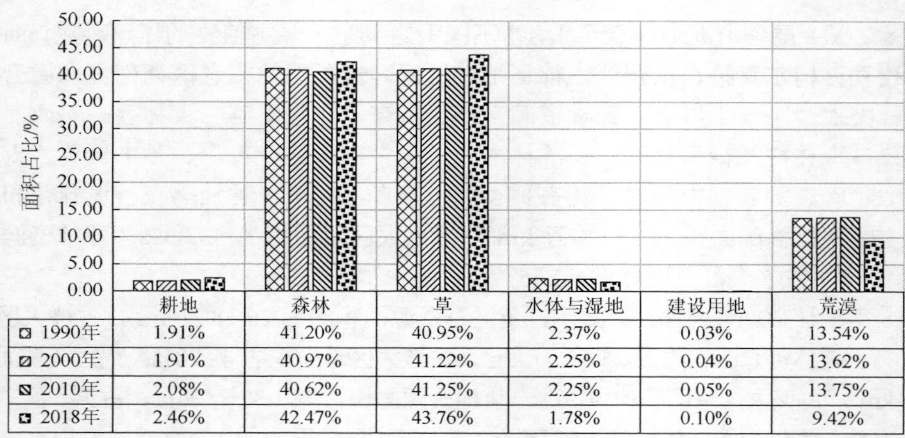

	耕地	森林	草	水体与湿地	建设用地	荒漠
1990年	1.91%	41.20%	40.95%	2.37%	0.03%	13.54%
2000年	1.91%	40.97%	41.22%	2.25%	0.04%	13.62%
2010年	2.08%	40.62%	41.25%	2.25%	0.05%	13.75%
2018年	2.46%	42.47%	43.76%	1.78%	0.10%	9.42%

图 4.63　横断山谷林草资源大区自然资源面积占比变化

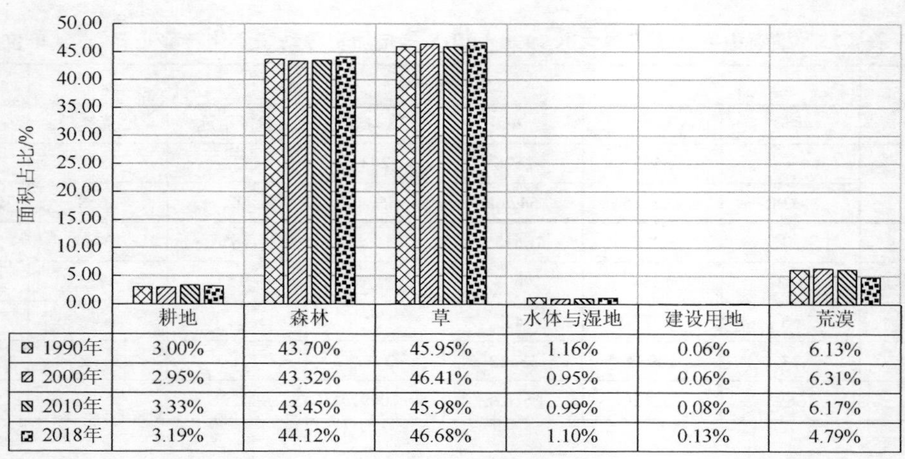

	耕地	森林	草	水体与湿地	建设用地	荒漠
1990年	3.00%	43.70%	45.95%	1.16%	0.06%	6.13%
2000年	2.95%	43.32%	46.41%	0.95%	0.06%	6.31%
2010年	3.33%	43.45%	45.98%	0.99%	0.08%	6.17%
2018年	3.19%	44.12%	46.68%	1.10%	0.13%	4.79%

图 4.64　川西藏横断山高原温带林草亚区自然资源面积占比变化

Ⅻ2 念青唐古拉山高原温带林草亚区主要位于西藏自治区林芝市北部、那曲市东南部和昌都市西部。2018 年，该地区总面积约为 17.49 万 km^2，主导资源为草资源、森林资源和荒漠资源，面积分别约为 8.69 万 km^2、4.40 万 km^2 和 3.62 万 km^2。在 1990～2018 年，草资源在该亚区的面积占比为 45.89%到 49.73%，这期间先保持稳定，后在 2010～2018 年上升，增加了 3.06%；森林资源在该亚区的面积占比为 20.18%到 25.18%，这期间先保持稳定，后在 2010～2018 年显著上升，增加了 5.04%；荒漠资源在该亚区的面积占比为 28.61%到 20.70%，这期间先保持稳定，后在 2010～2018 年显著下降，减少了 7.32%。另外，耕地、水体与湿地和建设用地资源在 1990～2018 年占该地区的面积比重较小且基本稳定，分别为 0.49%到 1.06%、4.83%到 3.30%和 0.01%到 0.02%（图 4.65）。

Ⅻ3 藏东南高原山地亚热带森林亚区主要位于西藏自治区林芝市南部和山南市东部。2018 年，该地区总面积约为 8.32 万 km^2，主导资源为森林资源，面积约为 6.04 万 km^2。在 1990～2018 年，森林资源在该地区的面积占比为 79.00%到 72.61%，这期间先保持稳定，后在 2010～2018 年显著下降，减少了 6.26%；草资源在该地区的面积占比为 8.55%到 19.55%，这期间先保持稳定，后在 2010～2018 年显著上升，增加了 10.89%；荒漠资源在该地区的面积占比为 10.11%到 5.05%，这期间先保持稳定，后在 2010～2018 年显著下降，减少了 5.15%。另外，耕地资源和水体与湿地资源在 1990～2018 年占该地区的面积比重较小，分别为 0.56%到 1.33%和 1.77%到 1.45%（图 4.66）。

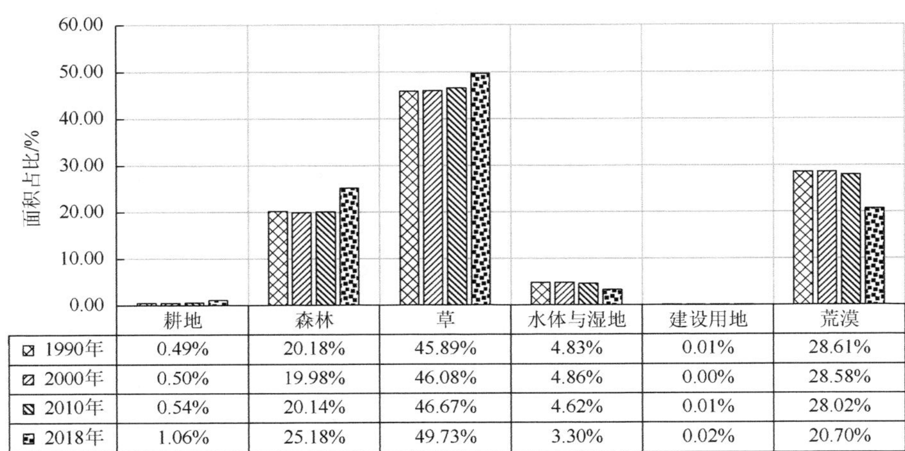

	耕地	森林	草	水体与湿地	建设用地	荒漠
1990年	0.49%	20.18%	45.89%	4.83%	0.01%	28.61%
2000年	0.50%	19.98%	46.08%	4.86%	0.00%	28.58%
2010年	0.54%	20.14%	46.67%	4.62%	0.01%	28.02%
2018年	1.06%	25.18%	49.73%	3.30%	0.02%	20.70%

图 4.65　念青唐古拉山高原温带林草亚区自然资源面积占比变化

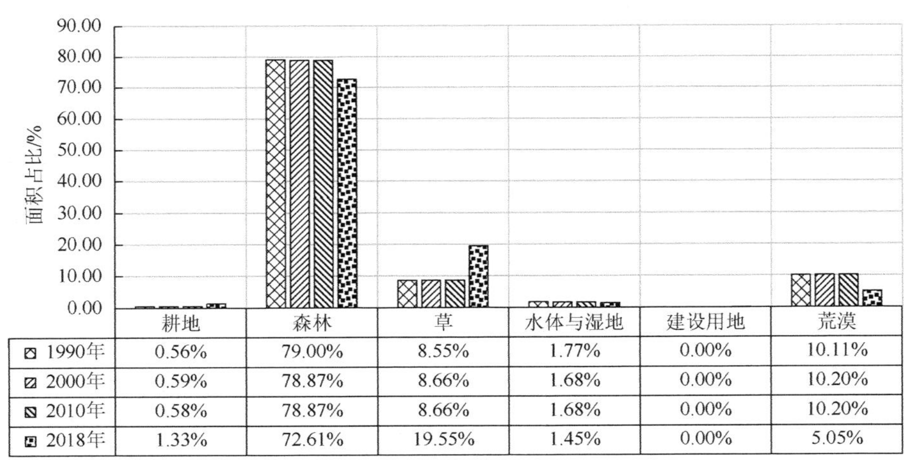

	耕地	森林	草	水体与湿地	建设用地	荒漠
1990年	0.56%	79.00%	8.55%	1.77%	0.00%	10.11%
2000年	0.59%	78.87%	8.66%	1.68%	0.00%	10.20%
2010年	0.58%	78.87%	8.66%	1.68%	0.00%	10.20%
2018年	1.33%	72.61%	19.55%	1.45%	0.00%	5.05%

图 4.66　藏东南高原山地亚热带森林亚区自然资源面积占比变化

3. 三级分区特征描述

Ⅻ1 川西藏横断山高原温带林草亚区细分划为 2 个自然资源地区，分别为Ⅻ11 松潘高原有林地中覆盖草原地区和Ⅻ12 川西藏横断山有林地地区。具体资源面积占比情况见表 4.26 及附图 7～附图 10。

表 4.26　横断山谷林草资源大区三级区划自然资源面积占比

二级区划		三级区划		资源类型及占比	资源类型及占比
代码	名称	代码	名称	（1990 年）	（2018 年）
Ⅻ1	川西藏横断山高原温带林草亚区	Ⅻ11	松潘高原有林地中覆盖草原地区	草（53.05%）、森林（38.02%）、荒漠（5.24%）、耕地（2.99%）、水体与湿地（0.64%）、建设用地（0.07%）	草（51.41%）、森林（40.02%）、荒漠（4.18%）、耕地（3.34%）、水体与湿地（0.92%）、建设用地（0.14%）
		Ⅻ12	川西藏横断山有林地地区	森林（57.00%）、草（29.40%）、荒漠（8.31%）、耕地（2.89%）、水体与湿地（2.38%）、建设用地（0.03%）	森林（54.24%）、草（35.13%）、荒漠（6.24%）、耕地（2.76%）、水体与湿地（1.54%）、建设用地（0.08%）
Ⅻ2	念青唐古拉山高原温带林草亚区	Ⅻ21	念青唐古拉山有林地低覆盖草原地区	草（58.93%）、荒漠（22.93%）、森林（15.79%）、水体与湿地（1.71%）、耕地（0.63%）、建设用地（0.00%）	草（58.73%）、森林（21.32%）、荒漠（15.89%）、水体与湿地（3.04%）、耕地（1.01%）、建设用地（0.01%）
		Ⅻ22	念青唐古拉山有林地灌木林地区	荒漠（34.80%）、草（31.66%）、森林（24.89%）、水体与湿地（8.30%）、耕地（0.33%）、建设用地（0.01%）	草（37.16%）、森林（30.58%）、荒漠（27.46%）、水体与湿地（3.66%）、耕地（1.11%）、建设用地（0.03%）
Ⅻ3	藏东南高原山地亚热带森林亚区	Ⅻ31	藏东南高山有林地地区	森林（79.00%）、荒漠（10.11%）、草（8.55%）、水体与湿地（1.77%）、耕地（0.56%）、建设用地（0.00%）	森林（72.61%）、草（19.55%）、荒漠（5.05%）、水体与湿地（1.45%）、耕地（1.33%）、建设用地（0.00%）

Ⅻ11 松潘高原有林地中覆盖草原地区位于西藏自治区昌都市东部和四川省甘孜藏族自治州与阿坝藏族羌族自治州。2018 年，该地区总面积约为 24.68 万 km^2，主导资源为草资源和森林资源，面积分别约为 12.69 万 km^2 和 9.87 万 km^2。在 1990～2018 年，草资源在该地区的面积占比为 53.05%到 51.41%，减少了 1.64%；森林资源在该地区的面积占比为 38.02%到 40.02%，增加了 2.00%。另外，耕地、水体与湿地、建设用地和荒漠资源在 1990～2018 年占该地区的面积比重较小，分别为 2.99%到 3.34%、0.64%到 0.92%、0.07%到 0.14%和 5.24%到 4.18%。

Ⅻ12 川西藏横断山有林地地区主要位于四川省、云南省和西藏自治区交界的地区。2018 年，该地区总面积约为 9.99 万 km^2，主导资源为森林资源和草资源，面积分别约为 5.42 万 km^2 和 3.51 万 km^2。在 1990～2018 年，森林资源在该地区的面积占比为 57.00%到 54.24%，减少了 2.76%；草资源在该地区的面积占比为 29.40%到 35.13%，增加了 5.74%。另外，耕地、水体与湿地、建设用地和荒漠资源在 1990～2018 年占该地区的面积比重较小，分别为 2.89%到 2.76%、2.38%到 1.54%、0.03%到 0.08%和 8.31%到 6.24%。

Ⅻ2 念青唐古拉山高原温带林草亚区划分为 2 个自然资源地区，分别为Ⅻ21 念青唐古拉山有林地低覆盖草原地区和Ⅻ22 念青唐古拉山有林地灌木林地区。具体资源面积占比情况见表 4.26。

Ⅻ21 念青唐古拉山有林地低覆盖草原地区主要位于西藏自治区那曲市东南部和昌都市西部。2018 年，该地区总面积约为 10.26 万 km^2，主导资源为草资源，面积约为 6.03 万 km^2。在 1990～2018 年，草资源在该地区的面积占比为 58.93%到 58.73%，基本保持稳定；森林资源在该地区的面积占比为 15.79%到 21.32%，增加了 5.52%；荒漠资源在该地区的面积占比为 22.93%到 15.89%，减少了 7.04%。另外，耕地和水体与湿地资源在 1990～2018 年占该地区的面积比重较小，分别为 0.63%到 1.01%、1.71%到 3.04%。

ⅩⅡ22 念青唐古拉山有林地灌木林地区主要位于西藏自治区林芝市北部。2018 年，该地区总面积约为 7.42 万 km^2，主导资源为草资源、森林资源和荒漠资源，面积分别约为 2.76 万 km^2、2.27 万 km^2 和 2.04 万 km^2。在 1990～2018 年，草资源在该地区的面积占比为 31.66%到 37.16%，增加了 5.50%；森林资源在该地区的面积占比为 24.89%到 30.58%，增加了 5.69%；荒漠资源在该地区的面积占比为 34.80%到 27.46%，减少了 7.35%；水体与湿地资源在该地区的面积占比为 8.30%到 3.66%，减少了 4.64%。另外，耕地资源和建设用地资源在 1990～2018 年占该地区的面积比重较小，分别为 0.33%到 1.11%和 0.01%到 0.03%。

ⅩⅡ3 藏东南高原山地亚热带森林亚区有 1 个自然资源地区，为ⅩⅡ31 藏东南高山有林地地区。具体资源面积占比情况见表 4.26。

ⅩⅡ31 藏东南高山有林地地区主要位于西藏自治区林芝市南部和山南市东部。2018 年，该地区总面积约为 8.32 万 km^2，主导资源为森林资源，面积约为 6.04 万 km^2。在 1990～2018 年，森林资源在该地区的面积占比为 79.00%到 72.61%，减少了 6.39%；草资源在该地区的面积占比为 8.55%到 19.55%，增加了 11.00%；荒漠资源在该地区的面积占比为 10.11%到 5.05%，减少了 5.06%。另外，耕地资源和水体与湿地资源在 1990～2018 年占该地区的面积比重较小，分别为 0.56%到 1.33%和 1.77%到 1.45%。

参考文献

黄莉，刘晓煌，刘玖芬，等. 2021. 长时间尺度下自然资源动态综合区划理论与实践研究——以青藏高原为例. 中国地质调查，8（2）：109-117.

第 5 章　思考及展望

5.1　自然资源动态区划的应用

5.1.1　服务于自然资源统一管理

随着人类需求的不断增长，自然资源消耗呈现加剧的趋势，带来了一系列资源环境问题，成为制约人与自然和谐发展现代化建设的障碍性因素。自然资源动态区划是服务于统一管理、综合观测的基础性工作。在过去的 30 年里，我国社会经济发展迅速，却带来了资源枯竭和生态系统退化等一系列的问题，严重威胁到了人类生存和社会可持续发展。因此，如何协调自然资源与社会经济发展的关系、促进生态文明的建设成为当务之急。按照中央关于机构改革方案，自然资源部管理的资源包括土地、矿产、森林、草原、湿地、水、海域海岛 7 大类自然资源。2020 年 1 月，自然资源部发布《自然资源调查监测体系构建总体方案》，提出构建自然资源调查监测体系。我国幅员辽阔，资源条件存在明显的空间差异，区划是合理布站（点）、科学观测的基础，也是认识各自然资源的空间分布特征以及深入分析其相互耦合关系的重要前提。自然资源动态区划需要从综合的观点出发，分析研究区划区域内各类自然资源特点及其相互联系，探讨其发生、发展、时空变化等规律特征，结合生态文明建设的需要，提出进一步开发、利用和保护自然资源的途径和主要措施。

“两山”理论和“山水林田湖草是生命共同体”理论的提出，使自然资源管理由传统的粗放型向精细化、信息智能化转变，由分散各部门的“九龙治水”管理，转为以地球系统科学指导下的统一管理。另外，气候变化、人类活动等导致水资源地区分配急剧失衡，引发了土地、森林、草原、湿地、海域海岛等资源种类、数量、质量的变化，各资源间承载力耦合作用的平衡也被打破，原来单一、粗放化的区划模式已经不适应当前自然资源形势，急需构建自然资源动态区划体系，及时跟踪和预判自然资源动态变化趋势，为全国和重点区域自然资源管理的决策分析提供平台支撑。

通过动态合理的自然资源区划，研究自然资源要素间互馈影响、优化调控及综合开发利用，协同推进人类活动与气候变化影响下自然资源合理配置与利用。将区划研究成果转化为支撑决策管理的咨询报告，发布一、二、三级自然资源区划报告和重点区域和热点资源环境问题的专题报告，将为我国自然资源管理、资源与环境问题政策的制定与完善提供科学支撑。

5.1.2　为自然资源要素综合观测站布设提供科学依据

自然资源部正在建设的自然资源要素综合观测网络工程，通过布局建设合理的观测网络，探索自然资源各要素间的耦合关系、变化动因机制和演化趋势，为保护、治理我国资源生态环境和解决全球气候问题提供数据支撑，是落实人与自然和谐发展的习近平生态文明思想的具体举措，是一项“功在当代、利在千秋”、关系中华民族永续发展的重大工程。

我国自然环境呈现显著的地带性特征，各个地带上自然资源的类型禀赋以及影响自然资源的因素有着显著的差别。在设计自然资源要素综合观测网络时，既需要考虑自然资源机制的普遍性，又要考虑地理条件的特殊性，同时还应考虑组织管理上的可操作性。因此，自然资源综合观测网的建设需要一张囊括各类资源要素综合、系统、科学的区划底图，并以此为依据进行各类野外站点的布设。

自然资源要素综合观测台网一级站主要控制一级自然资源区划，以数据集成和分析为主，开展大数据处理、计算机模拟和重点样品处理、分析测试。负责二级站的日常运行和管理工作，汇聚二级站数据，集成自然资源大区数据，并负责向综合观测研究中心汇交数据，进行一级区划的综合分析。

二级站主要控制二级自然资源区划，每个二级站下辖设有原位综合观测场、综合实验样地、试验模拟场、遥感综合试验场、野外遥感综合观测站。二级站以数据核查验收和特色区域综合研究为主，开展一般数据处理、原位观测模拟和一般样品处理分析测试、遥感数据处理与分析、遥感对地观测理论和观测系统验证、定量遥感正反演模型研发验证、定量遥感数据产品验证。负责三级站日常运行管理工作，汇聚三级站数据，集成自然资源区域数据，并负责向一级站汇交数据，进行二级区划的综合分析。

三级站主要控制三级自然资源区划，每个三级站设有 3～5 个观测样地、5～8 个观测样点，以自动观测、实地调查、无人机观测、实地采样分析为主，具有自然资源要素综合观测和分析能力，并向所属二级站汇交数据，进行简单的三级区划的综合分析。

5.1.3　促进区划学科建设

自 20 世纪 20 年代以来，我国的区划研究经历了近百年的发展，从最初的以自然本底认知为目标，逐步发展到服务于工农业及经济建设，进而支撑可持续发展，始终都在随着国家建设与经济社会发展的需要而不断革新完善。目前，我国已经形成了森林、草原等各专项自然资源的区划，能相对独立地制定各专项自然资源的管理政策和发展规划，并未开展多资源结合的自然资源动态区划工作。根据新时代下社会发展和生态环境保护的需求，开展自然资源动态区划工作，在科学认识上可为自然资源监测体系的建立、地理信息技术与卫星遥感的应用、自然资源网络台站的部署等工作提供宏观的区域框架。在应用实践上可为生态文明建设、国土空间规划与用途管制、自然资源的高效利用等工作提供科学依据。通过自然资源动态区划理论体系的构建，也将会带动一批相关学科的发展，促进地球系统科学的综合研究。

自然资源动态区划作为区划领域研究的最新成果，结合了地理学、生态学、地质学、环境科学和经济学等多个交叉学科，探索了生态环境科学与资源承载力理论的有机结合，强化了对自然资源要素时空差异性、复杂多样性和特色性的科学认识，具有全面综合、动态灵活的特点。对自然资源动态区划的研究可指导自然资源的合理开发利用、改善产业结构和优化生产布局，还可为保护我国生态环境，实施自然资源有偿使用制度，为自然资源统一综合管理奠定科学基础，有利于促进对国家自然资源本底与变化规律的认知以及对生态环境态势的判断，顺应了新时期国家发展和学科建设需要。

5.2 展 望

5.2.1 动态区划理论体系不断完善

1. 由重视具体的区划方案向建设完善的区划理论体系转变

基于山水林田湖草生命共同体新理念下的自然资源动态区划正处于起步阶段，对动态区划的理解还有限，理论体系研究还不够严密，研究基础较为薄弱。自然资源动态区划理论体系研究薄弱的现状不仅影响到成果的科学性、实用性，而且阻碍了区划工作的开展。今后自然资源动态区划的研究中需要兼顾动态性和综合性两方面。区划指标的选取多为静态指标或均值指标，没有考虑年内或年际变化，而有些动态指标以及指标的极端值对区划对象的影响不容忽视，区划的时候应充分考虑时间要素，使区划趋向于动态区划。如何遴选有代表性的指标，充分体现自然资源动态区划的综合性，以及集成自然要素与经济要素、陆地系统与海洋系统的区划方法还需进一步研究。

2. 区划对象由纯自然向人与自然协调发展

自然要素与社会经济要素间的密切联系以及实践的需求，使得区划工作应包含不同属性的指标。进而，区划范式由自下而上和自上而下向两者有机结合转变，如自然要素主要采用自上而下的范式，社会经济要素适用于自下而上范式。随着人类活动强度不断增强和程度不断加深，由人类活动可能产生的影响及其反馈需要放入今后的研究中。

3. 增强对区划动态变化的持续关注

IPCC 第五次评估报告中指出，人类对气候系统影响重大，尤其在过去的几百年，影响更为显著（IPCC，2013）。对资源的区划应同时关注资源的静态状态量与动态变化量，进行多情景动态区划。通过长时段多源异构数据分析，分析不同资源的演化动态，探索自然资源数量组合和空间布局的演化规律，进而制定着眼当下、面向未来的自然资源动态情景区划。

4. 区划应用领域由部门或专业服务向综合生态环境支撑服务转变

随着国家对于生态文明建设的力度逐步加强，区划类工作即将迎来一个黄金时段，大量不同空间尺度和领域（地理、生态、经济、环境及多个学科交叉综合）的区划方案将会出现，尤其是针对区域协同发展、生态保护恢复、环境整治优化和重大基础设施建设的综合区划方案将会发挥其巨大的实践价值。

5.2.2 动态区划技术方法不断提升

1. 数据获取精度更高且区划空间尺度不断扩大

高精度、多尺度和长时序的数据需求未完全得到满足。随着自然资源监测水平的不断提升，数据时空分辨率逐步提高，数据获取能力不断加强，数据源逐步实现由多种并行使用向无缝融合转变，自然资源动态区划的精度也将得到相应提高。

目前的区划工作大多局限于中国的陆地部分，虽有一些海洋功能区划，但详尽程度远远不能与陆地区划相比。因而，未来的区划工作将会覆盖整个中国国土。此外，在全球变化和可持续发展的背景下，自然资源的监测、调查与管理需要在全球尺度上寻求解决方案。本研究中做出初步的全球尺度区划，但主要是基于全球尺度的共享数据，区划边界和数据质量未来还有不断完善的空间。

2. 技术方法由定性与定量相结合向以定量为主转变

我国的区划研究已从最初的以人为定性研究为主，逐步发展至目前的定性、定量相结合的区划方式。然而，随着人工智能、大数据、区块链等新技术的快速发展，定量化的区划技术方法已成为一种必然的趋势。通过应用数理、遥感、地理信息、大数据与人工智能等技术，开展从半定量到定量的综合动态区划，利用新的技术方法以实现区划格局表达的精准化、定量化和智能化，定量描述变化环境对自然资源要素和关键过程的影响及反馈，预测全球变化背景下自然资源系统关键要素过程的变化态势，将是未来区划指标准则确定、重要界线划分以及缓冲区分析等方面研究的重要手段。

3. 指标体系的构建更加科学全面

在我国区划领域研究实践中，由于对自然规律认识不同，区划目的各异，区划的原则和方法不尽一致，以及区划指标分散不统一，从而出现多种区划方案。不同方案之间，服务对象、指标准则、应用场景不同，造成一定程度的混乱。因此我们亟需一种全面综合、动态灵活的区划方法来对接不断更新变化的区划对象与区划目标的需求。本研究建立的具有中国特色的自然资源动态区划系统、评价原则、指标和方法，全面融合以往不同区划方案的指标体系，建立动态灵活的区划准则，将是对目前区划研究的有效补充和完善。

4. 自然资源空间认知和表达将不断完善

应通过加强新型遥感机理、地理空间信息网格、机器视觉、时空大数据建模、新型位置服务产品模式等研究，建立适应自然资源表达的新型地图理论方法，不断完善对自然资源地域分异规律认识。未来可能需要寻求更加有效的动态区划及其可视化技术，以表征区划方案的时空两维性。

5.2.3 自然资源动态区划规范化建设体系逐渐成熟

目前我国区划研究中仍然存在主观性较强、过渡区因子空间变化的特殊性及区划的方法准则、指标体系和技术标准不够规范等问题，在未来的区划研究与实践中，我们应当以坚实可靠的科学理论为基础，将不同地域的空间结构、分异规律与相应的功能演进理论、格局-过程-功能耦合机理等转化为指导区划实践的可操作性的科学规范。

5.2.4 自然资源动态区划应用实践领域不断扩大

自然资源动态区划作为区域自然资源空间结构特征及其差异的载体，在区划研究实践中越来越体现出其科学意义与应用价值，尤其是在全球环境变化区域差异日渐明显，变化态势日渐复杂，区域可持续发展战略推行力度日渐加大的宏观背景下，对于全面综合、动态灵活的区划方法体系的需求日渐强烈（Xu et al.，2020）。自然资源动态区划方案初步形成后，在指导全国自然资源要素综合观测网络工程台站布设工作中，充分保证了观测网络台站布设的科学合理性和区域代表性。把握当前自然资源“两统一”职责履行中的工作重点，抓好自然资源区划与自然资源调查、监测与观测的紧密结合，将使自然资源动态区划不断实现其新的价值。

现今，我国处于新的发展阶段，随着“人工智能”与“大数据”时代的到来，科学技术的不断进步为区划工作的研究提供了新的思路和模式（刘秀花等，2011）。科学的自然资源动态区划不仅能够高效利用自然资源促进经济的发展，而且有利于保护生态环境，最终达到可持续发展的目标。通过自然资源动态区划研究的不断深入，构建一套科学合理的自然资源动态区划理论与方法体系，提出具有中国特色的兼具较强实用性和广泛应用价值的中国自然资源动态区划方案，与国家的发展战略相结合，实现对未来发展趋势的预测和指导，对我国的生态文明建设和可持续发展做出重大贡献。

参考文献

刘秀花，李永宁，李佩成. 2011. 西北地区不同地域生态-经济-社会综合区划指标体系研究. 干旱区地理，34（4）：642-648.

IPCC. 2013. Climate change 2013：The physical science basis//Stocker T F，Qin D，Plattner G K，et al. Contribution of Working Group I to the Fifth Assessment Report of the Intergovernmental Panel on Climate Change. Cambridge：Cambridge University Press.

Xu K P，Wang J N，Wang J J，et al. 2020. Environmental function zoning for spatially differentiated environmental policies in China. Journal of Environmental Management，255：109485.

附　　图

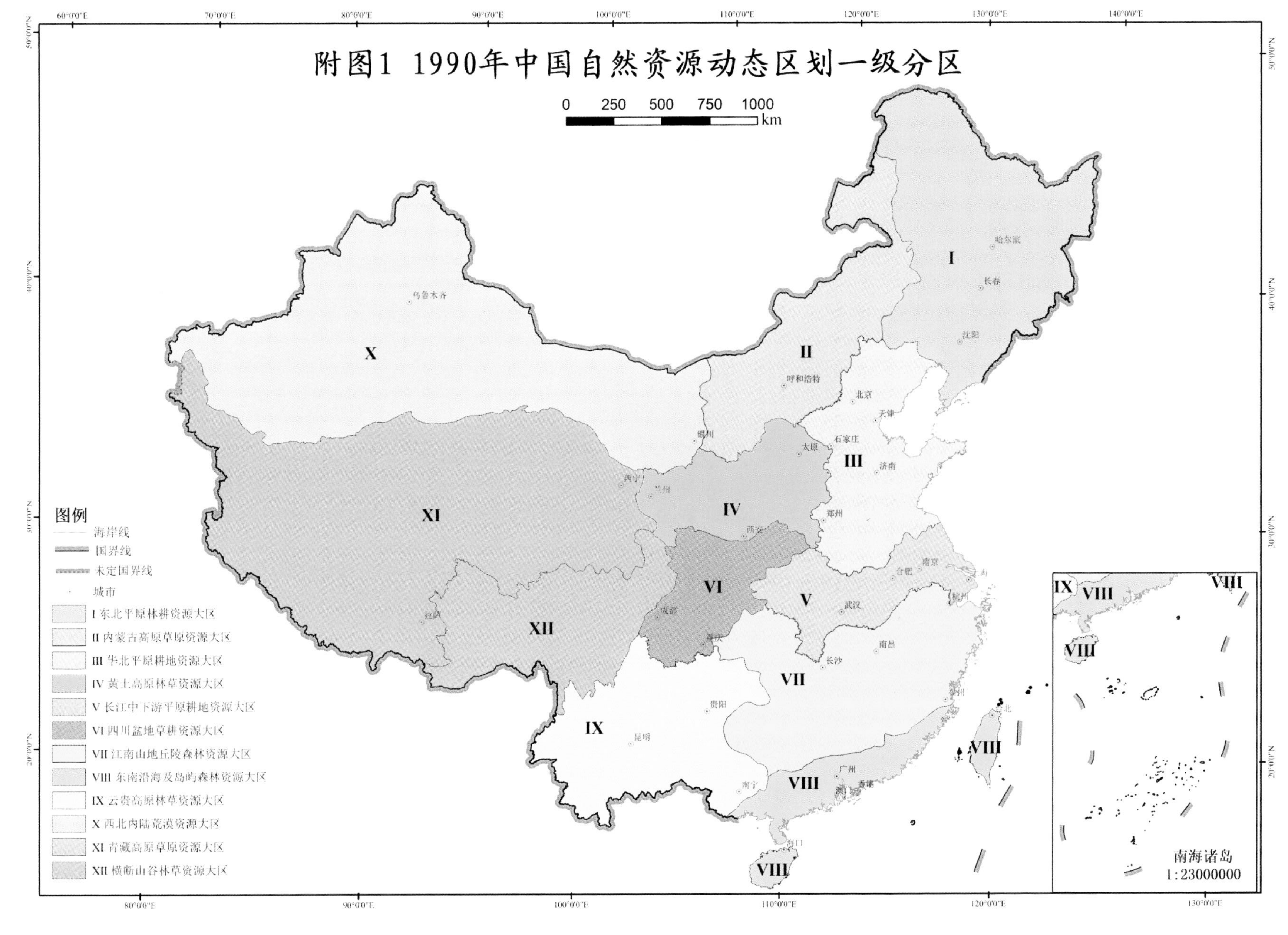
附图1 1990年中国自然资源动态区划一级分区
0 250 500 750 1000
km
图例
海岸线
国界线
未定国界线
城市
I 东北平原林耕资源大区
II 内蒙古高原草原资源大区
III 华北平原耕地资源大区
IV 黄土高原林草资源大区
V 长江中下游平原耕地资源大区
VI 四川盆地草耕资源大区
VII 江南山地丘陵森林资源大区
VIII 东南沿海及岛屿森林资源大区
IX 云贵高原林草资源大区
X 西北内陆荒漠资源大区
XI 青藏高原草原资源大区
XII 横断山谷林草资源大区
南海诸岛
1:23000000
I
II
III
IV
V
VI
VII
VIII
IX
X
XI
XII
哈尔滨
长春
沈阳
呼和浩特
北京
天津
石家庄
太原
济南
郑州
西安
银川
兰州
西宁
乌鲁木齐
拉萨
成都
重庆
武汉
合肥
南京
杭州
南昌
长沙
贵阳
昆明
南宁
广州
香港
海口

附图2 2018年中国自然资源动态区划一级分区

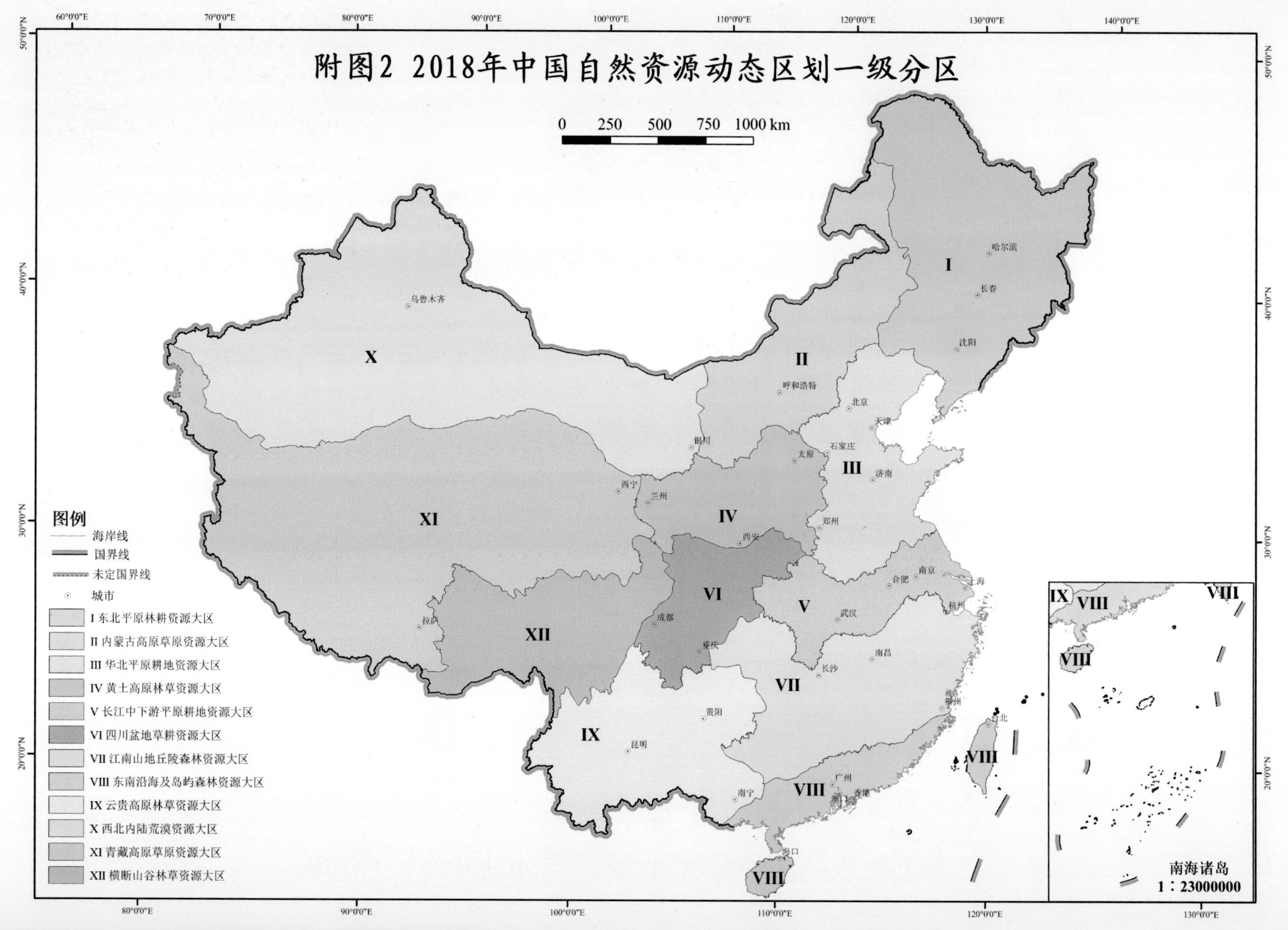

附图3 1990年中国自然资源动态区划二级分区

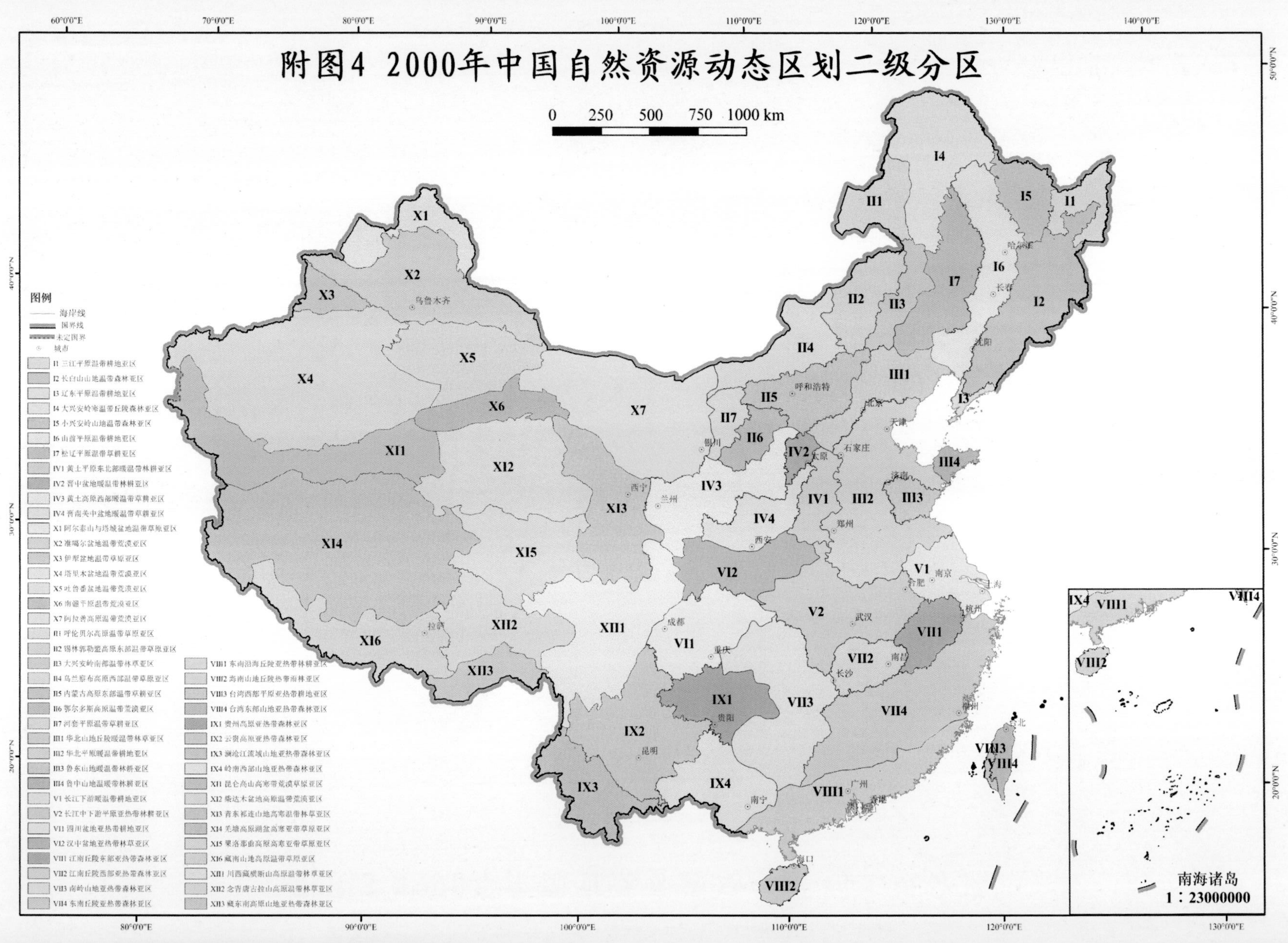

附图4 2000年中国自然资源动态区划二级分区

附图5 2010年中国自然资源动态区划二级分区

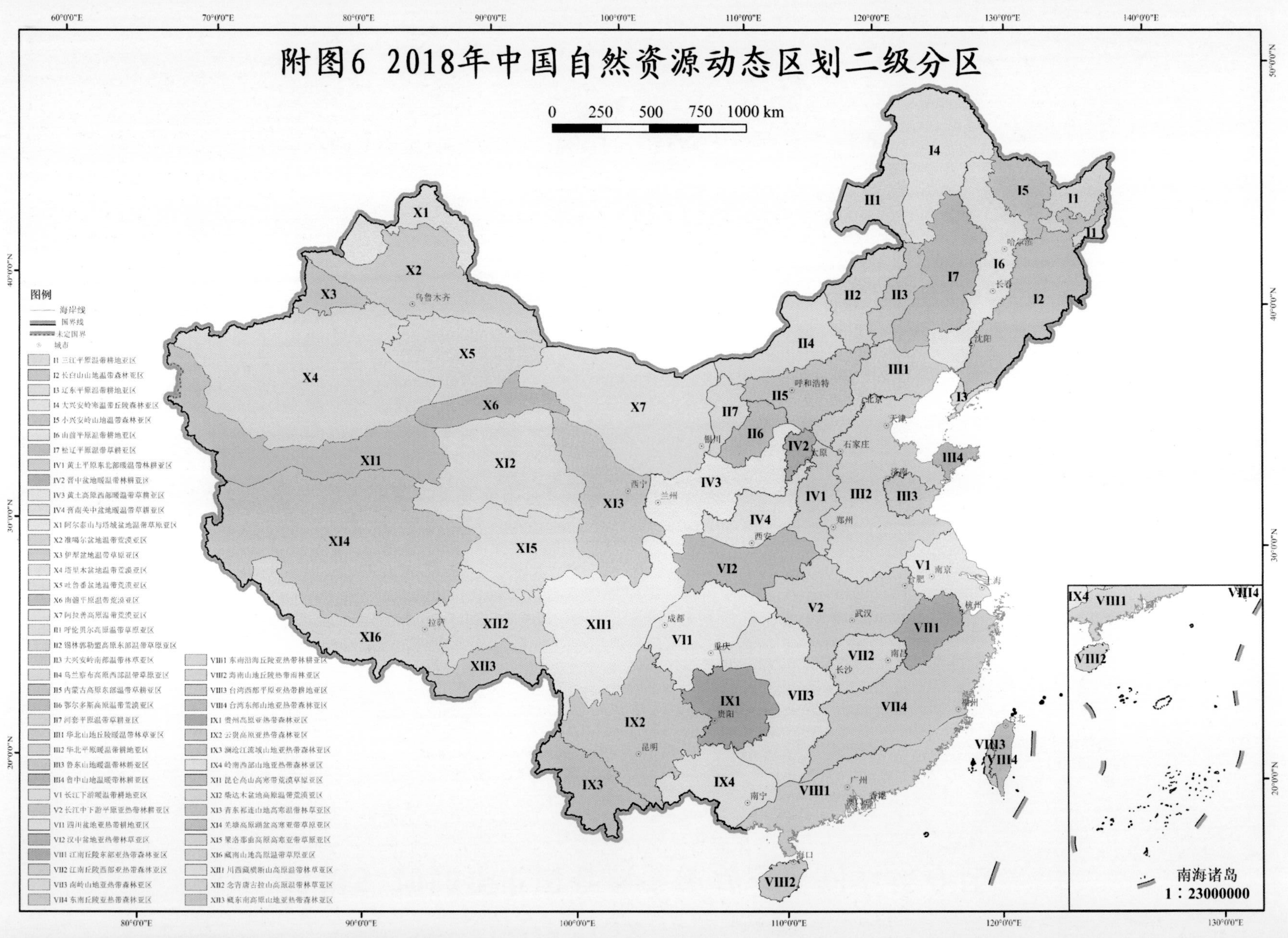
附图6 2018年中国自然资源动态区划二级分区
0 250 500 750 1000 km
图例
海岸线
国界线
未定国界
城市
I1 三江平原温带耕地亚区
I2 长白山山地温带森林亚区
I3 辽东平原温带耕地亚区
I4 大兴安岭寒温带丘陵森林亚区
I5 小兴安岭山地温带森林亚区
I6 山前平原温带耕地亚区
I7 松辽平原温带草耕亚区
IV1 黄土平原东北部暖温带林耕亚区
IV2 晋中盆地暖温带林耕亚区
IV3 黄土高原西部暖温带草耕亚区
IV4 晋南关中盆地暖温带草耕亚区
X1 阿尔泰山与塔城盆地温带草原亚区
X2 准噶尔盆地温带荒漠亚区
X3 伊犁盆地温带草原亚区
X4 塔里木盆地温带荒漠亚区
X5 吐鲁番盆地温带荒漠亚区
X6 南疆平原温带荒漠亚区
X7 阿拉善高原温带荒漠亚区
II1 呼伦贝尔高原温带草原亚区
II2 锡林郭勒盟高原东部温带草原亚区
II3 大兴安岭南部温带林草亚区
II4 乌兰察布高原西部温带草原亚区
II5 内蒙古高原东部温带草耕亚区
II6 鄂尔多斯高原温带荒漠亚区
II7 河套平原温带草耕亚区
III1 华北山地丘陵暖温带林草亚区
III2 华北平原暖温带耕地亚区
III3 鲁东山地暖温带林耕亚区
III4 鲁中山地温暖带林耕亚区
V1 长江下游暖温带耕地亚区
V2 长江中下游平原亚热带林耕亚区
VI1 四川盆地亚热带耕地亚区
VI2 汉中盆地亚热带林草亚区
VII1 江南丘陵东部亚热带森林亚区
VII2 江南丘陵西部亚热带森林亚区
VII3 南岭山地亚热带森林亚区
VII4 东南丘陵亚热带森林亚区
VIII1 东南沿海丘陵亚热带林耕亚区
VIII2 海南山地丘陵热带雨林亚区
VIII3 台湾西部平原亚热带耕地亚区
VIII4 台湾东部山地亚热带森林亚区
IX1 贵州高原亚热带森林亚区
IX2 云贵高原亚热带森林亚区
IX3 澜沧江流域山地亚热带森林亚区
IX4 岭南西部山地亚热带森林亚区
XI1 昆仑高山高寒带荒漠草原亚区
XI2 柴达木盆地高原温带荒漠亚区
XI3 青东祁连山地高寒温带林草亚区
XI4 羌塘高原湖盆高寒亚带草原亚区
XI5 果洛那曲高原高寒亚带草原亚区
XI6 藏南山地高原温带草原亚区
XII1 川西藏横断山高原温带林草亚区
XII2 念青唐古拉山高原温带林草亚区
XII3 藏东南高原山地亚热带森林亚区
南海诸岛
1：23000000

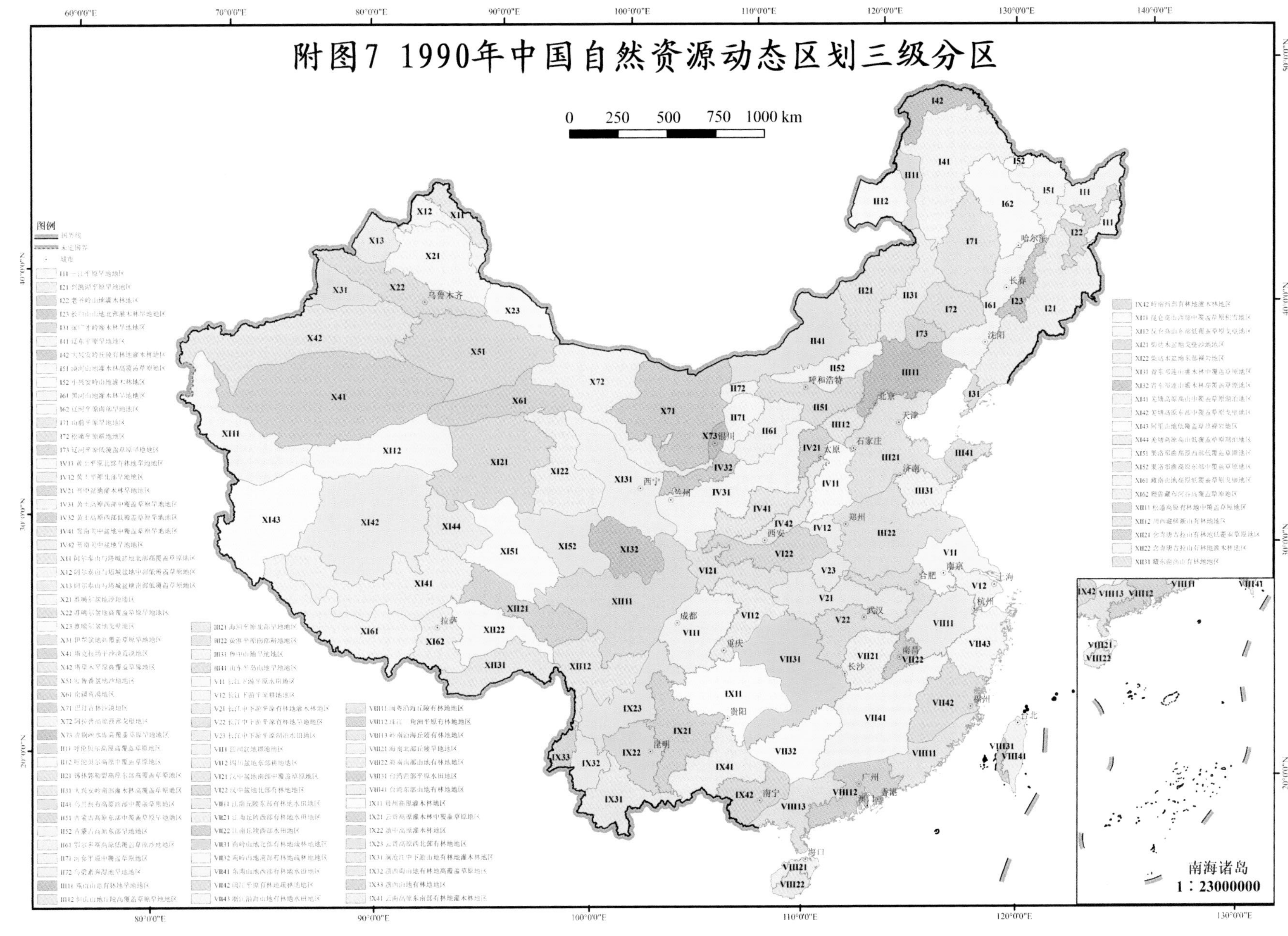

附图7 1990年中国自然资源动态区划三级分区

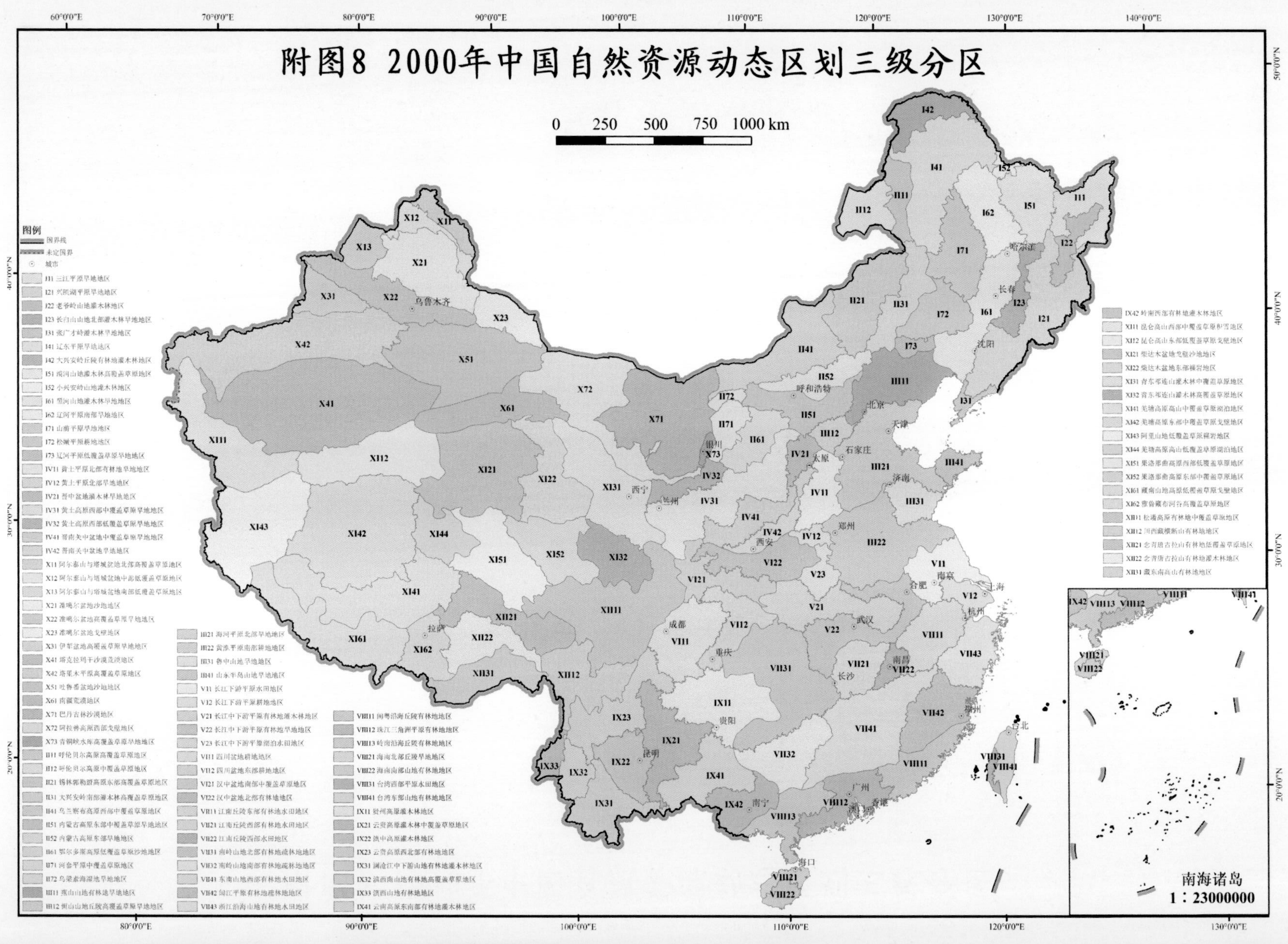

附图8 2000年中国自然资源动态区划三级分区

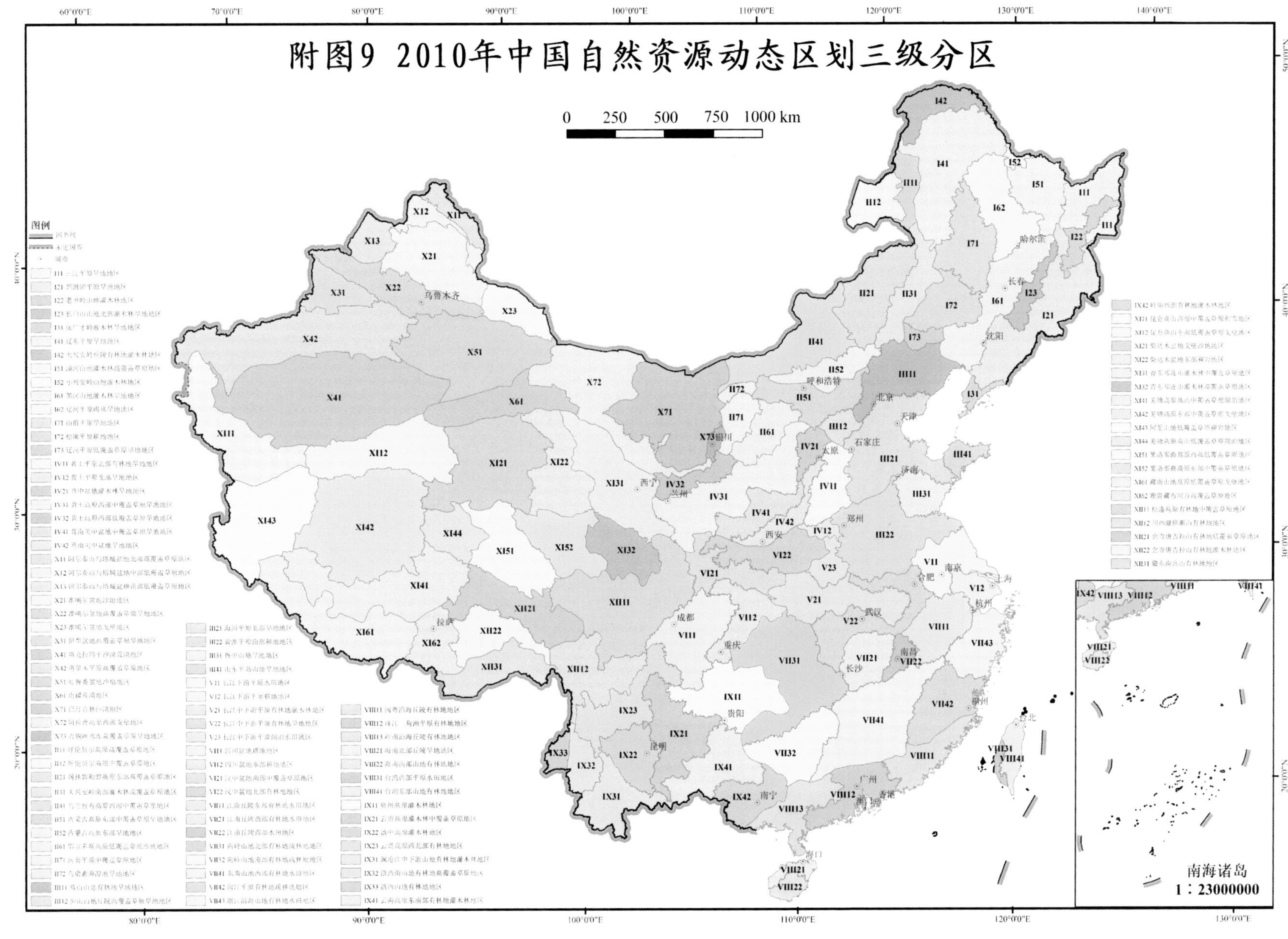

附图9 2010年中国自然资源动态区划三级分区

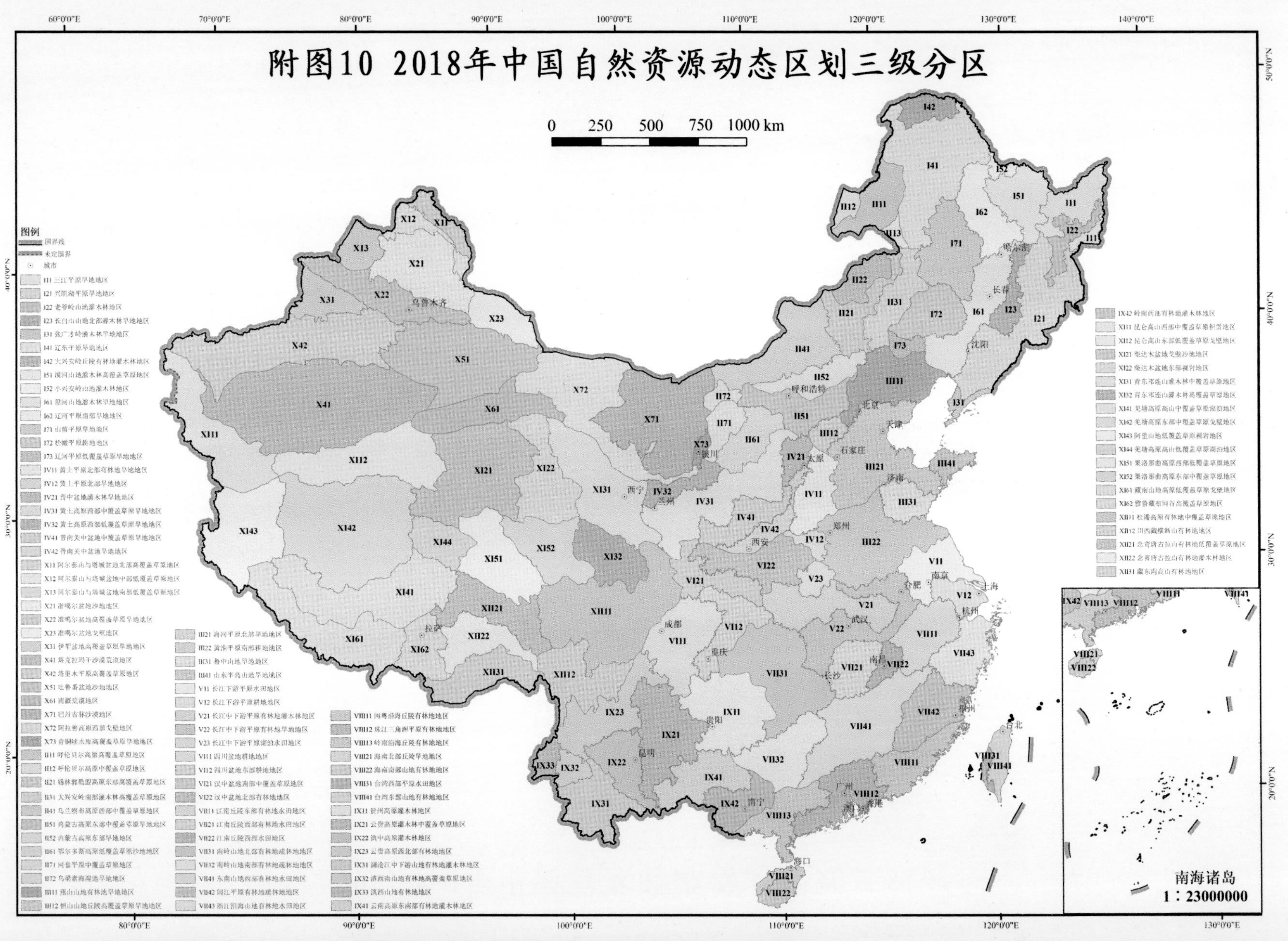

附图10 2018年中国自然资源动态区划三级分区